Henning Best

Die Umstellung auf ökologische Landwirtschaft
als Entscheidungsprozess

*Für Alexandra,
von Henning,
mit herzlichem Dank!*

Henning Best

Die Umstellung auf ökologische Landwirtschaft als Entscheidungsprozess

VS VERLAG FÜR SOZIALWISSENSCHAFTEN

Bibliografische Information Der Deutschen Nationalbibliothek
Die Deutsche Nationalbibliothek verzeichnet diese Publikation in der
Deutschen Nationalbibliografie; detaillierte bibliografische Daten sind im Internet über
<http://dnb.d-nb.de> abrufbar.

1. Auflage September 2006

Alle Rechte vorbehalten
© VS Verlag für Sozialwissenschaften | GWV Fachverlage GmbH, Wiesbaden 2006
Lektorat: Monika Mülhausen / Tanja Köhler

Der VS Verlag für Sozialwissenschaften ist ein Unternehmen von Springer Science+Business Media.
www.vs-verlag.de

Das Werk einschließlich aller seiner Teile ist urheberrechtlich geschützt. Jede Verwertung außerhalb der engen Grenzen des Urheberrechtsgesetzes ist ohne Zustimmung des Verlags unzulässig und strafbar. Das gilt insbesondere für Vervielfältigungen, Übersetzungen, Mikroverfilmungen und die Einspeicherung und Verarbeitung in elektronischen Systemen.

Die Wiedergabe von Gebrauchsnamen, Handelsnamen, Warenbezeichnungen usw. in diesem Werk berechtigt auch ohne besondere Kennzeichnung nicht zu der Annahme, dass solche Namen im Sinne der Warenzeichen- und Markenschutz-Gesetzgebung als frei zu betrachten wären und daher von jedermann benutzt werden dürften.

Umschlaggestaltung: KünkelLopka Medienentwicklung, Heidelberg
Druck und buchbinderische Verarbeitung: Krips b.v., Meppel
Gedruckt auf säurefreiem und chlorfrei gebleichtem Papier
Printed in the Netherlands

ISBN-10 3-531-15265-3
ISBN-13 978-3-531-15265-3

Inhaltsverzeichnis

1 Einleitung 1

2 Ökologische Landwirtschaft: Begriffsbestimmung und Entwicklung 5
  2.1 Was ist ökologische Landwirtschaft? 5
  2.2 Zur Entwicklung der ökologischen Landwirtschaft 7

3 Forschungsstand und theoretische Überlegungen 11
  3.1 Forschungsstand: Einflussfaktoren auf die Umstellung ... 11
    3.1.1 Strukturelle und betriebliche Randbedingungen ... 12
    3.1.2 Individuelle Randbedingungen 13
    3.1.3 Motive der Umstellung 14
    3.1.4 Einstellungen 15
  3.2 Theorie und Ableitung von Hypothesen 15
    3.2.1 Die Theorie rationalen Handelns 16
    3.2.2 Handlungs-Routinen 20
    3.2.3 Rationales Handeln und Umweltbewusstsein 21
    3.2.4 Die Umstellung auf Ökolandbau 26
    3.2.5 Zusammenfassung und Hypothesen zur Umstellung . 28

4 Stichprobenziehung, Datenerhebung und Struktur der Stichprobe 31
  4.1 Stichprobenziehung und Grundgesamtheit 31
  4.2 Feldphase und Ausschöpfung 35
  4.3 Strukturelle Eigenschaften der Stichprobe 37
    4.3.1 Struktur der Vergleichsstichprobe konventioneller Landwirte 37
    4.3.2 Struktur der Ökostichprobe 40
  4.4 Zusammenfassung 44

5 Operationalisierung der zentralen Variablen 47
  5.1 Umweltbewusstsein 47
    5.1.1 Allgemeines Umweltbewusstsein 48

		5.1.2	Landwirtschaftsbezogenes Umweltbewusstsein	50
	5.2	Deprivation		52
	5.3	Netzwerkvariablen		53
	5.4	Subjektiv erwarteter Nutzen		54

6 Überprüfung der Hypothesen ... **69**
- 6.1 Bruch mit der Handlungsroutine ... 69
  - 6.1.1 Sozio-ökonomische Randbedingungen ... 71
  - 6.1.2 Deprivation ... 73
  - 6.1.3 Netzwerk ... 75
  - 6.1.4 Investitionstätigkeit ... 77
  - 6.1.5 Zusammenfassende Analysen und Diskussion ... 80
- 6.2 Wahrnehmung von Handlungsalternativen ... 84
  - 6.2.1 Sozio-ökonomische Randbedingungen ... 85
  - 6.2.2 Netzwerk ... 87
  - 6.2.3 Umweltbewusstsein ... 90
  - 6.2.4 Zusammenfassende Analysen und Diskussion ... 91
- 6.3 Evaluation und Selektion der Alternative ... 96
  - 6.3.1 Sozio-ökonomische Randbedingungen ... 96
  - 6.3.2 Netzwerk ... 99
  - 6.3.3 Nettonutzen ... 102
  - 6.3.4 Umweltbewusstsein ... 107
  - 6.3.5 Randbedingungen und Erwartungsnutzen ... 109
  - 6.3.6 Zusammenfassende Analysen und Diskussion ... 113
- 6.4 Weiterführende Analysen zum Einfluss des Umweltbewusstseins ... 117
  - 6.4.1 Low-Cost-Hypothese ... 118
  - 6.4.2 Framing-Hypothese ... 125
  - 6.4.3 Zusammenfassung und Diskussion ... 128

7 Zusammenfassung und Fazit ... **133**
- 7.1 Zusammenfassung ... 133
- 7.2 Diskussion ... 140

Literaturverzeichnis ... **147**

Anhang ... **157**

Tabellenverzeichnis

4.1	Eckdaten des ökologischen Landbaus in ausgewählten Bundesländern	32
4.2	Ausfallgründe und Ausschöpfungsquote	36
4.3	Altersverteilung der Vergleichsstichprobe nach Bundesländern (Spaltenprozente)	38
4.4	Landwirtschaftliche Nutzfläche in der Vergleichsstichprobe nach Bundesländern (Spaltenprozente)	39
4.5	Betriebsform in der Vergleichsstichprobe nach Bundesländern (Spaltenprozente)	40
4.6	Jahr der Umstellung in der Ökostichprobe nach Bundesländern (Spaltenprozente)	41
4.7	Altersverteilung der Ökostichprobe nach Bundesländern (Spaltenprozente)	42
4.8	Betriebsform in der Ökostichprobe nach Bundesländern (Spaltenprozente)	43
4.9	Landwirtschaftliche Nutzfläche in der Ökostichprobe nach Bundesländern (Spaltenprozente)	43
5.1	Skala des allgemeinen Umweltbewusstseins (Hauptkomponentenanalyse, unrotiert)	49
5.2	Skala des landwirtschaftsbezogenen Umweltbewusstseins (Hauptkomponentenanalyse, unrotiert)	51
5.3	Deprivationsskala: Guttmanskalierung	53
5.4	Nutzen und Wahrscheinlichkeiten der einzelnen Handlungskonsequenzen	60
5.5	Nettonutzen und Nutzendifferenz der einzelnen Handlungskonsequenzen	64
5.6	Hauptkomponentenanalyse der neun Nutzendifferenzen (Varimax-Rotiert)	66
6.1	Sozio-ökonomische Randbedingungen nach Handlungsroutine (Spaltenprozente)	72
6.2	Unzufriedenheit nach Handlungsroutine	75

6.3 Unzufriedenheit im Netzwerk (Median) nach Handlungsroutine 77
6.4 Logistische Regressionsmodelle zur Suche nach Handlungsalternativen 81
6.5 Sozio-ökonomische Randbedingungen nach Alternativenwahrnehmung (Spaltenprozente) 86
6.6 Kommunikation im Netzwerk (Median) nach Alternativenwahrnehmung 88
6.7 Umweltbewusstsein nach Alternativenwahrnehmung 91
6.8 Logistische Regressionsmodelle zur Wahrnehmung von Ökolandbau als Handlungsalternative 93
6.9 Sozio-ökonomische Randbedingungen nach Umstellung auf ökologische Landwirtschaft (Spaltenprozente) 97
6.10 Bewertung des Ökolandbaus im Netzwerk (Median) nach Umstellung auf ökologische Landwirtschaft 101
6.11 Bewertung des Ökolandbaus im Netzwerk (Median) nach Jahr der Umstellung (nur Ökolandwirte) 101
6.12 Nutzendifferenzen der einzelnen Handlungskonsequenzen nach Umstellung auf Ökolandbau 103
6.13 Nettonutzen und Nutzendifferenz nach Umstellung auf ökologische Landwirtschaft 105
6.14 Prognosegüte der Nutzendifferenz 107
6.15 Umweltbewusstsein nach Umstellung auf ökologische Landwirtschaft 108
6.16 Einfluss des Umweltbewusstseins nach Nutzendifferenz ... 109
6.17 Nutzendifferenz nach Randbedingungen 111
6.18 Logistische Regressionsmodelle zur Umstellung auf Ökolandbau 114
6.19 Regressionsmodelle zur Prüfung des Interaktionseffektes (Logit-Regressionen) 121
6.20 Regressionsmodelle zur Prüfung des Interaktionseffektes (OLS-Regressionen) 123
6.21 Wichtigkeit der Konsequenzen in Prozent nach Umweltbewusstsein und Umstellung auf ökologische Landwirtschaft 126
6.22 Präferenz für einzelne Handlungskonsequenzen nach Umweltbewusstsein und Umstellung auf ökologische Landwirtschaft 127

Tabellenverzeichnis

A.1 Skala des allgemeinen Umweltbewusstseins (Reliabilitätsanalyse) 161
A.2 Items zum landwirtschaftsbezogenen Umweltbewusstsein (Hauptkomponentenanalyse, Varimax-Rotiert) 162
A.3 Skala des speziellen Umweltbewusstseins (Reliabilitätsanalyse) 163
A.4 Verteilung der Nutzendifferenzen (Zeilenprozente) 164
A.5 Korrelationsmatrix der Nutzendifferenzen 165
A.6 Nettonutzen der Alternativen nach Randbedingungen ... 166
A.7 Regressionsmodelle zur Prüfung des Interaktionseffektes (spezielles Umweltbewusstsein, alle Nutzenniveaus) 167
A.8 Regressionsmodelle zur Prüfung des Interaktionseffektes (spezielles Umweltbewusstsein, negative Nutzendifferenz) 168

Abbildungsverzeichnis

2.1 Die Entwicklung des Ökolandbaus in Deutschland 8

3.1 Direkteffekt-Hypothese 23
3.2 Low-Cost Hypothese 24
3.3 Framing-Hypothese 25

4.1 Zusammenfassung des Stichprobenplans 35

6.1 Die größten Probleme der Landwirtschaft nach Handlungsroutine 74
6.2 Unzufriedenheit der Kollegen nach Handlungsroutine 76
6.3 Unzufriedenheit der Familie nach Handlungsroutine 76
6.4 Entwicklung des Viehbestandes nach Handlungsroutine ... 79
6.5 Entwicklung der Nutzfläche nach Handlungsroutine 79
6.6 Zahl der Ökobauern in der Gegend nach Alternativenwahrnehmung 87
6.7 Häufigkeit der Kommunikation über Ökolandbau mit den Kollegen nach Alternativenwahrnehmung 89
6.8 Häufigkeit der Kommunikation über Ökolandbau in der Familie nach Alternativenwahrnehmung 89
6.9 Bewertung des Ökolandbaus durch die Kollegen nach Umstellung auf ökologische Landwirtschaft 100
6.10 Bewertung des Ökolandbaus durch die Familie nach Umstellung auf ökologische Landwirtschaft 100
6.11 Einfluss des allgemeinen Umweltbewusstseins bei unterschiedlichen Niveaus der Nutzendifferenz (n=379) 120

7.1 Theoretisches Modell zur Umstellung auf ökologische Landwirtschaft 135
7.2 Empirisches Modell zur Umstellung auf ökologische Landwirtschaft 138

1 Einleitung

Eines der bedeutendsten sozialen Phänomene der vergangenen drei Jahrzehnte ist die zunehmende Verankerung von umweltbewussten Einstellungen und Werthaltungen in der Bevölkerung. Während zu Beginn der 1970er Jahre noch eine technikorientierte Fortschrittsgläubigkeit vorherrschte, konnte sich in der Folgezeit verstärkt die Haltung durchsetzen, dass „Natur" keine unbegrenzte Ressource darstellt, die der Mensch nach Belieben ausbeuten und verschmutzen kann. Begriffe wie „saurer Regen", „Waldsterben", später auch „Ozonloch", „Treibhauseffekt" und „Klimawandel" wurden Bestandteil der Alltagssprache. Obwohl in den letzten Jahren andere Themen, v.a. die Bekämpfung der Arbeitslosigkeit, wieder stärker in den Vordergrund der öffentlichen Diskussion gerückt sind, wird Umweltschutz nach wie vor als eines der wichtigsten gesellschaftlichen Probleme angesehen (BMUNR 2004, 2002). Mit dem Bericht der Brundtland-Kommission 1987 und den UN-Umweltgipfeln in Rio 1992 bzw. Kyoto 1997 rückte der Aspekt der Nachhaltigkeit auch auf die politische Agenda.

Der Sozialwissenschaft stellt sich die Frage, inwieweit der Wertewandel mit einem sozialen Wandel einhergeht: Kann es im Rahmen der Industriegesellschaft gelingen, eine nachhaltige Wirtschaftsweise zu etablieren? Und steht der Wertewandel im Zusammenhang mit individuellem Umweltverhalten?

Die Frage, was Menschen dazu veranlasst, sich umweltfreundlich oder umweltschädlich zu verhalten, gehört zu den zentralen Fragestellungen der Umweltsoziologie. Dabei werden Umweltprobleme als kollektive Folge individuellen Handelns verstanden. Daher führt auch der Weg in eine nachhaltigere Gesellschaft über die Handlungsentscheidungen von individuellen Akteuren.

Die klassischen Bereiche, denen die Umweltsoziologie ihre Aufmerksamkeit schenkt, sind Recycling- und Energiesparverhalten, umweltbewusstes Einkaufen und vor allem die Autonutzung (siehe z.B. Diekmann 1995; Lüdemann 1997; Diekmann und Preisendörfer 1998; Bamberg und Schmidt 2003). Andere Bereiche des umweltbezogenen Verhaltens gerieten dabei aus dem Blickfeld. So fand die Landwirtschaft bis zum jetzigen Zeitpunkt keine Beachtung in der deutschen Umweltsoziologie. Die moderne Landwirtschaft erfüllt ihre Aufgabe unter Inkaufnahme von negativen Effekten auf die Umwelt – sie ist unter anderem gekennzeichnet durch einen hohen Einsatz an mineralischen Düngern, an Pestiziden und Herbiziden. Zwar ist die Leistungsfähigkeit der Landwirtschaft durch den Einsatz synthetischer Schädlingsbekämpfungs- und Düngemittel stark gestiegen, die gesellschaftlichen Kosten dieser Entwicklung sind jedoch beträchtlich: Eine starke Zunahme allergischer Erkrankungen ist zu beobachten, Spritz- und Düngemittel können das Grundwasser belasten und die biologische Vielfalt an kultivierten, wie auch wild lebenden Tier- und Pflanzenarten nimmt ab (siehe z. B. BMVEL 2002; EC 1999b, 2000).

In Form des biologischen Landbaus ist eine Gegenbewegung zu der aktuellen Entwicklung in der Landwirtschaft zu beobachten: Biologisch wirtschaftende Betriebe verzichten auf synthetische Spritz- und Düngemittel, verabreichen Tierarznei nicht schon prophylaktisch und versuchen, den landwirtschaftlichen Betrieb als ein stabiles ökologisches System zu betreiben. Im Laufe der vergangenen 10 bis 15 Jahre hat die ökologische Landwirtschaft in der Bundesrepublik hohe Wachstumsraten zu verzeichnen, auch wenn sie mit weniger als 4 % der landwirtschaftlichen Nutzfläche noch ein Nischendasein fristet. Im Zuge der so genannten „Agrarwende" wurde von Seiten des BMVEL das politische Ziel formuliert, bis zum Jahre 2010 den Anteil der biologischen Landwirtschaft auf 20 % zu erhöhen.

Auch wenn das Ziel von 20 % Ökolandbau infolge eines Regierungswechsels im Jahr 2005 aufgegeben wurde, stellt sich der sozialwissenschaftlichen Forschung die Frage, wie die Stellung der ökologischen Landwirtschaft ausgebaut werden kann: Wie können Landwirte dazu bewegt werden, ihre Betriebe auf ökologischen Landbau umzustellen? Welche individuellen und strukturellen Faktoren beeinflussen den Wandel hin zu einer ökologischen Form der Landbewirtschaftung? Es liegen nur wenige, meist agrar-ökonomische Untersuchungen vor, die sich mit dem biologischen Landbau befassen (vergleiche hierzu den Überblick in Abschnitt 3.1). Eine Anwendung soziologischer Handlungstheorien auf die Umstellung auf ökologische Landwirtschaft sowie eine Überprüfung der sich hierbei ergebenden Hypothesen steht noch aus. Dabei ist die Umstellung von konventionellem zu biologischem Landbau als Entscheidungsproblem zu fassen und methodisch wie theoretisch angemessen zu untersuchen. *Das zentrale Anliegen dieser Untersuchung ist es daher, die Entscheidungssituation der Betriebsleiter im Rahmen einer Theorie rationaler Handlungen (Rational Choice Theorie) zu modellieren und die Entscheidung für oder gegen eine Umstellung zu erklären. Ein zweiter Schwerpunkt widmet sich der Frage, ob und wie Umweltbewusstsein in die Rational Choice Theorie integriert werden kann.* Mit der theoretischen und empirischen Erklärung der Umstellung auf ökologische Landwirtschaft soll diese Arbeit einen Beitrag zum Fortschritt der Umweltsoziologie und

1 Einleitung

der empirischen Anwendung der Theorie rationalen Handelns leisten. Der Beitrag zur Umweltsoziologie liegt in der Tatsache, dass ein nur selten betrachtetes Thema – die Landwirtschaft – behandelt und ein erweiterter entscheidungstheoretischer Rahmen verwendet wird. Unterschiedliche Theorien zum Zusammenhang von Umweltbewusstsein und Umweltverhalten werden diskutiert und empirisch überprüft. Durch eine ausführliche Diskussion von Problemen der Operationalisierung und Messung von Rational Choice Variablen soll ein Anstoß für weitere empirische Anwendungen der Theorie rationalen Handelns gegeben werden.

Die Untersuchung ist wie folgt aufgebaut: Zunächst wird in Kapitel 2 beschrieben, was unter ökologischer Landwirtschaft zu verstehen ist und wie sich diese über die Zeit entwickelt hat. In Kapitel 3 wird der Forschungsstand kurz zusammengefasst und die hier verwendete Variante der Theorie rationalen Handelns vorgestellt. Hypothesen werden entwickelt, indem die Theorie auf die Umstellung auf ökologische Landwirtschaft angewendet wird. Nach einer Darstellung der Stichprobenziehung und struktureller Eigenschaften der Stichprobe in Kapitel 4 folgt eine Diskussion der Operationalisierung zentraler Konstrukte (Kapitel 5). In Kapitel 6 werden die Hypothesen zu Determinanten des Entscheidungsprozesses überprüft. Schließlich werden die empirischen Einzelbefunde in Kapitel 7 zusammengeführt und zu einen Gesamtmodell integriert. Zum Abschluss werden einige Ansatzpunkte skizziert, wie die Entwicklung des ökologischen Landbaus weiter gefördert werden kann.

Dank

Diese Arbeit wurde als Dissertation am Institut für Angewandte Sozialforschung der Universität zu Köln verfasst. Zu ihrer Entstehung hat eine Vielzahl von Personen beigetragen, denen ich hierfür herzlich danken möchte. Mein Dank gilt zunächst Jürgen Friedrichs, der nicht nur mit Rat und Tat beiseite stand, sondern mir vor allen Dingen auch den nötigen Freiraum ließ, um diese Arbeit zu vollenden. Für fruchtbare Diskussionen und hilfreiche Ratschläge danke ich meinen Kolleginnen und Kollegen aus dem IfAS, insbesondere Alexandra Nonnenmacher und Jörg Hagenah. Zu Dank verpflichtet bin ich außerdem Melanie Wilhelm, Caren Wiegand und Myrto Papoutsi, die das Manuskript Korrektur gelesen haben, sowie Ina Berninger, Thaddäus Kornek, Monika Linne, Konrad Tuchanowski und Clara Walther für ihre Hilfe bei der Dateneingabe. Mein Dank gilt schließlich den 1795 Landwirten, die meiner Bitte um ein Interview nachgekommen sind, und der Fritz Thyssen Stiftung, die das Projekt finanziell gefördert hat.

2 Ökologische Landwirtschaft: Begriffsbestimmung und Entwicklung

2.1 Was ist ökologische Landwirtschaft?

Die ökologische Landwirtschaft ist eine besonders umweltfreundliche Form der Produktion von landwirtschaftlichen Gütern (siehe Mäder et al. 2002). Ziel der ökologischen Landwirtschaft ist es, den landwirtschaftlichen Betrieb als einen möglichst geschlossenen Kreislauf zu betreiben. Hierdurch soll es ermöglicht werden, langfristig die Bodenfruchtbarkeit zu erhalten, Umweltbelastungen zu vermeiden, Nutztiere artgerecht zu halten und Lebensmittel mit hohem gesundheitlichem Wert zu erzeugen. Zudem soll die ökologische Landwirtschaft einen Beitrag zur Lösung der globalen Energie- und Ressourcenprobleme leisten und die Grundlage für die Erhaltung bäuerlicher Strukturen in der Landwirtschaft legen (Bioland 2002). Nach Lampkin ist ökologische Landwirtschaft „best thought of as referring not to the type of inputs used, but to the concept of the farm as an organism, in which all the component parts – the soil minerals, organic matter, microorganisms, insects, plants, animals and humans – interact to create a coherent whole" (Lampkin 1994, S.5). Der wesentliche Unterschied zwischen ökologischer Landwirtschaft und anderen Formen der umweltfreundlichen, nachhaltigen Landbewirtschaftung ist diese holistische Sichtweise und die Existenz eines Regelwerkes, das es erlaubt, ökologische Landwirtschaft klar zu definieren.

Traditionell wurde und wird dieses Regelwerk selbstorganisiert von nichtstaatlichen Organisationen, so genannten Anbauverbänden, festgelegt (vgl. Bioland 2002; Demeter 2002; Naturland 2002). Die wichtigsten, international anerkannten Richtlinien stammen von der „International Federation of Organic Agriculture Movements" (IFOAM 2002). Sie bestehen aus einer Vielzahl von Regeln zur Bodenbearbeitung, Schädlingsbekämpfung und Tierhaltung, die hier nicht detailliert wiedergegeben werden können. Ein wesentliches Merkmal der ökologischen Landwirtschaft ist jedoch, dass grundsätzlich auf den Einsatz gentechnisch veränderter Organismen, synthetischer Pestizide und Herbizide sowie auf synthetische Düngemittel verzichtet wird. Die Regeln zur umweltfreundlichen Bodenbewirtschaftung werden durch Richtlinien zur artgerechten Tierhaltung ergänzt.

Die grundlegenden Prinzipien der ökologischen Landwirtschaft werden von der IFOAM in den „Principles of Organic Agriculture" wie folgt formuliert (IFOAM 2005):

Principle of health Organic Agriculture should sustain and enhance the health of soil, plant, animal, human and planet as one and indivisible.

Principle of ecology Organic Agriculture should be based on living ecological systems and cycles, work with them, emulate them and help sustain them.

Principle of fairness Organic Agriculture should build on relationships that ensure fairness with regard to the common environment and life opportunities.

Principle of care Organic Agriculture should be managed in a precautionary and responsible manner to protect the health and well-being of current and future generations and the environment.

Zusätzlich zu den in Selbstorganisation erarbeiteten Richtlinien trat mit der EU-Verordnung 2092/91 zum Ökolandbau im Jahr 1993 ein staatliches Regelwerk in Kraft, das per Gesetz festlegt, welche Anbauweise als „ökologische Landwirtschaft" bezeichnet werden darf und welche nicht (EC 1991). Diese staatlichen Richtlinien stellen im Allgemeinen weniger strenge Regeln auf als die anerkannten Anbauverbände dies tun.

Eine Bewirtschaftung des Betriebes nach den Regeln der ökologischen Landwirtschaft ermöglicht es dem Landwirt nicht nur, die Umwelt zu schonen, sondern gibt ihm vor allem auch die Möglichkeit, seine Produkte unter dem Prädikat „aus kontrolliert ökologischem Anbau" zu vermarkten. Produkte aus ökologischer Landwirtschaft erzielen auf dem Markt zum Teil deutlich höhere Preise als Produkte aus konventioneller Landwirtschaft. Hierdurch unterscheidet sich die Umstellung auf ökologische Landwirtschaft in einem wesentlichen Merkmal von anderen Arten des individuellen Umweltverhaltens – sie ist nur in geringem Maße von einem Kollektivgutproblem betroffen, da die höheren Marktpreise als selektive Anreize (wenn nicht sogar als ein wesentliches Ziel der Handlung) angesehen werden können.

In dieser Arbeit werden mehrere Begriffe synonym zu „ökologischer Landwirtschaft" verwendet: biologische Landwirtschaft, Bioanbau, Ökoanbau, biologischer Landbau oder ökologischer Landbau. Alle diese Begriffe beziehen sich auf eine Produktionsweise, wie sie in der oben erwähnten EU-Verordnung 2092/91 gesetzlich geregelt ist. „Konventionelle Landwirtschaft" wiederum meint alle anderen Formen der Landwirtschaft.

2.2 Zur Entwicklung der ökologischen Landwirtschaft

Der Beginn des modernen ökologischen Landbaus kann in Deutschland auf die 20er Jahre des vergangenen Jahrhunderts terminiert werden. Seine Entstehung ist sozial im Kontext der „Lebensreform"-Bewegung auf der einen und der Antroposophie Rudolf Steiners (vgl. Steiner 1985) auf der anderen Seite zu verorten. Ökonomisch kann seine Entstehung als Reaktion auf Probleme mit abnehmender Bodenfruchtbarkeit betrachtet werden und auf einen dadurch bedingten Ertragsrückgang sowie auf den einsetzenden Strukturwandel in der Landwirtschaft (Vogt 2000).

Eine mehr als marginale Position - und somit auch eine gewisse Wahrnehmung durch die allgemeine Bevölkerung - konnte der ökologische Landbau jedoch erst seit Ende der 1980er Jahre erlangen. Als wesentliche Meilensteine der Entwicklung können die Einführung staatlicher Förderung im Jahr 1989 (EC 1988) und das Inkrafttreten der EU-Verordnung 2092/91 zum Ökolandbau 1993 (EC 1991) angesehen werden. Mit der EU-Verordnung wurde erstmals eine gesetzliche Grundlage geschaffen, die festlegte, was einen ökologisch wirtschaftenden Betrieb auszeichnet und welche Auflagen zu erfüllen sind. Bis zu diesem Zeitpunkt lag die Regulierung (und Definition) von ökologischer Landwirtschaft ausschließlich in den Händen von nicht-staatlichen Anbauverbänden wie Bioland, Naturland oder Demeter. Zwar hatten sich diese Verbände bereits 1984 auf gemeinsame Rahmenrichtlinien verständigt (BLE 2003), die staatliche Regulierung schaffte jedoch eine größere Markttransparenz, besonders für den Durchschnittskonsumenten. Außerdem ermöglichte sie es Landwirten, ihren Betrieb auf ökologische Landwirtschaft umzustellen, ohne einem Anbauverband beizutreten.

Im Jahr 1988 wirtschafteten ca. 2000 Betriebe nach ökologischen Richtlinien, ihre Zahl verdoppelte sich bis 1992 auf über 4000, was jährlichen Wachstumsraten von ca. 20 % entspricht. Seit Inkrafttreten der EU-Verordnung zum Ökolandbau ist ein starkes Wachstum des Ökosektors zu beobachten. Insgesamt verdreifachte sich die Zahl der Ökobetriebe von ca. 5000 im Jahr 1993 auf über 16000 im Jahr 2004 (vgl. Abb. 2.1).

Die Betrachtung der jährlichen Wachstumsraten zeigt jedoch, dass das relative Wachstum starken Schwankungen unterliegt. So sanken die Wachstumsraten von ca. 20 % p.a. in den späten 1980er und frühen 1990er Jahren auf deutlich weniger als 15 % zwischen 1994 und 1999. Im Jahr 2000 gab es mit über 20 % Steigerung ein sprunghaftes Wachstum, in der Folge sanken die Wachstumsraten jedoch wieder: 2001 lag das Wachstum zwar noch bei ca. 15 %, verringerte sich aber kontinuierlich weiter auf 2,7 % im Jahr 2004.

2 Ökologische Landwirtschaft: Begriffsbestimmung und Entwicklung

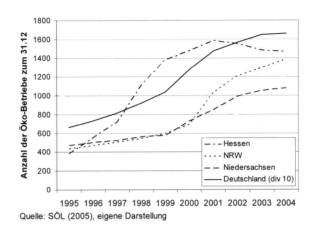

Abbildung 2.1: Die Entwicklung des Ökolandbaus in Deutschland

In den Jahren 2002, 2003 und 2004 waren die niedrigsten Wachstumsraten des Ökosektors seit Anfang der 1980er zu verzeichnen. Bedenkt man, dass der ökologische Landbau mit etwa 4 % aller landwirtschaftlichen Betriebe in Deutschland (4,5 % der bewirtschafteten Fläche) nur von einem geringen Anteil der Landwirte betrieben wird, kann das Absinken der Wachstumsraten sicherlich nicht auf einen Deckelungseffekt zurückgeführt werden.

Es kann jedoch vermutet werden, dass diese Veränderung mit dem bereits erwähnten Entwicklungssprung von 2000/2001 zusammenhängt. Zum 1.1.2000 wurde die Förderung des Ökolandbaus im Zuge der EU-Verordnung 1257/1999 (EC 1999a) stark angehoben. Dies und die eskalierende BSE-Krise (vgl. Metzger 2000) können als Auslöser für das sprunghafte Wachstum der Jahre 2000/2001 angesehen werden. Es ist davon auszugehen, dass die Erhöhung der Prämien die Umstellung für viele Betriebe möglich gemacht hat, die sich bereits vorher mit einer Umstellung beschäftigt, sie jedoch aus Wirtschaftlichkeitsgründen vertagt hatten. Weiterhin könnte es sein, dass durch die Einführung der staatlichen Prämien (und der Politik der damaligen Bundesregierung) der Ökolandbau von vielen Betriebsleitern erstmals als Alternative wahrgenommen wurde, und unter dem Eindruck der BSE-Krise vielen Landwirten eine Alternative besonders dringlich erschien. Zusätzlich zu der erwähnten Kompensierung von vertagten Entscheidungen kann insofern noch ein Vorziehen von Entscheidungen vermutet werden.

2.2 Zur Entwicklung der ökologischen Landwirtschaft

Hierdurch wurde das kurzfristige Potenzial für weitere Umstellungen ausgeschöpft, so dass mit einem weiteren Anwachsen des Ökosektors erst in den kommenden Jahren zu rechnen wäre.

Die vorliegende Untersuchung kann, im Wesentlichen aus forschungsökonomischen Gründen, nicht repräsentativ für die gesamte Bundesrepublik durchgeführt werden, sondern bezieht sich ausschließlich auf die Bundesländer Hessen, Niedersachsen und Nordrhein-Westfalen (siehe Abschnitt 4.1 für eine genauere Begründung der Auswahl). Die Entwicklung der ökologischen Landwirtschaft in den Bundesländern ist in Abbildung 2.1 dargestellt. Die Entwicklung in Niedersachsen und NRW folgt im Wesentlichen dem Bundestrend: Von 1995 bis 1999 gab es ein mittelstarkes Wachstum des Ökolandbaus, in den Folgejahren stiegen die Wachstumsraten, um ab 2002 wieder zu sinken. Eine nennenswerte Ausnahme ist der dramatische Anstieg der Zahl der ökologisch wirtschaftenden Betriebe in Nordrhein-Westfalen von 2001 auf 2002, mit einer Wachstumsrate von 50 %. Dieser Anstieg entspricht zwar nicht in der Stärke, wohl aber in der Tendenz dem Bundestrend. In Hessen ist dagegen eine leicht unterschiedliche Entwicklung zu beobachten. Hier fand das starke Wachstum des Ökolandbaus schon früher als im Rest der Republik statt (von etwa 1997 bis 1999). Abgesehen von der zeitlichen Verschiebung ist das Muster jedoch ähnlich. Auch in Hessen folgte der Hausse ein Rückgang der Wachstumsraten, und seit 2002 ist sogar ein negatives Wachstum zu erkennen.

3 Forschungsstand und theoretische Überlegungen

Nachdem im vorhergehenden Kapitel ein kurzer Einblick gegeben wurde, was ökologische Landwirtschaft ist und wie sie sich in Deutschland entwickelt hat, wird in diesem Kapitel ein theoretischer Rahmen erarbeitet, der geeignet ist, die Umstellung auf ökologische Landwirtschaft zu erklären. Hierfür wird zunächst der Forschungsstand dargestellt (Abschnitt 3.1). Darauf folgt in Abschnitt 3.2 eine Darstellung der Theorie rationalen Handelns und möglicher Erweiterungen. Die allgemeinen theoretischen Überlegungen werden auf die Umstellung auf ökologische Landwirtschaft übertragen. Daraus ergeben sich Hypothesen zu Faktoren, die eine solche Entscheidung beeinflussen.

3.1 Forschungsstand: Einflussfaktoren auf die Umstellung

Zum jetzigen Zeitpunkt bestehen in der deutschen Forschung nur sehr wenige quantitative Untersuchungen zur Umstellung auf ökologischen Landbau aus Akteursperspektive. So ist dem Autor lediglich eine Studie zu Umstellungshemmnissen von 286 konventionellen Landwirten in Sachsen (Arp et al. 2001) und eine Umfrage unter 63 Ökolandwirten Vogtmann et al. (1993) bekannt. Insgesamt ist ein gravierender Mangel an vergleichenden quantitativen Untersuchungen zu konstatieren. Andere europäische Länder, vor allem Österreich und Großbritannien, können hier größere Forschungsaktivitäten vorweisen (siehe z. B. Burton et al. 1999; Egri 1999; Midmore et al. 2001; Pietola und Lansink 2001; Schneeberger und Kirner 2001; Schneeberger et al. 2002).

Bei den empirischen Studien dominiert eine beschreibende, also nur bedingt theoriegeleitete Vorgehensweise. Eine theoretische Auseinandersetzung mit der Entscheidungssituation der Akteure findet generell nur in geringem Maße statt – im deutschsprachigen Raum nahezu überhaupt nicht. Im Folgenden wird der bisherige Forschungsstand zusammengefasst darstellt. Die Auswahl der empirischen Untersuchungen ist auf neuere quantitative Studien fokussiert. Ältere Untersuchungen haben, aufgrund des starken Wachstums der ökologischen Landwirtschaft, nur noch eine begrenzte Aussagekraft. Zunächst werden individuelle, betriebliche und strukturelle Randbedingungen näher betrachtet, bevor die Motive der Betriebsleiter im Mittelpunkt stehen.

3.1.1 Strukturelle und betriebliche Randbedingungen

Nach Angaben des Deutschen Bauernverbandes (DBV 2002) haben deutsche Ökobetriebe deutlich mehr Betriebsfläche als konventionelle Betriebe (52 gegenüber 36 Hektar). Dabei ist jedoch zu beachten, dass der Anteil von Ökobetrieben in den neuen Bundesländern relativ hoch ist. Grundsätzlich sind landwirtschaftliche Betriebe in den neuen Bundesländern überdurchschnittlich groß, so dass ein Teil des Mittelwertsunterschiedes allein durch Ost/West-Unterschiede erklärt werden kann. Weiterhin ist der Anteil an Nebenerwerbsbetrieben bei Ökolandwirten vergleichsweise gering. Ökobetriebe haben zudem einen wesentlich höheren Grünlandanteil als konventionelle Betriebe – dementsprechend ist auch Rinderhaltung stärker, Schweinehaltung dagegen weniger stark verbreitet. Weitere betriebliche bzw. ökonomische Randbedingungen sind Arbeitskräfteaufwand, Erzeugerpreise, Produktionskosten, die Vermarktungssituation, Subventionen etc. Diese Merkmale können der amtlichen Statistik (BMVEL 2004) entnommen werden und werden daher an dieser Stelle nicht detailliert dargestellt.

Betriebliche und ökonomische Randbedingungen sind generell von zentraler Bedeutung für die Entscheidung der Landwirte über ihre Wirtschaftsweise, da sie die monetären Kosten und den Nutzen einer Umstellung determinieren. Als wesentlich für die Entscheidung der Landwirte können allerdings nicht die objektiven Randbedingungen angenommen werden, sondern lediglich die subjektive Einschätzung der Akteure: „If men define situations as real, they are real in their consequences" (Thomas und Thomas 1928). Die entscheidende Frage ist in diesem Kontext demnach, wie Landwirte ihre gegenwärtige Situation perzipieren und welche Veränderungen sie für den Fall einer Umstellung erwarten. Hinweise auf die Wahrnehmung und den Einfluss dieser Faktoren geben die Untersuchungen von Arp et al. (2001), Schneeberger et al. (2002) und Schneeberger und Kirner (2001). So berichten die Autoren übereinstimmend, dass konventionelle Landwirte sich in erster Linie Sorgen um die finanzielle Entwicklung ihres Betriebes machen. Danach stellen in der Wahrnehmung der konventionellen Landwirte die unsicheren Absatzmöglichkeiten der ökologischen Produkte, vermeintlich zu niedrige Preise und ein dementsprechend sinkendes Einkommen Hemmnisse bei der Umstellung dar. Folgerichtig befürchten die Landwirte, stärker in eine Abhängigkeit von Subventionszahlungen zu kommen. Als zusätzliche betriebliche Probleme werden eventuell notwendige Umbaumaßnahmen, die drohende Verunkrautung von Kulturen und der zusätzliche bürokratische Aufwand genannt. Positive Folgen einer Umstellung seien

3.1 Forschungsstand: Einflussfaktoren auf die Umstellung

nach Auffassung der Landwirte dagegen höhere Ausgleichszahlungen, die Umweltfreundlichkeit des ökologischen Landbaus und ein höherer Erzeugerpreis für Ökoprodukte. Konkrete Aussagen über den Einfluss dieser Einschätzungen auf die Umstellungs-Entscheidung des Betriebes können jedoch nur anhand von vergleichenden Fall-Kontrollstudien gemacht werden. Nur wenn Landwirte, die auf ökologische Landwirtschaft umgestellt haben, und solche, die nicht umgestellt haben, gemeinsam befragt werden – und die Einschätzungen beider Gruppen miteinander verglichen werden –, ist es möglich, die Relevanz der einzelnen Randbedingungen zu beurteilen.

In den Bereich der strukturellen Rahmenbedingungen fallen auch das soziale und familiäre Umfeld der Landwirte sowie ihre Informationsquellen. Soziale Netzwerke sind zum einen ein wichtiger Weg der Informationsvermittlung, zum anderen üben sie eine soziale Kontrolle über den Akteur aus und beeinflussen seine (Selbst)Wahrnehmung (siehe z. B. Rogers 1995; Ajzen 1991). Gleiches gilt in verstärktem Maße für die Familie. Als Hindernisse bei einer Umstellung werden mangelnde Unterstützung in der Familie (Schneeberger et al. 2002) und ein schlechtes Bild in der Nachbarschaft genannt, wobei letzteres als weniger wichtig angesehen wird (Schneeberger et al. 2002; Arp et al. 2001) und vor allem in der Pionierzeit der ökologischen Landwirtschaft bedeutsam war (Padel und Lampkin 1994).

Burton et al. (1999) und Egri (1999) berichten übereinstimmend, dass ökologische Landwirte als primäre Informationsquelle andere (konventionelle und ökologische) Landwirte angeben. Da sich diese Befragungen jedoch nicht auf die Entscheidungssituation beziehen, ist hier eventuell ein Drittvariableneffekt von Mitgliedschaften in Öko-Anbauverbänden zu beobachten. Insgesamt beklagen sowohl konventionelle als auch ökologische Landwirte ein Informationsdefizit (Arp et al. 2001; Midmore et al. 2001; Schneeberger et al. 2002) und das Wissen der konventionellen Landwirte über den ökologischen Landbau ist als eher gering anzusehen (Arp et al. 2001).

3.1.2 Individuelle Randbedingungen

Über die demografischen Merkmale von Ökolandwirten wird vor allem in qualitativen Studien aus den 1980er Jahren berichtet, diese seien üblicherweise jünger als ihre konventionellen Kollegen, etwas besser gebildet, hätten relativ wenig Erfahrung in der Landwirtschaft und einen urbanen Hintergrund. Zudem sei der Anteil der Frauen unter ökologischen Landwirten höher als unter konventionellen (für einen Überblick siehe Padel 2001).

Als relativ gut bestätigt kann der Altersunterschied zwischen den Landwirten angesehen werden: So berichtet Duram (1997), dass ökologische Landwirte im Durchschnitt mehr als zehn Jahre jünger seien als konventionelle Landwirte. Pietola und Lansink (2001) finden einen Altersunterschied von zweieinhalb Jahren und auch Burton et al. (1999) finden einen Effekt des Alters auf die Umstellungswahrscheinlichkeit. Bei Egri (1999) ist der Effekt des Alters jedoch nicht signifikant. Die Annahmen bezüglich der Bildung scheinen sich nicht (mehr) zu bestätigen. So finden Burton et al. (1999) und Egri (1999) keine signifikanten Unterschiede zwischen konventionellen und ökologischen Landwirten. Die empirische Evidenz des Geschlechtsunterschiedes ist widersprüchlich: Burton et al. (1999) berichten einen starken Effekt des (weiblichen) Geschlechtes, Egri (1999) findet keinen Geschlechtseffekt und Midmore et al. (2001) haben in ihrem Sample sogar einen höheren Anteil männlicher Ökobauern als in der konventionellen Gruppe.

3.1.3 Motive der Umstellung

Neben den Randbedingungen sind die Motive von erheblicher Bedeutung, aus denen ein Landwirt erwägt, auf den ökologischen Landbau umzustellen. Die Datenlage zu diesem Komplex ist jedoch ausgesprochen schlecht. So ist dem Autor keine quantitative Studie aus dem deutschsprachigen Raum bekannt, die sich hiermit beschäftigt; vorherrschend ist die Suche nach „Umstellungsbarrieren". Padel (2001) zählt in ihrem Überblicksartikel zahlreiche Motive auf, aus denen Landwirte auf den ökologischen Landbau umgestellt haben, sie bezieht sich hierbei allerdings v.a. auf ältere und qualitative Untersuchungen. Während in Studien aus den 1980er Jahren vor allem landwirtschaftliche Motive wie Erosionsschutz und Erhaltung der Bodenfruchtbarkeit, aber auch Probleme der Tiergesundheit erwähnt werden, sind in aktuellen Studien, so Padel, finanzielle Motive dominierend. Finanzielle Motive beinhalten die Sicherung der Zukunft des Betriebes, die Lösung existierender finanzieller Probleme, das Einsparen von Kosten und schließlich das Erzielen eines Mehrerlöses. In diesem Sinne könnte die Umstellung auf den ökologischen Landbau als Reaktion auf den Strukturwandel in der Landwirtschaft und den damit verbundenen Zwang zum betrieblichen Wachstum verstanden werden (vergleiche hierzu auch Boucher 1991).

Ein weiteres Motiv, das laut Padel (2001) in neueren Studien häufig genannt werde, sei die berufliche Herausforderung durch die Umstellung. Schließlich wären noch persönliche Beweggründe wie Gesundheitsprobleme zu nennen, die jedoch vor allem in älteren Untersuchungen berichtet werden, sowie Motive aus dem eher weltanschaulichen Bereich. Bei diesem Aspekt habe sich der Schwerpunkt von religiösen und philosophischen Motiven zu politischen und umweltbezogenen Motiven verschoben.

3.1.4 Einstellungen

Eng verbunden mit den oben genannten weltanschaulichen Motiven ist der Einfluss von Einstellungen auf die Entscheidung der Landwirte. So berichtet Loibl (1999) von signifikanten Unterschieden im allgemeinen und speziell landwirtschaftsbezogenen Umweltbewusstsein von ökologischen und konventionellen Landwirten. Egri (1999) findet zwar keinen Einfluss von allgemeinem Umweltbewusstsein, sehr wohl aber einen der Einstellung zu Agrarchemikalien. Burton et al. (1999) wiederum machen einen signifikanten Effekt von Bedenken über lokale, nationale und weltweite Umweltprobleme sowie der Mitgliedschaft in Umweltorganisationen aus. Es ist an dieser Stelle jedoch zu bedenken, dass „Umweltbewusstsein" in jeder dieser Studien unterschiedlich operationalisiert wurde, so dass ein Vergleich nur bedingt möglich ist. Weiterhin haben die befragten Ökolandwirte schon seit längerer Zeit ökologisch gewirtschaftet, so dass befürchtet werden muss, dass hier u.a. auch Sozialisationseffekte der biologischen Wirtschaftsweise zum Tragen kommen. Gleiches gilt z. B. für die von Midmore et al. (2001) verwendete Skala zur Erfassung von Einstellungen zum ökologischen Landbau. Die Einstellung der Ökobauern zum ökologischen Landbau ist danach durchweg besser als die der konventionellen Landwirte. Ob dies jedoch ein Sozialisationseffekt ist oder von Einfluss auf die Entscheidung war, also die Frage nach Ursache und Wirkung, bleibt im Dunkeln.

3.2 Theorie und Ableitung von Hypothesen

Als einer der wesentlichen Schwachpunkte der bisherigen Forschung zur Umstellung auf ökologische Landwirtschaft kann ihre weitgehende Theorielosigkeit angesehen werden. In Abgrenzung zu rein empirisch-deskriptiver Forschung soll im Rahmen dieser Arbeit versucht werden, die Umstellung auf ökologische Landwirtschaft im begrifflichen und theoretischen Rahmen der Theorie rationalen Handelns zu analysieren. Hierdurch wird ein Anschluss an die Theorieentwicklung in der Umweltsoziologie und der Soziologie im Allgemeinen ermöglicht.

Im Folgenden wird zunächst erläutert, was in dieser Abhandlung unter der Theorie rationalen Handelns verstanden wird (Abschnitt 3.2.1) und inwiefern die Rational Choice Theorie um das wichtige Konzept von routinisiertem

Verhalten erweitert werden kann (Abschnitt 3.2.2). Die Frage, ob und wie Umwelteinstellungen in die Theorie rationalen Handelns integriert werden können, ist Gegenstand von Abschnitt 3.2.3. In Abschnitt 3.2.4 schließlich wird das erweiterte Modell der Rational Choice Theorie auf die Umstellung auf Ökolandbau übertragen. Abschnitt 3.2.5 fasst die sich hieraus ergebenden Hypothesen zusammen.

3.2.1 Die Theorie rationalen Handelns

Seit Beginn der 1980er Jahre haben verschiedene Varianten der Theorie rationalen Handelns in den Sozialwissenschaften zunehmend Verbreitung gefunden. Insbesondere in der deutschen Umweltsoziologie hat die Rational Choice Theorie (RCT) große Bedeutung erlangt (siehe z. B. Preisendörfer 2004; Diekmann und Preisendörfer 2003, 1998; Franzen 1997; Diekmann 1996; Lüdemann 1997). Nach einem kurzen Überblick über die methodologischen und axiomatischen Grundlagen der Rational Choice-Theorie wird die spezielle Theorievariante vorgestellt, die in der vorliegenden Untersuchung Verwendung findet.

Methodologische Grundlagen und allgemeine Einführung

Die metatheoretische Grundlage der Theorie rationalen Handelns ist der methodologische Individualismus: Kollektive, gesellschaftliche Phänomene (sog. Makrophänomene) resultieren aus dem Zusammenspiel des Handelns individueller Akteure. Für eine Erklärung dieser Makrophänomene ist dementsprechend ein Rückgriff auf das Handeln von Individuen, also auf die Mikroebene, notwendig (siehe z. B. Coleman 1995, S. 1-29).

An diesem Punkt setzt die Theorie rationalen Handelns ein. Sie stellt eine Mikrotheorie zur Verfügung, die angibt, wie sich Menschen im Durchschnitt verhalten. Menschliches Handeln wird hierbei als Entscheidungshandeln begriffen: Wenn ein Akteur handelt, muss er sich zwischen verschiedenen Handlungsalternativen entscheiden. Und dies, so die Theorie rationalen Handelns, tut er auf eine Weise, die angebbaren Regeln folgt. Rationales Handeln kann entsprechend als Handeln in Übereinstimmung mit einer Entscheidungsregel angesehen werden (siehe Diekmann 1996, S. 91f). Weitere Grundelemente rationaler Handlungstheorien sind nach Opp (1999, S. 173) Präferenzen und Restriktionen. Restriktionen bedingen die Handlungsalternativen, unter denen ein Akteur auswählen kann. Präferenzen wiederum beeinflussen das Ziel, das ein Akteur mit seiner Handlung verfolgt. Kurz gesagt postuliert die Theorie rationalen Handelns, dass ein Akteur unter Be-

3.2 Theorie und Ableitung von Hypothesen

rücksichtigung von Restriktionen aus verschiedenen Handlungsalternativen diejenige auswählt, die seine Präferenzen am besten befriedigt.

Wie man sieht, lassen diese Grundvoraussetzungen einen weiten Spielraum für Interpretationen und Erweiterungen der Theorie: Welche Präferenzen sind relevant für eine Entscheidung? Welche Restriktionen? Welche Handlungsalternativen nimmt ein Akteur wahr und wie genau entscheidet er sich zwischen diesen Möglichkeiten? In Abhängigkeit davon, wie diese Fragen beantwortet werden, erhält man ausgesprochen unterschiedliche Theorien, die alle unter den Begriff der rationalen Handlungstheorien subsumiert werden.

„Weite" und „enge" Varianten der Rational Choice Theorie

In Abhängigkeit davon, wie viele Zusatzannahmen bezüglich der oben genannten Fragen getroffen werden, unterscheidet Opp (1999) zwischen einer „engen" und einer „weiten" Variante der Rational Choice Theorie. In der „engen" Variante, die in der Ökonomie weit verbreitet ist („homo oeconomicus"), wird angenommen, für eine Entscheidung seien nur egoistische Präferenzen relevant und diese Präferenzen seien bei allen Akteuren zudem konstant. Die Zahl der Alternativen, aus denen ausgewählt werden kann, wird nur von objektiven, dinglichen Restriktionen bestimmt und Akteure sind über alle Alternativen, Restriktionen und Handlungskonsequenzen voll informiert. Entsprechend kann individuelles Handeln allein anhand von Restriktionen erklärt werden.

Im Rahmen dieser Untersuchung wird eine „weite" Variante der Theorie rationalen Handelns angewendet: Akteure können unterschiedliche Präferenzen haben und besitzen eventuell nur begrenze Informationen über ihre Restriktionen, Handlungsalternativen und deren Konsequenzen. Die Restriktionen wiederum sind abhängig von der Wahrnehmung der Akteure und können sowohl „hart" (z. B. nicht ausreichend Geld) als auch „weich" sein (z. B. kann eine Alternative als unmoralisch angesehen werden). In der Folge sind sowohl Präferenzen als auch Restriktionen für die Erklärung einer Handlung relevant. Hieraus ergibt sich, im Gegensatz zur „engen" Variante der Rational Choice Theorie, die Notwendigkeit, auch die Präferenzen der Akteure und die wahrgenommenen Konsequenzen einer Entscheidung empirisch zu erheben.

Die Entscheidungsregel: Subjective Expected Utility

Eine wichtige Präzisierung der Rational Choice Theorie betrifft die Entscheidungsregel. Auch in Bezug auf die Art, wie sich Akteure zwischen

Handlungsalternativen entscheiden, wurde eine Vielzahl von Theorien vorgeschlagen, beispielsweise das Konzept der „bounded rationality" von Simon (1957) oder die „prospect-theory" von Kahnemann und Tversky (1979). In Anlehnung an das von Opp (1979, insbes. S. 316f) formulierte „ökonomische Programm" der Soziologie wird in dieser Arbeit auf die Entscheidungsregel der Subjective Expected Utility Theorie (SEU) oder Wert-Erwartungs-Theorie (vgl. Friedrichs et al. 1993) zurückgegriffen. Das Menschenbild der SEU-Theorie sieht den handelnden Akteur als RREEM [man] (vgl. Lindenberg 1985; Esser 1993):

Restricted – beschränkt hinsichtlich seiner Möglichkeit, Informationen und Handlungsalternativen zu perzipieren und zu verarbeiten

Resourceful – mit Ressourcen ausgestattet, die ihm unterschiedliche Handlungsalternativen ermöglichen, andere Alternativen aber auch ausschließen können

Expecting – den verschiedenen Alternativen entsprechend seiner Präferenzen und Informationen Nutzen zuordnend

Evaluating – den Nutzen bzw. die Präferenzbefriedigung, die die unterschiedlichen Alternativen liefern, bewertend

Maximizing – die Alternative, die den höchsten Nutzen verspricht, wählend

Die Entscheidungsregel der SEU-Theorie besagt, dass der Nettonutzen (NN) einer Alternative j die Produktsumme von (subjektivem) Nutzen[1] (U) und (subjektiver) Eintrittswahrscheinlichkeit (p) über alle n perzipierten Konsequenzen ist:

$$NN_j = \sum_{i=1}^{n} p_i \times U_i$$

Der Akteur vergleicht die perzipierten Handlungsmöglichkeiten und führt diejenige aus, die den höheren Nettonutzen verspricht. Perzipiert ein Akteur zwei Handlungsalternativen, gilt:

$$NN_a > NN_b \rightarrow H_a \text{ wird ausgeführt}$$

$$NN_a < NN_b \rightarrow H_b \text{ wird ausgeführt}$$

---

[1] Selbstverständlich kann als Konsequenz einer Alternative nicht nur Nutzen entstehen, sondern auch Kosten können verursacht werden. Da Kosten als negativer Nutzen verstanden werden können, wird zur sprachlichen Vereinfachung nur von Nutzen gesprochen.

3.2 Theorie und Ableitung von Hypothesen

Die Entscheidungsregel der SEU-Theorie verwendet somit eine multiattributive Nutzenfunktion (siehe auch Eisenführ und Weber 1994, S. 259ff). Die einzelnen Attribute der Nutzenfunktion (oder auch: Konsequenzen der Entscheidung) wirken hierbei kompensatorisch. Wird eine Handlungsalternative hinsichtlich einer Konsequenz negativ eingeschätzt, kann dies durch eine entsprechend positive Bewertung hinsichtlich einer anderen Konsequenz ausgeglichen werden.

Mit der SEU-Theorie steht somit eine außerordentlich flexible Handlungstheorie zur Verfügung, die geeignet ist, eine Reihe von scheinbar alternativen Theorien als Spezialfälle unter sich zu subsumieren.

Beispielsweise beschreibt Diekmann (1996, S. 93f) die Theorie geplanten Verhaltens von Icek Ajzen (vgl. Ajzen 1988, 1991) als einen solchen Spezialfall. Die „Einstellungen zum Verhalten" der Theorie geplanten Verhaltens seien äquivalent zu der SEU-Gleichung, zusätzlich würden aber weitere, von Ajzen als wichtig erachtete, Nutzenkomponenten explizit aufgeführt: soziale Normen und Belohnungen durch Bezugsgruppen. Diese können jedoch letztlich auch als Summanden der Nutzenfunktion aufgefasst werden.

Auch das sog. „ABC-Modell" (attitude-behavior-context) von Guagnano et al. (1995) kann als eine alternative Beschreibung eines Spezialfalles der SEU-Theorie verstanden werden. Das ABC-Modell besagt, dass sich ein Akteur dann umweltfreundlich verhält, wenn entweder die Kosten des umweltfreundlichen Verhaltens geringer sind als die der umweltschädlichen Alternative, oder wenn die umweltfreundlichen Einstellungen die Zusatzkosten in ihrer Stärke übersteigen (siehe Abschnitt 3.2.3 für eine detailliertere Beschreibung des Ansatzes). Geht man davon aus, dass ein Verhalten entgegen den eigenen Einstellungen (psychische) Kosten verursacht, entspricht die Überlegung von Guagnano et al. (1995) dem kompensatorischen Charakter der einzelnen Konsequenzen in der SEU-Nutzenfunktion.

Schließlich ist es möglich, im Rahmen der SEU-Theorie zu berücksichtigen, dass mit einer Handlung zum Teil mehrere Ziele verfolgt werden. Das Verfolgen von unterschiedlichen Zielen wird von Lantermann (1999) etwas kompliziert als polytelische Handlungswahl und polyvalente Bewertung bezeichnet. Er beschreibt die polytelische Wahl wie folgt: „Eine Handlung wird dann gegenüber alternativen Handlungen bevorzugt, wenn jene mit höherer Gewissheit bestimmte Ziele erreichen lässt, ohne andere Ziele zu gefährden, unter gleichzeitiger Berücksichtigung des relativen Aufwandes [...] für die Durchführung der Handlung" (Lantermann 1999, S. 10). Die unterschiedlichen Ziele, die mit einer Handlung verbunden sind, führt der Autor am Beispiel des Abschaffens eines Zweitwagens aus: Die Ziele seiner

Beispielakteure sind (1) umweltgerecht zu Handeln, (2) von den Nachbarn Wertschätzung zu erfahren, (3) Geld zu sparen und (4) mobil zu sein. In diesem Sinne sind die „Ziele" Lantermanns aber nichts anderes als Handlungskonsequenzen in der SEU-Theorie.

3.2.2 Handlungs-Routinen

In ihrer ursprünglichen Formulierung sieht die SEU-Theorie vor, dass ein Akteur sich vor jeder einzelnen Handlung entscheiden muss. Es widerspricht jedoch jeder Empirie und Alltagslogik, zu behaupten, Menschen würden vor jeder Handlung Alternativen suchen, Konsequenzen abwägen und sich schließlich entscheiden (vgl. Camic 1992). Um die Annahmen des Entscheidungsmodells stärker den empirischen Entscheidungsprozessen anzupassen, wurden verschiedene Erweiterungen der Rational Choice Theorie vorgeschlagen, die ein realistisches Bild vom individuellen Entscheidungsprozess ermöglichen sollen. Im Folgenden wird eine wesentliche Erweiterung – das Konzept der Handlungsroutinen (bzw. „Habits") – kurz dargestellt.

Folgt man der Definition von Esser (1991, S. 64f), können Routinen „als ganze Komplexe bzw. Bündel von Handlungen bzw. Handlungssequenzen verstanden werden, die der Akteur nach Maßgabe bestimmter Situationshinweise 'insgesamt' wählt: Handeln nach Daumenregeln, Routinen, Rezepten ohne nähere Nachprüfung". Routinisiertes Handeln führt zwar häufig zu Anomalien, zu augenscheinlichen Widersprüchen mit der ökonomischen Standardvariante der Theorie rationalen Handelns, kann aber bei näherem Hinsehen problemlos integriert werden. Zum einen ist routinisiertes Handeln das Resultat eines Prüfprozesses in der Vergangenheit (siehe z. B. Friedrichs und Opp 2002, S. 403). Zum anderen ist eine wesentliche Annahme der Rational Choice Theorie, dass jede Entscheidung Kosten verursacht – sowohl für die Informationssuche als auch für die eigentliche Entscheidung. Da ein rationaler Akteur stets bestrebt ist, Kosten zu vermeiden, wird er entsprechend versuchen, sich nicht vor jeder Handlung entscheiden zu müssen. Routinisiertes Handeln, also letztlich das Zurückgreifen auf eine frühere Nutzenmaximierung, kann in diesem Sinne zur Kostenvermeidung beitragen, indem es komplexe Entscheidungsheuristiken in bekannten Situationen zu vermeiden hilft (vgl. Riker und Ordeshook 1973, S. 20ff für eine formalisierte Darstellung).

Analog zu den Ausführungen zu Riker und Ordeshook ist routinisiertes Handeln so lange rational, wie der Nutzengewinn einer Suche nach Handlungsalternativen kleiner ist als das Verhältnis der Suchkosten zu der

Wahrscheinlichkeit, eine geeignete Alternative zu finden. Diese Argumentation ist zwar formal korrekt und inhaltlich plausibel, bietet aber vorwiegend einen *normativen Bewertungsmaßstab* für routinisiertes Verhalten. Als Entscheidungsheuristik ist diese Rationalitätsbedingung nur bedingt geeignet, da ein Akteur ohne Kenntnis der zusätzlichen Handlungsalternativen auch den potentiellen Nutzengewinn nicht einschätzen kann. Implizit scheinen Riker und Ordeshook anzunehmen, dass Akteure grob schätzen, welchen möglichen Nutzengewinn sie haben könnten, mit welcher Wahrscheinlichkeit sie eine bessere Alternative finden und wie kostenträchtig diese Suche ist.

Hartmut Esser schlägt mit seinem „Modell der Frame-Selektion" (siehe Esser 2002, 2001) eine alternative Lösung für die Frage vor, von welchen Faktoren es abhängt, ob ein Akteur routinisiert handelt oder komplexe Entscheidungsheuristiken anwendet.[2] Ein Akteur, so Esser, wird so lange routinisiert oder „automatisch-reflexhaft" handeln wie die wahrgenommene Situation zu seinem mentalen Modell der Situation passt. (In der etwas sperrigen Terminologie Essers wird das mentale Modell der Situation als „Frame" bezeichnet, die Frage, ob der Frame gut oder schlecht zu der objektiven Situation passt, als „match" des Frames.) Erst wenn Störungen auftreten und in der Folge das mentale Modell nicht mehr zu der realen Situation passt (der match des Frames also sinkt), beginnt der Akteur, seine Situation zu reflektieren und eventuell neue Ziele festzulegen und Handlungsalternativen zu suchen. Der Bruch mit einer Handlungsroutine, die Notwendigkeit, sich auf eine neue Situation einzustellen („reframing" in der Terminologie Essers) und schließlich auch die Entscheidung des Akteurs für eine Alternative, ist demnach immer eine Reaktion auf eine veränderte soziale Situation, also auf einen veränderten strukturellen Rahmen. Die Wahrscheinlichkeit einer Suche nach neuen Handlungsalternativen, eines Bruchs mit der Routine, ist damit unabhängig vom Erwartungsnutzen der unbekannten Alternativen und wird weitgehend von negativen (insbesondere sprunghaften) Veränderungen im Erwartungsnutzen des Status Quo beeinflusst.

3.2.3 Rationales Handeln und Umweltbewusstsein

Folgt man einer „weiten" Variante der Rational Choice Theorie, ist es augenscheinlich, dass die Wahl zwischen Handlungsalternativen nicht von ihrem

---

[2] Das Modell von Esser, insbesondere die formalisierte Darstellung des Modells, wurde vielfach kritisiert (siehe z. B. Rohwer 2003; Schräpler 2001). Im Folgenden wird auf eine mathematische Notation verzichtet; stattdessen werden lediglich die Grundgedanken der erweiterten Entscheidungsheuristik skizziert.

rein monetären Nutzen determiniert wird, sondern auch von anderen, „weichen" Nutzenfaktoren bzw. Handlungsfolgen mitbestimmt wird. Zahlreiche empirische und experimentelle Arbeiten zeigen, dass die „enge" Variante der Rational Choice Theorie in vielen Bereichen nicht geeignet ist, menschliches Verhalten adäquat zu erklären oder gar zu prognostizieren. Die Anomalien des homo oeconomicus-Modells reichen von „zu hohen" Kooperationsraten im Gefangenendilemma über die nicht theorieadäquate Erstellung von Kollektivgütern bis hin zu „irrationaler" Teilnahme an Recyclingprogrammen (siehe z. B. Ockenfels 1999; Ernst et al. 1998; Ostmann 1998; Diekmann 1996; Hausheer 1991). Während in der Soziologie weitgehend unstrittig ist, dass Einstellungen im Allgemeinen und Umweltbewusstsein im Speziellen einen Einfluss auf individuelle Entscheidungen haben können, bestehen erhebliche Differenzen in der Frage, wie diese Einstellungen auf die Entscheidung wirken und in die Theorie integriert werden können. In den folgenden Abschnitten werden verschiedene Ansätze präsentiert, die versuchen, diese Integration zu leisten. Dazu gehören die „Direkteffekt-Hypothese", die „Low-Cost-Hypothese" und die „Framing-Hypothese".

Direkteffekt-Hypothese

Die sicherlich einfachste Möglichkeit, Umweltbewusstsein als Einflussfaktor zu spezifizieren, ist das Postulat eines direkten Effektes der Einstellung auf das Verhalten. Je höher das Umweltbewusstsein eines Akteurs ist, desto höher ist auch die Wahrscheinlichkeit, eine umweltfreundliche Handlungsalternative zu wählen. Im Rahmen der Rational Choice Theorie kann dieser direkte Effekt modelliert werden, indem man annimmt, dass Verhalten, das im Widerspruch zu Einstellungen oder moralischen Überzeugungen steht, für den Akteur intrinsische Kosten verursacht. Präziser formuliert entsteht bei umweltbewussten Akteuren durch umweltschädliches Handeln eine kognitive Dissonanz (vgl. Festinger 1978; Beckmann 1984), deren Auflösung Kosten verursacht. Umgekehrt erzeugt Handeln im Einklang mit umweltbewussten Einstellungen einen intrinsischen Nutzen. Die Kosten der kognitiven Dissonanz und die weiteren Kosten/Nutzenaspekte wirken kompensatorisch: Sind die intrinsischen Dissonanzkosten geringer als die (harten) Zusatzkosten eines umweltschädlichen Verhaltens, wird die umweltschädliche Alternative ausgeführt (siehe Abbildung 3.2.3).

In der empirischen Praxis sind zwei typische Arten beobachtbar, die Direkteffekt-Hypothese zu modellieren: Im Kontext der Theorie geplanten Verhaltens wird Umweltbewusstsein häufig als einzelnes Item erhoben und in die expectancy-value-Produktsumme integriert. Wird Umweltbewusstsein

3.2 Theorie und Ableitung von Hypothesen 23

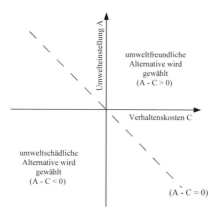

Quelle: Guagnano et al. (1995), eigene Darstellung

Abbildung 3.1: Direkteffekt-Hypothese

anhand einer Skala erhoben, ist die übliche Herangehensweise, die resultierende Variable als zusätzliche Kovariate in ein additives Regressionsmodell aufzunehmen.

Low-Cost-Hypothese

Während die „Direkteffekt-Hypothese" als eine Antwort auf die Frage „Wie kann es denn sein, dass Menschen umweltfreundliche Verhaltensweisen wählen, obwohl diese mit höheren Kosten verbunden sind?" verstanden werden kann, entstand die „Low-Cost-Hypothese" in einem anderen Zusammenhang. Ausgangspunkt der Low-Cost-Hypothese (siehe z. B. Diekmann und Preisendörfer 2003, 1998, 1992) ist die Frage, wieso Umwelteinstellungen nur einen schwachen bis moderaten Effekt auf das Umweltverhalten haben. So konnten Hines et al. (1986) in einer Metaanalyse zeigen, dass zwischen Umweltbewusstsein und Umweltverhalten im Durchschnitt nur ein Zusammenhang von $r = 0,35$ besteht.[3]

---

[3] Diese Frage lässt sich, wie oben dargestellt, auch im Kontext der Direkteffekt-Hypothese beantworten: Kognitive Dissonanz ist eben nur ein Kostenfaktor unter vielen, so dass Umweltbewusstsein nur in Bereichen zum Tragen kommt, in denen die Dissonanzkosten größer sind als die (ökonomischen) Zusatzkosten einer umweltfreundlichen Handlungsweise (siehe beispielsweise Guagnano et al. 1995). Eine andere, vornehmlich sozialpsychologische Argumentation ist, dass Einstellung und Verhalten auf unterschiedlichen Abstraktionsniveaus gemessen würden. Vor diesem Hintergrund

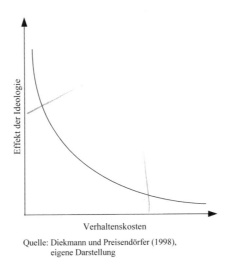

Verhaltenskosten

Quelle: Diekmann und Preisendörfer (1998), eigene Darstellung

Abbildung 3.2: Low-Cost Hypothese

Diekmann und Preisendörfer gehen zusätzlich von der Beobachtung aus, dass die Korrelationen zwischen Umweltbewusstsein und -verhalten in unterschiedlichen Bereichen unterschiedlich hoch ausfallen: Beispielsweise stellten Diekmann und Preisendörfer (1992, S. 242) im Bereich „umweltfreundlicher Einkauf" eine Korrelation von $r = 0,23$, in den Bereichen „Energie" und „Abfall" von 0,11 und im Mobilitätsverhalten eine Korrelation von nur 0,04 fest. Die Autoren argumentieren, dass die (Zusatz)Kosten eines umweltfreundlichen Verhaltens beim Einkaufen die geringsten seien („Low-Cost-Situation"), beim Verkehrsverhalten dagegen die höchsten („High-Cost-Situation").

Im Gegensatz zu der Direkteffekthypothese wirken, so Diekmann und Preisendörfer, Umweltbewusstsein und (monetäre) Kosten des umweltfreundlichen Handelns nicht nur kompensatorisch, sondern stehen in einer interaktiven Beziehung zueinander (siehe Abbildung 3.2): Je geringer die (Zusatz)Kosten umweltfreundlichen Verhaltens, desto stärker ist der Einfluss des Umweltbewusstseins.[4]

---

sei kein starker Zusammenhang zu erwarten (siehe Ajzen und Fishbein 1977).

[4] Diekmann und Preisendörfer spezifizieren das Zusammenspiel von Umweltbewusstsein und Kosten explizit als eine multiplikative Interaktion ($x_1 \times x_2$) und schlagen vor, ihre Hypothese mittels eines Interaktionstermes in einer Regressionsanalyse zu prüfen (Diekmann und Preisendörfer 1998, S. 449). Es sei jedoch darauf hingewiesen, dass

3.2 Theorie und Ableitung von Hypothesen

Framing-Hypothese

In Auseinandersetzung mit der Low-Cost Hypothese von Diekmann und Preisendörfer entwickelten Kühnel und Bamberg (1998, siehe auch Bamberg et al. 1999) eine Hypothese, die den Einfluss von Umweltbewusstsein auf Umweltverhalten in ein „Framing"-Modell fasst. Die Autoren verstehen hierbei unter Framing bzw. Rahmung die „Auswahl der in Frage kommenden Handlungsalternativen und derjenigen Konsequenzen, die als Kriterien berücksichtigt werden sollen" (Kühnel und Bamberg 1998, S. 257).[5] Framing ist insofern eine Heuristik, um die Komplexität einer Entscheidung zu reduzieren. Ihre zentrale These ist, dass Überzeugungssystemen (also auch dem Umweltbewusstsein) eine besondere Bedeutung bei der Rahmung einer Entscheidungssituation zukommt.

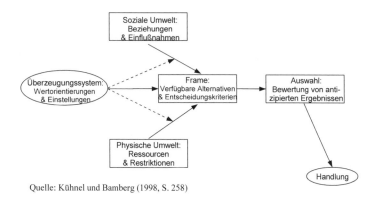

Quelle: Kühnel und Bamberg (1998, S. 258)

Abbildung 3.3: Framing-Hypothese

---

ihre in Abbildung 3.2 dargestellte Veranschaulichung der Hypothese *keine* einfache Interaktionsbeziehung modelliert: In diesem Fall müsste der Effekt der Ideologie in linearer Relation zu den Verhaltenskosten stehen, nicht in kurvilinearer. Im Folgenden wird davon ausgegangen, dass Diekmann und Preisendörfer tatsächlich eine lineare Interaktion spezifizieren und diese in der Abbildung lediglich fehlerhaft dargestellt haben.

[5] Man beachte, dass sich der „framing"-Begriff bei Kühnel und Bamberg von der Konzeption Essers – trotz gleicher Begrifflichkeit – unterscheidet.

Umweltbewusstsein beeinflusst nach der Framing-Hypothese insofern nicht die Entscheidung als solche (wie im Fall der Direkteffekt-Hypothese und der Low-Cost-Hypothese), sondern entfaltet seine Wirkung in einem vorgelagerten Prozess der Wahrnehmung von Handlungsalternativen und salienten Handlungskonsequenzen (siehe Abb. 3.3). Folgt man dieser Hypothese, wirkt Umweltbewusstsein auf zwei Arten auf die Entscheidung: Zum einen ziehen umweltbewusste Akteure – im Vergleich zu indifferenten Akteuren – mit einer höheren Wahrscheinlichkeit eine umweltfreundliche Alternative in Betracht. Zum anderen bewerten sie die Alternativen nicht nur nach monetären, harten Aspekten, sondern beziehen verstärkt auch ökologische Aspekte in ihre Nutzenfunktion mit ein. Als Konsequenz weisen sie umweltfreundlichen Alternativen einen höheren Nutzen zu.

3.2.4 Die Umstellung auf Ökolandbau

In den folgenden Ausführungen wird das Handlungs- und Entscheidungsmodell der Rational Choice Theorie auf die Umstellung auf ökologischen Landbau übertragen. Das hauptsächliche Anliegen ist es dabei, die Umstellung auf ökologischen Landbau als Entscheidungsproblem kenntlich zu machen.

Erwägt ein Landwirt die Umstellung auf ökologischen Landbau, muss er sich zwischen verschiedenen Handlungsalternativen entscheiden. Grundlage für diese Entscheidung ist eine Evaluation der unterschiedlichen Konsequenzen seiner Handlungsmöglichkeiten. Zur Modellierung der Evaluation der Alternativen, also letztlich der Entscheidung des Landwirtes, ist wesentlich, welche Handlungskonsequenzen er wahrnimmt und wie er diese Konsequenzen bewertet – d. h. welchen Nutzen er den einzelnen Konsequenzen zuschreibt. Da es sich bei der Entscheidung des Betriebsleiters um eine Entscheidung unter Unsicherheit handelt, muss zusätzlich geklärt werden, für wie wahrscheinlich er das Auftreten einer Konsequenz hält. Im Rahmen der SEU-Theorie wird angenommen, dass der Landwirt sich für die Alternative entscheidet, der er den höchsten Nettonutzen ($\sum p \times U$) zuweist. Neben dem reinen Nettonutzen kann es noch weitere Einflussfaktoren auf die Entscheidung geben. Da mit Handeln auch immer ein Streben nach sozialer Anerkennung verbunden ist (so Lindenberg 1996a, S. 135 unter Bezugnahme auf Adam Smith), ist es entscheidungsrelevant, wie der ökologische Landbau im sozialen Netzwerk (Familie, Bekannte und Kollegen) des Betriebsleiters bewertet wird. Bei einer positiven Bewertung ist mit einer höheren Wahrscheinlichkeit der Umstellung zu rechnen. Betrachtet man

3.2 Theorie und Ableitung von Hypothesen

die Umstellung auf Ökolandwirtschaft als umweltrelevantes Verhalten, ist zusätzlich von einem Einfluss des Umweltbewusstseins auszugehen – ob es einen direkten Einfluss der Umwelteinstellungen auf die Entscheidung gibt, oder ob Nutzenerwägungen und Umweltbewusstsein interaktiv wirken, ist eine Frage, die empirisch geklärt werden muss.

Aus der Tatsache, dass bei der Entscheidung immer Alternativen gegeneinander abgewogen werden müssen, ergibt sich die Frage, welche Handlungsalternativen der Betriebsleiter wahrnimmt. Zentral für die Untersuchung der Umstellung auf ökologische Landwirtschaft ist hierbei, ob eine Umstellung als Alternative überhaupt wahrgenommen wird bzw. welche Faktoren diese Wahrnehmung beeinflussen. Zwei Faktoren können als zentral angesehen werden: Die Kosten der Informationssuche und die „Rahmung" der Entscheidungssituation. In der Begrifflichkeit von Kühnel und Bamberg (1998) wird unter Rahmung die Wahrnehmung von Handlungsmöglichkeiten und Handlungskonsequenzen verstanden. Die Autoren postulieren, dass Umweltbewusstsein relevant für die Rahmung umweltbezogener Entscheidungen ist. In diesem Sinne sollten Landwirte mit stark ausgeprägtem Umweltbewusstsein mit vergleichsweise hoher Wahrscheinlichkeit Ökolandbau als Alternative in Erwägung ziehen. Gleichzeitig sollte Ökolandbau eher als Alternative wahrgenommen werden, wenn der Betriebsleiter leicht Informationen über ökologische Landwirtschaft und die Umstellung beschaffen kann. Als zentrale Informationsquelle werden hier das soziale Netzwerk und der Kollegenkreis angesehen (vgl. Rogers 1995, S. 168ff, 304ff). Entsprechend sollte die Wahrnehmung von Ökolandbau steigen, wenn im sozialen Umfeld des Landwirtes häufig über das Thema gesprochen wird und wenn es in der räumlichen Umgebung Kollegen gibt, die bereits ökologisch wirtschaften.

Es wurde argumentiert, dass ein Betriebsleiter, bevor er sich überhaupt mit Informationssuche und spezifischen Alternativen befasst, aus seiner Handlungsroutine ausbrechen muss. Routinen wurden als Mechanismus der Kostenvermeidung dargestellt: Da jede Entscheidung Kosten verursacht – sowohl für die Informationssuche als auch für die eigentliche Entscheidung – wird ein rationaler Akteur bestrebt sein, sich nicht vor jeder Handlung entscheiden zu müssen. Folgt man Essers Modell der „Frame-Selektion" (Esser 2002, 2001), so wird ein Akteur so lange routinisiert oder „automatisch-reflexhaft" handeln, wie die erkennbare Situation zu seinem mentalen Modell der Situation passt. Erst wenn Störungen auftreten, beginnt der Landwirt, seine Situation bzw. die Situation seines Betriebes zu reflektieren, eventuell neue Handlungsziele festzulegen und schließlich Alternativen zu suchen. Der Bruch mit einer Routine, die Notwendigkeit, sich auf eine neue Situation einzustellen und schließlich auch die Entscheidung des Akteurs für eine Alternative ist demnach immer die Reaktion auf eine veränderte soziale Situation, auf einen veränderten strukturellen Rahmen. Geht man davon aus, dass das Handeln der Landwirte in der Vergangenheit eine angemessene Auseinandersetzung mit der Situation war, dann handelt es sich bei der Umstellung auf den ökologischen Landbau um eine Reaktion auf eine Krise. Je nach individueller Situation könnte es sich hierbei z. B. um eine Glaubwürdigkeitskrise der Landwirtschaft handeln. Es könnte eine ökologische Krise oder auch eine rein ökonomische Krise des einzelnen Betriebes sein. Da eine Krise nicht nur individuell wahrgenommen wird, sondern auch als soziale Konstruktion begriffen werden kann, sind auch an dieser Stelle Einflüsse des sozialen Netzwerkes zu vermuten. Selbstverständlich ist es, unabhängig von Krisen und strukturellen Randbedingungen, auch denkbar, dass ein junger Bauer, nachdem er seine Ausbildung abgeschlossen hat, den Betrieb seines Vaters übernimmt und sich dementsprechend nicht in einer Routinesituation befindet. Entsprechend sollte ein Einfluss des Alters des Betriebsleiters auf die Bereitschaft zu beobachten sein, sich gedanklich mit Änderungen zu befassen.

3.2.5 Zusammenfassung und Hypothesen zur Umstellung

In den vorhergehenden Abschnitten wurde gezeigt, dass die Umstellung auf ökologische Landwirtschaft als dreistufiger Entscheidungsprozess betrachtet und im Rahmen der Theorie rationalen Handelns modelliert werden kann. Zusammengefasst lässt sich der Prozess der Entscheidung, ob ein Landwirt auf den ökologischen Landbau umstellt, in drei Schritten begreifen:

1. Die Routine des Betriebsleiters muss gestört werden, damit er sich überhaupt gedanklich mit wesentlichen betrieblichen Änderungen befasst. Der Bruch mit einer Handlungsroutine, die Notwendigkeit, sich auf eine neue Situation einzustellen wird als eine Reaktion auf eine veränderte soziale Situation aufgefasst, mithin auf eine strukturelle oder individuelle Krise.

   Hypothese 1. *Je größer die persönliche Betroffenheit des Betriebsleiters durch Probleme der Landwirtschaft, desto eher wird er neue Handlungsalternativen erwägen.*

   Hypothese 2. *Je schlechter die Situation der Landwirtschaft im Bekannten- und Kollegenkreis beurteilt wird, desto eher wird der Betriebsleiter neue Handlungsalternativen erwägen.*

Hypothese 3. *Je schlechter die Situation der Landwirtschaft in der Familie des Betriebsleiters beurteilt wird, desto eher wird er neue Handlungsalternativen erwägen.*

Hypothese 4. *Je mehr ein Landwirt in der nahen Vergangenheit in seinen Betrieb investiert hat, desto weniger wahrscheinlich wird er neue Handlungsalternativen erwägen.*

2. Erst wenn ein Bruch mit der Handlungsroutine stattgefunden hat, beginnen Betriebsleiter, neue Alternativen zu suchen. Sie stellen sich die Frage wie das Problem, das den Bruch mit der Routine ausgelöst hat, am besten behoben werden kann. Zudem wird ein neuer Bezugsrahmen festgelegt, innerhalb dessen Alternativen gesucht und bewertet werden.

   Hypothese 5. *Je mehr Landwirte in der Umgebung des Betriebes ökologisch wirtschaften, desto eher wird die Umstellung auf ökologische Landwirtschaft als Alternative wahrgenommen.*

   Hypothese 6. *Je häufiger im Bekanntenkreis über ökologische Landwirtschaft gesprochen wird, desto eher wird die Umstellung auf ökologische Landwirtschaft als Alternative wahrgenommen.*

   Hypothese 7. *Je häufiger in der Familie über ökologische Landwirtschaft gesprochen wird, desto eher wird die Umstellung auf ökologische Landwirtschaft als Alternative wahrgenommen.*

   Hypothese 8. *Je höher das Umweltbewusstsein des Betriebsleiters, desto eher wird er die Umstellung auf ökologische Landwirtschaft erwägen.*

3. Die wahrgenommenen Handlungsalternativen werden anhand ihrer Konsequenzen und in Hinblick auf vorher festgelegte Handlungsziele bewertet. Wichtig für die Entscheidung sind hierbei zum einen die Präferenzen, Ziele und Werthaltungen der Akteure, zum anderen die subjektive Wahrscheinlichkeit, dass eine Konsequenz als Handlungsfolge eintreten wird. Aus der Evaluation ergibt sich eine Handlungsintention, die auf Machbarkeit geprüft und gegebenenfalls umgesetzt wird.

   Hypothese 9. *Je positiver die ökologische Landwirtschaft im Bekanntenkreis des Betriebsleiters bewertet wird, desto wahrscheinlicher ist die Umstellung auf ökologische Landwirtschaft.*

Hypothese 10. *Je positiver die ökologische Landwirtschaft in der Familie des Betriebsleiters bewertet wird, desto wahrscheinlicher ist die Umstellung auf ökologische Landwirtschaft.*

Hypothese 11. *Je positiver die Nutzendifferenz zwischen einer Umstellung auf Ökolandbau und einer konventionellen Weiterführung des Betriebes, desto wahrscheinlicher ist die Umstellung auf ökologische Landwirtschaft.*

Hypothese 12. *Je höher das Umweltbewusstsein des Betriebsleiters, desto wahrscheinlicher ist die Umstellung auf ökologische Landwirtschaft.*

Hypothese 13. *Je geringer die Nutzendifferenz zwischen einer Umstellung auf Ökolandbau und einer konventionellen Weiterführung des Betriebes und je umweltbewusster der Betriebsleiter ist, desto wahrscheinlicher ist die Umstellung auf ökologische Landwirtschaft.*

Hypothese 14. *Je höher das Umweltbewusstsein des Betriebsleiters, desto wichtiger sind für ihn umweltrelevante Handlungskonsequenzen.*

Bevor diese Hypothesen in Kapitel 6 empirisch überprüft werden, folgt zunächst eine Darstellung der Stichprobe (Kapitel 4) und der Operationalisierung zentraler Variablen (Kapitel 5).

4 Stichprobenziehung, Datenerhebung und Struktur der Stichprobe

In diesem Kapitel werden grundlegende Angaben zu Stichprobenziehung, Feldarbeit und zur Struktur des erhobenen Datenmaterials präsentiert.

4.1 Stichprobenziehung und Grundgesamtheit

Ziel der vorliegenden Untersuchung ist es, Hypothesen zur Umstellung auf ökologische Landwirtschaft in Deutschland zu überprüfen. Hierfür wäre strenggenommen eine bundesweit repräsentative Zufallsstichprobe von Landwirten notwendig. Aufgrund der föderalen Struktur Deutschlands ist es jedoch nur unter erheblichen Schwierigkeiten möglich, eine bundesweite Stichprobe von Landwirten zu ziehen: Datenbanken, aus denen eine Zufallsstichprobe gezogen werden könnte, sind nicht auf Bundesebene verfügbar. Für eine bundesweit repräsentative Untersuchung wäre es also notwendig gewesen, in allen 16 Bundesländern die zuständigen Behörden zu kontaktieren. Da der hierfür notwendige zeitliche und mitunter auch finanzielle Aufwand nicht vertretbar war, musste die Untersuchungsregion auf einzelne Bundesländer beschränkt werden. Als Untersuchungsregion für die vorliegende Studie wurden die Bundesländer Nordrhein-Westfalen, Hessen und Niedersachsen ausgewählt. Alle Ergebnisse können daher letztlich nur auf die angegebene Region generalisiert werden.

Hinter der Auswahl der drei Bundesländer steht die Überlegung, dass Verzerrungen durch zu große Unterschiede in der Agrarstruktur der Bundesländer vermieden werden sollen. Aus diesem Grund wurden die östlichen Bundesländer sowie Baden-Württemberg und Bayern von der Befragung ausgeschlossen. Weiterhin wurden Stadtstaaten wegen ihrer geringen Zahl an Landwirten ausgeschlossen. Die Auswahl von Nordrhein-Westfalen, Hessen und Niedersachsen gründet zudem auf der Überlegung, dass Niedersachsen eine ausgesprochen niedrige Quote von Ökolandwirten, Hessen dagegen eine relativ hohe Quote von Ökolandwirten aufweist. Nordrhein-Westfalen, mit einem niedrigen bis mittleren Anteil, wird dadurch interessant, dass hier die höchsten Umstellprämien aller Bundesländer gezahlt werden (vgl. Tabelle 4.1). Die Auswahl der Bundesländer NRW, Hessen und Niedersachsen hat

Tabelle 4.1: Eckdaten des ökologischen Landbaus in ausgewählten Bundesländern

	Anteil der Ökobetriebe 2002 (%)	Einführungsprämie[a] Ackerland 2002 (€ pro Hektar)	Beibehaltungsprämie[b] Ackerland 2002 (€ pro Hektar)
Hessen	6,0	190	190
NRW	2,4	409	153
Niedersachsen	1,6	285	160

Quelle: BLE (2002); ZMP (2003)

[a] Erstes und zweites Jahr nach der Umstellung
[b] In Hessen und Niedersachsen ab dem dritten Jahr nach der Umstellung, in NRW ab dem sechsten Jahr. Im dritten bis fünften Jahr zahlt NRW eine Prämie von 204 €.

den zusätzlichen Vorteil, dass diese Bundesländer nur in geringen Maße von Ernteausfällen durch die Trockenheit des Jahres 2003 betroffen waren. Verzerrungen durch Auswirkungen der Trockenheit bzw. hierdurch bedingter ökonomischer Probleme der Betriebe können so minimiert werden.

Zur Überprüfung von Hypothesen über den Entscheidungsprozess bei der Umstellung auf ökologischen Landbau wird eine methodische Anlage als quantitative Fall-Kontroll-Studie verwendet. Durch das Fall-Kontroll-Design ist es möglich, vergleichende Analysen durchzuführen, die generalisierbare Aussagen über den Entscheidungsprozess der Landwirte ermöglichen.

Die methodisch korrekte Umsetzung des Designs ist recht aufwendig, da drei Gruppen von Landwirten über ihre Entscheidung befragt werden müssen: Landwirte, die sich für die Umstellung entschieden haben; Landwirte, die eine Umstellung erwogen aber verworfen haben; und schließlich Landwirte, die eine Umstellung nicht erwogen haben. Es war davon auszugehen, dass in einer repräsentativen Zufallsstichprobe ausreichend Personen der zweiten und dritten Gruppe vorhanden sind, die Fallzahlen der ersten Gruppe (Ökolandwirte) bei einem Anteil von nur ca. 4 % der landwirtschaftlichen Betriebe jedoch nicht ausreichen. Zudem kann der Entscheidungsprozess aus naheliegenden Gründen nur retrospektiv erhoben werden. Um Probleme mit retrospektiven Fragestellungen weitgehend auszuschließen, sollen möglichst Landwirte befragt werden, die in den vergangenen Jahren eine Entscheidung über eine Umstellung getroffen haben. Um dies zu ermöglichen, musste eine getrennte, ausreichend große Stichprobe von Ökolandwirten zusätz-

4.1 Stichprobenziehung und Grundgesamtheit

lich zu einer repräsentativen Stichprobe von mehrheitlich konventionellen Landwirten gezogen werden.

Da es nicht möglich ist, z. B. aus Einwohnermelderegistern eine auf bestimmte Berufsgruppen (hier: Landwirte) beschränkte Auswahl zu treffen, muss bei der Stichprobenziehung auf Verzeichnisse von landwirtschaftlichen Betrieben zurückgegriffen werden. In jedem dieser Betriebe soll der Betriebsleiter befragt werden.

Die erste Gruppe – Ökolandwirte – wurde als Stichprobe aus der Kartei der Öko-Kontrollbehörden der Bundesländer[6] gezogen. Bei den Öko-Kontrollbehörden sind alle landwirtschaftlichen Betriebe registriert, die an einer Kontrolle nach Verordnung (EWG) Nr. 2092/91 über den ökologischen Landbau teilnehmen (also alle Ökobauern). Da in diesen Karteien auch das Datum der Meldung zum Kontrollverfahren vermerkt ist, kann die Stichprobe also auf Betriebe, die in den Jahren 2000, 2001 und 2002 umgestellt haben, fokussiert werden.[7] Die Behörden stellten eine vollständige Liste der in den betreffenden Jahren neu zur Kontrolle gemeldeten landwirtschaftlichen Betriebe zur Verfügung. Dies waren in Hessen 528, in NRW 746 und in Niedersachsen 468 Betriebe. Diese Listen wurden von Betrieben bereinigt, die nicht zur avisierten Grundgesamtheit gehören: Imker, sozial-therapeutische Einrichtungen und Behinderteneinrichtungen wurden aus der Adressliste entfernt.

Da eine Bruttostichprobe von 1500 Ökolandwirten befragt werden sollte, wurde aus den zur Verfügung gestellten Adressen proportional eine geschichtete Zufallsstichprobe von 444 Betrieben aus Hessen, 641 aus NRW und 415 aus Niedersachsen gezogen.

Das Ziehen der zweiten, repräsentativen Stichprobe[8] („Bevölkerungskon-

---

[6] In Hessen das Regierungspräsidium Gießen, in NRW das Landesamt für Ernährungswirtschaft und Jagd und in Niedersachsen das Landesamt für Verbraucherschutz, Ernährung und Lebensmittelsicherheit. Allen Behörden sei an dieser Stelle für ihre Kooperativität herzlich gedankt.

[7] Die „Meldung zum Kontrollverfahren" kann in zwei Kategorien unterschieden werden: „Neumeldungen" und „Änderungsmeldungen". Eine Neumeldung erfolgt, wenn der Betrieb auf ökologische Landwirtschaft umgestellt wird. Eine Änderungsmeldung wird hingegen bei Betrieben notwendig, die bereits ökologisch wirtschaften, aber meldepflichtige Änderungen vornehmen. Beispiele für solche Änderungen sind der Wechsel der Kontrollstelle oder wenn der Betrieb den „Kontrollbereich" nach Verordnung (EWG) Nr. 2092/91, Anhang III (vgl. EC 1991) wechselt (z. B. einen Hofladen eröffnet: Zum Bereich der „Erzeugung" kommt dann der Bereich „Vermarktung" hinzu.). Eine Unterscheidung zwischen den beiden Arten der Meldung konnte bei der Stichprobenziehung nicht getätigt werden, das Datum der Umstellung des Betriebes wurde jedoch in der Befragung erhoben.

[8] Um eine einfache begriffliche Unterscheidung zwischen den beiden Gruppen zu er-

trolle" oder Vergleichsstichprobe) stellte sich als unerwartet schwierig heraus (und nahm in Niedersachsen mehr als neun Monate in Anspruch). Nach einer kafkaesk anmutenden Odyssee durch die Gefilde der bundesrepublikanischen Agrarverwaltung war deutlich geworden, dass als einzige Auswahlgrundlage landwirtschaftlicher Betriebe Antragsdaten zur flächenbezogenen EU-Förderung (INVEKOS-Daten) der zuständigen Landwirtschaftsministerien bzw. Landwirtschaftskammern zur Verfügung standen. Diese Auswahlgesamtheit ist jedoch mit einigen Problemen behaftet: Zunächst einmal enthält sie auch eine (geringe) Zahl von Ökolandwirten, die aber über entsprechende Fragen im Interview identifiziert werden können. Schwerwiegender ist die Einschränkung, dass alle Mitglieder der Auswahlgesamtheit einen Antrag auf flächenbezogene EU-Forderung gestellt haben müssen. Hat ein Landwirt keinen entsprechenden Antrag eingereicht, kann er nicht in die Stichprobe aufgenommen werden – dies betrifft im Jahr 2002 in NRW etwa 9 % der Betriebe. Insgesamt besteht die Auswahlgesamtheit in Hessen aus 19.987 Betrieben, in NRW aus 43.806 und in Niedersachsen aus 42.134 Betrieben.

Aus Mangel an Alternativen musste trotz der geschilderten Probleme auf diese Auswahlgesamtheit zurückgegriffen werden.[9] Die Ziehung der Stichproben erfolgte durch die Landwirtschaftskammern Westfalen-Lippe und Rheinland (NRW), das Niedersächsische Amt für Agrarstruktur und das Hessische Ministerium für Umwelt, ländlichen Raum und Verbraucherschutz. Auch diesen Behörden gebührt Dank für ihre Unterstützung.

Auch in der Vergleichsstichprobe sollte eine Bruttostichprobe von 1500 Betriebsleitern befragt werden. Da zu Beginn der Feldphase noch keine Adressen aus Niedersachsen vorlagen, konnte die Stichprobe nicht proportional gezogen werden. Die Bruttostichprobe besteht daher aus je 500 Landwirten aus Nordrhein-Westfalen, Hessen und Niedersachsen.

Abbildung 4.1 stellt die Aufteilung der Bruttostichprobe in unterschiedliche Substichproben grafisch zusammen.

Um die disproportionale Schichtung nach Bundesländern in der Vergleichsstichprobe auszugleichen, werden die Daten in Anlehnung an die Methode zur Ost-West-Gewichtung des Allbus gewichtet. (vgl. Gabler 1994). Als Grundlage der Gewichtung dient die inverse Auswahlwahrscheinlichkeit der

---

möglichen wird die repräsentative Stichprobe im Folgenden als Vergleichsstichprobe bezeichnet. Wird von konventionellen Landwirten gesprochen, bezieht sich das immer auf diese Vergleichsstichprobe.

[9] Ein Vergleich der Stichprobenstruktur mit der Struktur der Grundgesamtheit in Abschnitt 4.3.1 ergibt z.T. erhebliche Unterschiede. Es kann daher strenggenommen nicht auf alle Landwirte der drei Bundesländer verallgemeinert werden, sondern lediglich auf die Auswahlgesamtheit.

4.2 Feldphase und Ausschöpfung

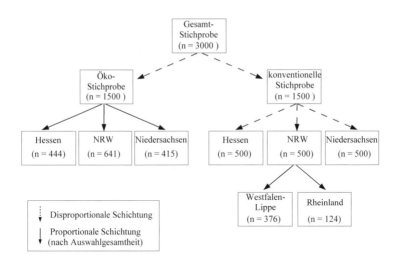

Abbildung 4.1: Zusammenfassung des Stichprobenplans

Elemente, also das Verhältnis der Größe der Auswahlgesamtheit der Schicht und der Größe der Sub-Stichprobe. Um die Größe der Gesamtstichprobe nicht zu verzerren, wird dieser Term mit dem Verhältnis der Gesamtstichprobengröße und der Gesamtgröße der Auswahlgesamtheit multipliziert:

$$w_i = \frac{N_j}{n_j} \times \frac{n_{ges}}{N_{ges}}$$

Eine Gewichtung der Ökostichprobe ist nicht notwendig, da diese proportional gezogen wurde. Alle Auswertungen, die sich auf die Stichprobe als Ganzes oder auf die Vergleichsstichprobe beziehen, wurden mit gewichteten Daten durchgeführt. Lediglich für die Beschreibung der Stichproben in Abschnitt 4.3.1 wurden die nach Bundesländern differenzierten Angaben ungewichtet berechnet.

4.2 Feldphase und Ausschöpfung

Die Befragung wurde als postalische Befragung in Anlehnung an die „tailored design method" (vgl. Dillman 2000) durchgeführt. Da die Arbeitsbelastung

Tabelle 4.2: Ausfallgründe und Ausschöpfungsquote

Ausfallgrund	Absolut			in Prozent		
	Öko	Vergl.	Ges.	Öko	Vergl.	Ges.
Brutto-Stichprobe	1500	1500	3000	100,0	100,0	100,0
Neutrale Ausfälle (ges.)	71	86	157	4,7	5,7	5,2
Fragebogen unzustellbar	27	14	41	1,8	0,9	1,4
nicht Teil d. Grundgesamtheit	45	72	116	2,9	4,8	3,9
Bereinigte Brutto-Stichprobe	1428	1415	2843	100,0	100,0	100,0
Systematische Ausfälle (ges.)	459	589	1048	32,1	41,7	36,9
kein Rücklauf	432	561	993	30,2	39,7	34,9
explizite Verweigerung	25	27	52	1,7	1,9	1,8
Fragebogen unbrauchbar	2	1	3	0,1	0,1	0,1
Realisierte Interviews	969	826	1795	67,9	58,4	63,1

von Landwirten stark saisonal variiert, wurde entschieden, die Befragung in den vergleichsweise arbeitsarmen Wintermonaten vorzunehmen. Insgesamt dauerte die Feldphase von Januar bis April 2004, der letzte Fragebogen ging am 29.4.04 bei der Universität zu Köln ein.

Da Anfang Januar noch keine Adressen der Vergleichsstichprobe aus Niedersachsen vorlagen, musste die Befragung in zwei Wellen vorgenommen werden. In der ersten Welle wurden die Fragebogen (mit Begleitschreiben und einem Kugelschreiber der Universität zu Köln als Incentive) am 7.1.2004 versendet. Am 15.1. folgte ein kurzes Einnnerungs- bzw. Dankesschreiben an alle Befragten. An die Landwirte, die bis zum 10.2.2004 ihren Fragebogen noch nicht zurückgesandt hatten, wurde ein zweites Erinnerungsschreiben verschickt, dem nochmals ein Exemplar des Fragebogens beilag. Die zweite Befragungswelle (konventionelle Landwirte aus Niedersachsen) begann am 20.2.2004 und folgte dem gleichen Schema: Etwa eine Woche nach den Fragebögen wurde ein erstes Erinnerungsschreiben versandt, ein zweites Erinnerungsschreiben mit Fragebogen folgte am 23.3.2004.

Insgesamt verlief die Feldphase ausgesprochen zufriedenstellend. Etwa 1,4 % der 3000 Fragebögen konnten wegen fehlerhafter Adressen nicht zugestellt werden und weitere 3,9 % der Befragten waren aufgrund von Krankheit nicht befragbar oder nicht (mehr) Teil der Grundgesamtheit. Hierunter fallen insbesondere Landwirte, die ihren Hof aufgegeben haben bzw. in Rente sind, und solche, die nur noch für ihren Eigenbedarf wirtschaften, außerdem sozialpädagogische Einrichtungen und Mitglieder der Ökostichprobe, die ihren Hof bereits als Ökobetrieb übernommen haben (und als solche keine

Angaben zum Umstellungsprozess machen konnten). Zieht man diese stichprobenneutralen Ausfälle von der Bruttostichprobe ab, bleibt eine bereinigte Bruttostichprobe von 2843 Personen – hiervon 1428 in der Ökostichprobe und 1415 in der Vergleichsstichprobe (siehe Tabelle 4.2 für eine Zusammenstellung). Von diesen verweigerten 1,8 % explizit die Mitarbeit bei der Befragung, und in 34,9 % der Fälle war kein Rücklauf zu verzeichnen. Drei Fragebögen waren unbrauchbar, so dass in der Ökostichprobe 969 und in der Vergleichsstichprobe 826 Interviews realisiert werden konnten. Damit liegt die Rücklaufquote in der Ökostichprobe mit 67,9 % deutlich über der Quote der Vergleichsstichprobe, in der immerhin 58,4 % erfolgreich befragt werden konnten. Bezogen auf die Gesamtstichprobe ergibt sich eine Rücklaufquote von 63,1 %.

4.3 Strukturelle Eigenschaften der Stichprobe

Insgesamt umfasst die Stichprobe Angaben von 1795 Landwirten aus Hessen, Nordrhein-Westfalen und Niedersachsen. In den folgenden Abschnitten wird die Struktur der Stichprobe anhand einiger zentraler Indikatoren beschrieben und mit der Struktur der landwirtschaftlichen Betriebe in den einzelnen Bundesländer verglichen. Es wird zunächst auf die Vergleichsstichprobe, dann auf die Ökostichprobe eingegangen.

4.3.1 Struktur der Vergleichsstichprobe konventioneller Landwirte

Die Leitung von landwirtschaftlichen Betrieben in der Untersuchungsregion liegt nahezu ausschließlich in der Hand von Männern – nur knapp 9 % der Befragten sind weiblich. Aufgrund dieser eindeutigen Verteilung, und um eine bessere Lesbarkeit zu gewährleisten, werden im Folgenden ausschließlich maskuline Berufsbezeichnungen (Betriebsleiter, Landwirt, etc.) verwendet. Die Angaben beziehen sich dennoch immer auf männliche und weibliche Landwirte.

Das durchschnittliche Alter der Betriebsleiter liegt bei etwa 47 Jahren, unterscheidet sich jedoch zwischen den Bundesländern. Wie man Tabelle 4.3 entnehmen kann, sind Landwirte aus Niedersachsen mit durchschnittlich 45 Jahren etwas jünger als ihre Kollegen in Hessen und NRW. Auffällig ist, dass die jüngste Altersgruppe (20-29 Jahre) mit etwa 3 % nur sehr schwach besetzt ist und in allen Bundesländern der Modus der Verteilung auf der Gruppe der 40 bis 49-Jährigen liegt.

Neben diesen persönlichen Merkmalen der Betriebsleiter ist es wichtig

Tabelle 4.3: Altersverteilung der Vergleichsstichprobe nach Bundesländern (Spaltenprozente)

Altersgruppe	Hessen	Niedersachsen	NRW	Gesamt
20-29	2,6	6,0	1,2	3,3
30-39	17,5	24,2	20,0	21,1
40-49	35,1	37,3	39,2	37,6
50-59	28,7	23,8	28,4	26,7
60-69	12,7	7,5	10,4	9,7
70-79	3,4	1,2	0,8	1,7
Durchschnitt	48,5	45,2	47,3	46,7
Gesamt (100 %)	268	252	250	773

zu wissen, welche Struktur die Betriebe der befragten Landwirte aufweisen. Die Struktur der Stichprobe wird im Folgenden anhand der Merkmale Haupt- oder Nebenerwerbsbetrieb, Betriebsform und Größe der Nutzfläche näher beschrieben und mit Angaben zur Agrarstruktur der Bundesländer verglichen.

Insgesamt 57,1 % der Betriebe werden im Haupterwerb geführt, 42,9 % im Nebenerwerb. Damit sind Haupterwerbsbetriebe verglichen mit der Grundgesamtheit deutlich überrepräsentiert – laut Agrarstatistik werden in Hessen lediglich 34,3 % und in Nordrhein-Westfalen 45,6 % der Betriebe im Haupterwerb bewirtschaftet (siehe LWK-NRW 2004; HMULV 2004).

Ähnliche Abweichungen von der Struktur der Grundgesamtheit sind bezüglich der landwirtschaftlichen Nutzfläche zu konstatieren. Ein durchschnittlicher Betrieb in der Stichprobe verfügt über eine landwirtschaftliche Nutzfläche von 55,7 ha (siehe Tabelle 4.4), von denen 28,6 ha gepachtet sind. Obwohl sich die Flächenausstattung der Betriebe zwischen den Bundesländern unterscheidet (die Betriebe in Niedersachsen sind mit 77 ha durchschnittlich größer als Betriebe in Hessen und NRW, die eine Nutzfläche von etwa 40 ha aufweisen), ist überall die gleiche Tendenz zu erkennen: Die befragten Betriebe sind deutlich größer als es aufgrund der Verteilung der Grundgesamtheit zu erwarten wäre.

Diese Abweichungen von der Struktur der Grundgesamtheit können mehrere Gründe haben. Abweichungen durch die Stichprobenziehung (coverage-bias) und Abweichungen durch das Antwortverhalten (response-bias). Da die Auswahlgesamtheit der Stichprobe nur Betriebe umfasste, die einen Antrag

4.3 Strukturelle Eigenschaften der Stichprobe

Tabelle 4.4: Landwirtschaftliche Nutzfläche in der Vergleichsstichprobe nach Bundesländern (Spaltenprozente)

	Hessen		Niedersachsen		NRW		Gesamt
	SP^a	GG^b	SP^a	GG^b	SP^a	GG^b	SP^a
unter 2 ha	2,1	–	0,4	–	0,4	–	0,7
2 – 9 ha	23,7	34,0	7,9	26,2	19,4	36,9	15,6
10 – 19 ha	20,1	22,9	9,0	14,6	16,2	17,1	14,0
20 – 29 ha	10,2	10,9	6,4	7,8	13,0	10,3	9,8
30 – 49 ha	17,3	13,5	16,9	15,8	19,0	16,9	17,8
50 – 99 ha	16,6	14,4	37,6	24,4	24,5	16,0	28,4
100 – 199 ha	7,4	5,7	16,9	9,6	7,1	3,5	11,1
über 199 ha	2,5	1,0	4,9	1,9	0,4	0,4	2,6
Durchschnitt	40,2	33,0	76,8	47,0	39,8	29,7	55,7
Gesamt (100 %)	283		266		253		802

Quelle: BMVEL (2004) für Angaben zur Grundgesamtheit im Jahr 2003

[a] SP: Stichprobe
[b] GG: angestrebte Grundgesamtheit

auf flächenbezogene Förderung gestellt hatten (siehe Abschnitt 4.2), kann die hohe Flächenausstattung nicht unbedingt überraschen – da angenommen werden kann, dass insbesondere flächenstarke Betriebe einen solchen Förderantrag stellen. Weiterhin kann es sein, dass Haupterwerbsbetriebe häufiger Anträge auf Flächenförderung stellen als Nebenerwerbsbetriebe. Und schließlich ist es möglich, dass die Leiter von großen, im Haupterwerb bewirtschafteten Betrieben sich durch die Umfrage stärker angesprochen gefühlt haben als Leiter von kleinen Nebenerwerbsbetrieben.

Tabelle 4.5 zeigt die Aufteilung nach Betriebsformen für die drei untersuchten Bundesländer. Es ist zu beachten, dass die hier dargestellte Einteilung nicht aus der Aufteilung des sog. „Standarddeckungsbeitrages" (StDB) berechnet werden konnte, sondern der *Selbsteinschätzung* der Betriebsleiter folgt. Hat ein Betriebsleiter mehrere Wirtschaftsbereiche angegeben, wurde sein Betrieb als „Gemischtbetrieb" klassifiziert. Ein Vergleich mit Angaben der amtlichen Statistik ist daher nur bedingt möglich, so dass auf eine Diskussion der Abweichungen verzichtet wird.

Tabelle 4.5: Betriebsform in der Vergleichsstichprobe nach Bundesländern (Spaltenprozente)

	Hessen		Niedersachsen		NRW		Gesamt
	SP^a	GG^b	SP^a	GG^b	SP^a	GG^b	SP^a
Marktfrucht	23,0	31,4	21,7	23,4	13,1	24,6	18,3
Futterbau	21,9	34,0	27,3	40,8	28,1	37,7	26,8
Veredlung	17,1	1,1	23,6	7,4	33,1	5,2	26,4
Gemischt	33,1	25,9	25,8	23,5	18,9	25,6	24,2
Dauerkultur	1,5	4,5	–	1,7	1,2	1,0	0,7
Gartenbau	–	3,1	–	3,2	2,7	6,0	1,1
Sonstige	3,3	–	1,5	–	3,1	–	2,5
Gesamt (100 %)	269	25529	267	57588	260	54531	805

Quelle: NLS (2005); LWK-NRW (2004); HMULV (2004) für Angaben zur Grundgesamtheit im Jahr 2003

^{a} SP: Stichprobe
^{b} GG: angestrebte Grundgesamtheit

4.3.2 Struktur der Ökostichprobe

Aufgrund der speziellen Anforderungen, die an die Auswahlgrundlage der Ökostichprobe gestellt wurden, ist es nicht sinnvoll (und aufgrund der Datenlage auch nicht möglich), die Daten mit Sollwerten der amtlichen Statistik zu vergleichen. Auf den folgenden Seiten werden daher lediglich deskriptive Angaben zur Struktur der Ökostichprobe präsentiert.

Da der Entscheidungsprozess zur Umstellung auf ökologische Landwirtschaft bei Öko-Landwirten retrospektiv erhoben werden musste, ist es wichtig zu wissen, wann die Befragten ihren Betrieb auf ökologische Landwirtschaft umgestellt haben. Ziel der Stichprobenziehung war es, eine möglichst große Zahl an Landwirten zu befragen, die ihren Hof zwischen 2000 und 2002 umgestellt haben. Wie man Tabelle 4.6 entnehmen kann, trifft dieses Kriterium auf etwa 60 % der Öko-Landwirte in der Stichprobe zu: Etwa 20 % stellten im Jahr 2000 um, 24 % im Jahr 2001 und 13 % im Jahr 2002.

Es fällt auf, dass sich die Bundesländer deutlich voneinander unterscheiden – in Hessen fallen mit knapp 43 % relativ wenige Befragte in die Zielperiode, in NRW mit mehr als 68 % überdurchschnittlich viele. Dies ist überraschend, da die Auswahlgrundlage in allen Bundesländern gleich war – Betriebe, die zwischen 2000 und 2002 neu zur Kontrolle gemeldet wurden, die also

4.3 Strukturelle Eigenschaften der Stichprobe

Tabelle 4.6: Jahr der Umstellung in der Ökostichprobe nach Bundesländern (Spaltenprozente)

Umstellungsjahr	Hessen	Niedersachsen	NRW	Gesamt
bis 1989	7,9	9,7	5,1	7,2
1990 bis 1994	22,1	5,5	5,9	10,7
1995 bis 1999	27,3	32,1	20,9	25,9
2000	19,5	19,4	18,8	19,2
2001	15,7	22,4	31,4	24,2
2002	7,5	11,0	18,0	12,9
Gesamt (100 %)	267	237	373	877

entweder ihren Betrieb umgestellt, die Kontrollstelle gewechselt oder den Kontrollbereich nach Anhang III der EU-Verordnung zum Ökolandbau verändert haben (sog. „Änderungsmeldungen"). Es ist allerdings möglich, die Abweichungen zumindest teilweise zu erklären: Zunächst einmal scheinen Änderungsmeldungen nicht ungewöhnlich zu sein, so dass relativ viele „Altbetriebe" in die Stichprobe gelangen. Da sich die Entwicklung des Ökolandbaus in den Bundesländern jedoch deutlich unterscheidet (mit einem mäßigen Wachstum während der Zielperiode in Hessen und einem sprunghaften Anstieg in NRW)[10], sind auch in der Stichprobe Unterschiede zwischen den Bundesländern im Verhältnis der „Altbetriebe" zu den „Neubetrieben" zu erwarten. In allen Bundesländern ist der Anteil an Betrieben, die im anvisierten Zeitraum die Wirtschaftsweise gewechselt haben, höher als dies bei einer reinen Zufallsauswahl aus allen Ökolandwirten zu erwarten gewesen wäre.

Verglichen mit den konventionellen Landwirten sind die Befragten der Ökostichprobe etwas jünger: Das Durchschnittsalter liegt bei ca. 45 Jahren (vgl. Tabelle 4.7). Auch in dieser Stichprobe unterscheidet sich die Altersstruktur leicht zwischen den Bundesländern, die allgemeinen Tendenzen sind jedoch gleich: Mit jeweils rund 40 % ist die Gruppe der 40 bis 49-Jährigen

---

[10] Vergleiche hierzu auch Abschnitt 2.2. Die Zahl der Ökobetriebe stieg in Hessen von 1379 Ende des Jahres 1999 auf 1551 Betriebe Ende 2002 (15,8 % Wachstum), in Niedersachsen von 576 auf 991 (71 % Wachstum) und in Nordrhein-Westfalen von 599 auf 1212 Betriebe, also um 102 % (vgl. SÖL 2005). Das sprunghafte Wachstum in NRW kann auf Veränderungen in der Förderung des Ökolandbaus durch die damalige NRW-Landwirtschaftsministerin Bärbel Höhn und auf eine besondere Betroffenheit der Futterbaubetriebe durch die BSE-Krise zurückgeführt werden.

Tabelle 4.7: Altersverteilung der Ökostichprobe nach Bundesländern (Spaltenprozente)

Altersgruppe	Hessen	Niedersachsen	NRW	Gesamt
20-29 Jahre	4,8	2,5	3,9	3,8
30-39 Jahre	25,9	20,7	23,8	23,7
40-49 Jahre	35,8	41,5	47,7	42,3
50-59 Jahre	24,6	25,7	16,3	21,4
60-69 Jahre	8,2	8,7	7,8	8,2
70-79 Jahre	0,7	0,8	0,5	0,7
Durchschnitt	45,1	46,4	44,8	45,3
Gesamt (100 %)	293	241	386	920

die stärkste Gruppe, während mit knapp 4 % nur ein geringer Anteil der Betriebsleiter unter 30 Jahre alt ist.

Insgesamt sind 37,5 % der Betriebe der Ökostichprobe Haupterwerbsbetriebe, 62,5 % werden im Nebenerwerb bewirtschaftet. Damit sind Nebenerwerbsbetriebe hier deutlich stärker vertreten als in der Vergleichsstichprobe.

Unterscheidet man die Betriebe nach ihrer Produktionsrichtung (selbstberichtete Betriebsform, siehe Tabelle 4.8), zeigt sich ein recht deutliches Übergewicht der Futterbaubetriebe: Knapp 53 % sind Futterbaubetriebe, gefolgt von Veredlungsbetrieben (ca. 17 %) und Gemischtbetrieben (16 %). Der augenfälligste Unterschied zwischen den Bundesländern ist der Anteil der Marktfruchtbetriebe – diese haben in NRW mit 3 % nur einen geringen Anteil, Hessen liegt mit ca. 7 % im Mittelfeld, in Niedersachsen ist der Anteil der Marktfruchtbetriebe mit 13 % am höchsten.

Bezüglich der Betriebsform sind einige Unterschiede zwischen Vergleichsstichprobe und Ökostichprobe zu erkennen, die sich im Wesentlichen mit Angaben der amtlichen Statistik decken (siehe BMVEL 2004): Der Futterbau hat im ökologischen Landbau einen wesentlich höheren Stellenwert als in der konventionellen Landwirtschaft, Marktfruchtbau einen deutlich geringeren und Veredlung einen etwas geringeren.

Ein durchschnittlicher Ökobetrieb der Stichprobe bewirtschaftet eine Fläche von knapp 43 ha (siehe Tabelle 4.9), bei einem Pachtanteil von 27 ha. Wie auch in der Vergleichsstichprobe gibt es Unterschiede zwischen den Bundesländern: Niedersächsische Betriebe sind im Mittel größer als Betriebe aus Hessen und NRW.

4.3 Strukturelle Eigenschaften der Stichprobe

Tabelle 4.8: Betriebsform in der Ökostichprobe nach Bundesländern (Spaltenprozente)

	Hessen	Niedersachsen	NRW	Gesamt
Marktfrucht	7,4	13,4	3,0	7,2
Futterbau	53,2	44,7	57,9	52,9
Veredlung	12,7	18,6	19,5	17,1
Gemischt	19,4	17,4	12,4	16,0
Dauerkultur	2,7	1,6	2,3	2,2
Gartenbau	0,3	2,0	3,6	2,1
sonstiges	4,3	2,4	1,3	2,5
Gesamt (100 %)	299	253	394	946

Tabelle 4.9: Landwirtschaftliche Nutzfläche in der Ökostichprobe nach Bundesländern (Spaltenprozente)

	Hessen	Niedersachsen	NRW	Gesamt
unter 2 ha LF	0,3	1,2	1,5	1,1
2 bis unter 10 ha LF	15,8	9,2	13,7	13,2
10 bis unter 20 ha LF	30,3	18,5	24,3	24,7
20 bis unter 30 ha LF	14,5	13,3	19,0	16,0
30 bis unter 50 ha LF	15,8	14,9	15,9	15,6
50 bis unter 100 ha LF	17,4	24,5	19,0	19,9
100 bis unter 200 ha LF	5,3	14,9	4,3	7,4
200 ha LF und mehr	0,7	3,6	2,3	2,1
Durchschnitt	34,1	57,9	39,4	42,7
Gesamt (100 %)	304	249	395	948

Relativ zur Vergleichsstichprobe haben die Betriebe der Ökostichprobe in allen Bundesländern eine geringere Flächenausstattung – ein Befund der in Widerspruch zu offiziellen Daten der Agrarstatistik steht (vgl. BMVEL 2004). Der sicherlich wichtigste Grund für diese Abweichung ist die selektive Ziehung der konventionellen Stichprobe: Wie bereits in Abschnitt 4.1 dargestellt, besteht die konventionelle Auswahlgesamtheit tendenziell aus flächenstarken Betrieben. Zudem weist die Ökostichprobe einen deutlich höheren Anteil an Nebenerwerbsbetrieben auf, die typischerweise weniger Nutzfläche bewirtschaften.[11]

4.4 Zusammenfassung

Für die vorliegende Studie wurden 3000 Landwirte der Bundesländer Hessen, Niedersachsen und Nordrhein-Westfalen zufällig ausgewählt. In Anlehnung an das Fall-Kontroll-Design wurden getrennte Stichproben für Ökobauern („Fälle") und konventionelle Landwirte („Kontrollen") gezogen. Die Stichprobenziehung erfolgte getrennt nach Bundesländern. Die Schichtung nach Bundesländern erfolgte in der Vergleichsstichprobe disproportional, in der Ökostichprobe proportional zur Größe der Auswahlgesamtheit. Die disproportionale Schichtung der Vergleichsstichprobe muss durch eine entsprechende Gewichtung ausgeglichen werden.

Den Stichproben der beiden Gruppen lagen unterschiedliche Selektionskriterien zugrunde: Kriterium für die Aufnahme in die Ökostichprobe war, dass der Betrieb zwischen 2000 und 2002 neu zur Kontrolle nach Verordnung (EWG) Nr. 2092/91 gemeldet wurden. Selektionskriterium für die Aufnahme in die Vergleichsstichprobe war, dass die Betriebsleiter im Jahr 2002 eine flächenbezogene Förderung beantragt hatten.

Alle Betriebsleiter der nach diesem System ausgewählten Höfe wurden Anfang des Jahres 2004 postalisch befragt. Die Feldorganisation orientierte sich an der Dillmanschen „tailored design method" (siehe Dillman 2000). Insgesamt verlief die Feldphase sehr zufriedenstellend, die Ausschöpfungsquote lag bei 68 % in der Ökostichprobe und 58 % in der Vergleichsstichprobe (63 % insgesamt).

Ein Vergleich der Kontrollstichprobe mit amtlichen Daten zur Agrarstruktur der Bundesländer zeigt, dass die Stichprobe die Struktur der

---

[11] Haupterwerbsbetriebe der Ökostichprobe haben im Schnitt eine Nutzfläche von 75,4 ha, Nebenerwerbsbetriebe von 23,1 ha. Die Verhältnisse in der Vergleichsstichprobe sind ähnlich – dort bewirtschaften Haupterwerbsbetriebe im Schnitt 81,4 ha, Nebenerwerbsbetriebe 19,4 ha.

4.4 Zusammenfassung

Landwirtschaft in Hessen, Niedersachsen und NRW nur unzureichend abdeckt. Besonders augenfällig ist, dass in der Stichprobe ein hoher Anteil von Haupterwerbsbetrieben vertreten ist und die landwirtschaftliche Nutzfläche der Betriebe im Vergleich zur amtlichen Statistik zu groß ist. *Da vermutet werden kann, dass diese Unterschiede durch die Selektivität der Stichprobenziehung begründet sind, können aus der verwendeten Stichprobe keine Rückschlüsse auf alle Landwirte der drei Bundesländer getätigt werden. Als Inferenzpopulation sind vielmehr alle Betriebsleiter (bzw. deren Betriebe) anzusehen, die im Jahr 2002 einen Antrag auf flächenbezogene Forderung gestellt haben.* Zur Vereinfachung der Nomenklatur wird im Folgenden nicht mehr auf diese Einschränkung verwiesen.

Vergleicht man die Struktur der beiden Stichproben miteinander, zeigen sich Abweichungen in Hinsicht auf Betriebsgröße, Produktionsrichtung und Haupt/Nebenerwerb. Da nicht abschließend beurteilt werden kann, ob diese Unterschiede systematisch zwischen Ökolandwirten und konventionellen Landwirten bestehen oder in der Stichprobenziehung begründet liegen, sollten diese Merkmale in multivariaten Analysen grundsätzlich kontrolliert werden.

Schließlich ist noch anzumerken, dass durch das Fall-Kontroll-Design Ökolandwirte in der Stichprobe deutlich überrepräsentiert sind – ein Tatbestand, der durchaus beabsichtigt ist. Dies bedeutet jedoch auch, dass Betrachtungen der Stichprobe als Ganzes in der Regel nicht sinnvoll sind. Eine Ausnahme hiervon bildet die Verwendung von logistischen Regressionen mit dem Schichtungskriterium als abhängiger Variable („endogene Schichtung"): Hier können auch bei disproportionaler Auswahl unverzerrte Schätzungen abgegeben werden (siehe Ben-Akiva und Lermann 1985; Maier und Weiss 1990; Manski und Lermann 1977).

5 Operationalisierung der zentralen Variablen

Bevor in Kapitel 6 die Hypothesen zur Umstellung auf ökologische Landwirtschaft überprüft werden, soll zunächst die Operationalisierung der zentralen Variablen dokumentiert werden. Dies sind Variablen zum Umweltbewusstsein der Landwirte, zur Unzufriedenheit bzw. Deprivation, zum sozialen Netzwerk und zum subjektiv erwarteten Nutzen einer Umstellung auf ökologische Landwirtschaft.

5.1 Umweltbewusstsein

Trotz einer Vielzahl von Arbeiten, die sich mit Umweltbewusstsein – sei es als abhängige, sei es als unabhängige Variable – beschäftigen, ist es der Sozialwissenschaft bislang nicht gelungen, sich auf eine allgemein akzeptierte Definition und Messung von Umweltbewusstsein zu einigen. Obwohl Van Liere und Dunlap bereits 1981 darauf hinweisen, dass unterschiedliche Konzeptionen von Umweltbewusstsein zu inkonsistenten und kaum vergleichbaren Ergebnissen führen, müssen Dunlap und Jones (2002, S. 487) auch zwanzig Jahre später noch konstatieren, dass „[the] use of such a wide variety of measures of environmental concern by researchers contributes to problems of validity, limits comparability accross studies, and thereby inhibits accumulation of knowledge". Vor dem Hintergrund dieser uneinheitlichen Forschungslandschaft wäre es zwar wünschenswert, die unterschiedlichen Standpunkte, was Umweltbewusstsein ist und wie man es misst, zu diskutieren und einen Vorschlag zur Integration zu erarbeiten. Dies kann jedoch nicht Aufgabe der vorliegenden Arbeit sein.[12] Zur Operationalisierung von Umweltbewusstsein wurde auf empirisch bewährte Messinstrumente zurückgegriffen, deren konzeptionelle Grundüberlegungen im Folgenden kurz dargestellt werden sollen.

Wie bereits in Abschnitt 3.2.3 dargelegt, bezieht sich einer der Diskussionsstränge zur Verhaltenswirksamkeit von Umwelteinstellungen auf das sog. „Korrespondenzprinzip" (siehe Ajzen und Fishbein 1977): Allgemeine Einstellungen seien nicht dazu geeignet, spezifische Verhaltensweisen vorherzusagen.

---

[12] Für eine Darstellung der unterschiedlichen Ansätze sei auf die Arbeiten von Preisendörfer und Franzen (1996) oder Dunlap und Jones (2002) verwiesen.

Um diese Argumentation empirisch nachvollziehen zu können, werden in der vorliegenden Untersuchung zwei Arten von Umweltbewusstsein erhoben: allgemeines Umweltbewusstsein und spezielles, landwirtschaftsbezogenes Umweltbewusstsein. Die Operationalisierung der beiden Konstrukte wird in den folgenden Abschnitten beschrieben.

5.1.1 Allgemeines Umweltbewusstsein

Zur Operationalisierung von allgemeinem Umweltbewusstsein wurde eine von Diekmann und Preisendörfer (2000) entwickelte Skala verwendet. Die Entscheidung für diese Skala hat im Wesentlichen vier Gründe: Erstens wurde bei bisherigen Überprüfungen der Low-Cost-Hypothese diese oder eine ähnliche Skala verwendet (z. B. von Diekmann und Preisendörfer 1998; Braun und Franzen 1995; Franzen 1995), so dass es möglich ist, die hier präsentierten Ergebnisse mit vorherigen zu vergleichen. Zweitens ist die Skala konzeptionell an die Tradition von Maloney und Ward (1973) angelehnt und ermöglicht damit Anschluss an die internationale Diskussion. Drittens ist die Skala in empirischen Anwendungen recht gut erprobt und, vor allem im Vergleich zu der Alternative von Schahn et al. (1999), mit nur neun Items in Umfragen handhabbar. Damit erfüllt sie, viertens, am ehesten die Voraussetzungen dafür, sich als Standard zur Messung von Umweltbewusstsein im deutschsprachigen Raum durchzusetzen.

Diekmann und Preisendörfer fassen Umweltbewusstsein als eine umweltbezogene Einstellung auf, die aus einer affektiven, einer kognitiven, und einer konativen Komponente besteht (Tabelle 5.1 gibt eine Übersicht über die Items der Skala). Die affektive Komponente (Items v14a-c) misst eine gefühlsmäßige Betroffenheit durch das Umweltproblem: Wut und Empörung, Beunruhigung oder Katastrophenstimmung. Die kognitive Komponente (v14d-f) bezieht sich auf die rationale Einsicht in die Tatsache, dass ein Umweltproblem existiert und dieses von der Menschheit selbst verursacht ist. Unter der konativen Einstellungskomponente (v14g-i) wird die grundsätzliche Bereitschaft verstanden, Umweltprobleme durch individuelle oder kollektive Handlungen zu bekämpfen.

Alle Items sollten auf einer 5-stufigen Rating-Skala beantwortet werden.[13] Wie man Tabelle 5.1 entnehmen kann, weisen die Items im Wesentlichen eine eindimensionale Faktorstruktur auf. Zwar wird sowohl in der Ökostichprobe als auch in der Vergleichsstichprobe in einer Hauptkomponentenanalyse ein

---

[13] Antwortskala: stimme voll und ganz zu, stimme weitgehend zu, teils/teils, stimme eher nicht zu, stimme überhaupt nicht zu.

5.1 Umweltbewusstsein

Tabelle 5.1: Skala des allgemeinen Umweltbewusstseins (Hauptkomponentenanalyse, unrotiert)

	Item	Öko-stichprobe			Vergleichs-stichprobe		
		F 1	F 2	h^2	F 1	F 2	h^2
v14a	Es beunruhigt mich, wenn ich daran denke, unter welchen Umweltverhältnissen unsere Kinder und Enkelkinder wahrscheinlich leben müssen	0,71	−0,44	0,70	0,75	−0,37	0,69
v14b	Wenn wir so weitermachen wie bisher, steuern wir auf eine Umweltkatastrophe zu	0,80		0,71	0,81		0,72
v14c	Wenn ich Zeitungsberichte über Umweltprobleme lese oder entsprechende Fernsehsendungen sehe, bin ich oft empört und wütend	0,60	−0,36	0,49	0,53		0,35
v14d	Es gibt Grenzen des Wachstums, die unsere industrialisierte Welt schon überschritten hat oder sehr bald erreichen wird	0,65		0,42	0,57		0,33
v14e	Derzeit ist es immer noch so, dass sich der größte Teil der Bevölkerung wenig umweltbewusst verhält	0,53		0,30	0,60		0,39
v14f[a]	Nach meiner Einschätzung wird das Umweltproblem in seiner Bedeutung von vielen Umweltschützern stark übertrieben	0,54		0,36	0,53		0,31
v14g	Es ist immer noch so, dass die Politiker viel zu wenig für den Umweltschutz tun	0,66		0,45	0,71		0,50
v14h	Zugunsten der Umwelt sollten wir alle bereit sein, unseren derzeitigen Lebensstandard einzuschränken	0,66	0,37	0,58	0,62	0,41	0,55
v14i	Umweltschutzmaßnahmen sollten auch dann durchgesetzt werden, wenn dadurch Arbeitsplätze verloren gehen	0,57	0,62	0,71	0,50	0,71	0,76
Eigenwert		3,70	1,01		3,58	1,02	

In die Tabelle wurden nur Faktorladungen $\geq 0,3$ aufgenommen.
N (Öko)=916; N (Vergl.)=798

[a] Die Antworten auf dieses Item wurden umgepolt.

zweiter Faktor extrahiert, der Faktor weist aber nur einen Eigenwert von knapp über eins auf. Hauptelement des zweiten unrotierten Faktors ist das Item zu „Umweltschutz, auch wenn Arbeitsplätze verloren gehen" (v14i), das jedoch in beiden Stichproben mit 0,57 bzw. 0,50 auch ausreichend stark auf dem ersten Faktor lädt. Mit einem α von 0,82 in der Öko- und 0,81 in der Vergleichsstichprobe weist die Itembatterie eine hohe interne Konsistenz auf, so dass alle Items zu einer Skala kombiniert werden konnten.[14] Bei allen Befragten, die mindestens fünf der Items beantwortet haben, wurde der Skalenwert als Durchschnitt der beantworteten Items berechnet.[15] Der Wertebereich der Skala des allgemeinen Umweltbewusstseins reicht von 1 bis 5, wobei hohe Skalenwerte ein hohes Umweltbewusstsein kennzeichnen.

5.1.2 Landwirtschaftsbezogenes Umweltbewusstsein

Um spezielles, landwirtschaftsbezogenes Umweltbewusstsein zu messen, wurde auf einen Vorschlag von Vogel (1999) zurückgegriffen. Bei der Auswahl dieser Skala stand im Vordergrund, auf eine empirisch bewährte Skala zurückzugreifen, anstatt das Universum der Umweltbewusstseinsskalen mit einer weiteren Variante zu bereichern. Vogel operationalisiert landwirtschaftsbezogenes Umweltbewusstsein als ein Konstrukt aus teilweise affektiven, vor allem jedoch kognitiven Einstellungen, das mit neun Items gemessen wird. Auch diese Itembatterie sollte auf einer 5-stufigen Rating-Skala beantwortet werden.[16]

Die Originalskala von Vogel (siehe Tabelle A.2 auf Seite 162 im Anhang) weist eine nicht völlig zufriedenstellende Faktorenstruktur auf – die Items v52i (vielfältige Betriebsorganisation) und v52d (Medien übertreiben) laden in beiden Stichproben stark auf einem zweiten und dritten Faktor. Schließt man diese beiden Items von der Skalenbildung aus, ergibt sich eine eindimensionale Lösung (siehe Tabelle 5.2). Mit einem Cronbachs α von 0,84 in der Öko- und 0,83 in der Vergleichsstichprobe ist die Skala in sich ausgesprochen konsistent. Wie man Tabelle A.3 auf Seite 163 im Anhang entnehmen kann, würde sich die Skala durch Ausschluss des Items v52f (Landwirte sind Naturschützer) noch geringfügig verbessern lassen. Da das Item allerdings mit 0,54 ausreichend hoch auf dem ersten Faktor lädt und Cronbachs $\alpha \geq 0,83$ eine mehr als zufriedenstellende Konsistenz aufweist,

---

[14] Siehe Tabelle A.1 auf Seite 161 im Anhang für Einzelheiten der Reliabilitätsanalyse.
[15] Das negativ formulierte Item v14f wurde hierfür umgepolt.
[16] Antwortskala: stimme voll und ganz zu, stimme weitgehend zu, teils/teils, stimme eher nicht zu, stimme überhaupt nicht zu.

5.1 Umweltbewusstsein

Tabelle 5.2: Skala des landwirtschaftsbezogenen Umweltbewusstseins (Hauptkomponentenanalyse, unrotiert)

	Item	Öko-stichprobe F 1	h^2	Vergleichs-stichprobe F 1	h^2
v52a	Die heutige Landwirtschaft führt zur Beschädigung von Biotopen und trägt zum Rückgang wildlebender Tier- und Pflanzenarten bei	0,71	0,51	0,69	0,48
v52b	Handelsdünger und Pflanzenschutzmittel vermindern die natürliche Fruchtbarkeit des Bodens und verschlechtern die Produktqualität	0,82	0,67	0,83	0,70
v52c	Beim Einsatz von chemischen Stoffen in der Landwirtschaft wird gegen die Natur gearbeitet	0,79	0,62	0,81	0,65
v52e	Die Belastung des Grundwassers durch Düngerauswaschung ist schlimmer als viele Leute es wahrhaben wollen	0,72	0,52	0,67	0,45
v52f[a]	Landwirte sind die besten Naturschützer, auch wenn hier und da einmal ein Fehler gemacht wird	0,54	0,29	0,59	0,35
v52g[a]	Handelsdünger und Pflanzenschutzmittel haben keine schädliche Wirkung. Sie fördern die Qualitätsproduktion	0,75	0,57	0,72	0,52
v52h[a]	Der Einsatz von Chemie in der Landwirtschaft ist sinnvoll, wenn er mehr einbringt als er kostet	0,72	0,51	0,62	0,38
Eigenwert		3,68		3,53	

In die Tabelle wurden nur Faktorladungen $\geq 0,3$ aufgenommen
N (Öko)=933; N (Vergl.)=795.

[a] Die Antworten auf dieses Item wurden umgepolt.

wurde entschieden, das Item dennoch zur Skalierung zu verwenden. Zur Konstruktion der Skala wurde bei allen Befragten, die mehr als vier Items beantwortet haben, ein Durchschnittswert berechnet. Der Wertebereich der Skala des landwirtschaftsbezogenen Umweltbewusstseins reicht von 1 bis 5, wobei hohe Skalenwerte ein hohes Umweltbewusstsein kennzeichnen.

5.2 Deprivation

Als Maß für die Unzufriedenheit mit und persönliche Betroffenheit durch die Situation der deutschen Landwirtschaft wird eine Deprivations-Skala verwendet, die Baumgärtner (1991) in Anlehnung an Opp et al. (1984) entwickelt hat. Die vier Items der Skala (siehe Tabelle 5.3) sollten mit Ja oder Nein (1/0) beantwortet werden.

Laut Baumgärtner bilden die Items eine Guttman-Skala, können also nach ihrer „Schwierigkeit" geordnet werden. Bei Vorliegen einer Guttman-Skala wird erwartet, dass ein Befragter, der ein Item verneint, auch alle schwierigeren Items verneint. Stimmt er einem Item zu, sollte er auch allen leichteren Items zustimmen (vgl. Friedrichs 1980).

Zur Beurteilung der Güte einer Guttman-Skala können verschiedene Maßzahlen verwendet werden (Bacher 1990). Guttman (1950) hat vorgeschlagen, den sog. Reproduzierbarkeitskoeffizienten (Rep.) zu berechnen[17] und eine Skala zu akzeptieren, die einen Koeffizienten $\geq 0,9$ aufweist. Andere Autoren (beispielsweise Friedrich 1972; Mayntz et al. 1969) nennen $Rep \geq 0,85$ als Toleranzgrenze. Ein weiteres Gütekriterium ist die proportionale Reduktion der Fehler bei einer Reproduktion der Skala (PRE), für die Bacher einen Schwellenwert von 0,6 nennt. Der Homogenitätskoeffizient H sollte einen Wert von 0,3 keinesfalls unterschreiten, bei $H \geq 0,4$ kann von einer Skala mittlerer Güte ausgegangen werden.

Wie man Tabelle 5.3 entnehmen kann, werden die Schwellenwerte knapp eingehalten: PRE liegt bei 0,6; der Reproduzierbarkeitskoeffizient leicht unter 0,9 und H bei 0,4-0,5. Ein Ausschluss des Items v2d (Entwicklung der LW beunruhigt) würde die Eigenschaften der Skala leicht verbessern. Da zur Skalierung aber lediglich vier Items zur Verfügung stehen, wurden alle Items verwendet. Die Deprivations-Skala wurde als Summe aller Items gebildet und hat eine Spannweite von 0-4. Hohe Skalenwerte implizieren eine starke persönliche Betroffenheit von den Problemen der Landwirtschaft.

---

[17] $Rep = 1 - (\frac{Fehlerzahl}{Zahl\ der\ Zellen})$

Tabelle 5.3: Deprivationsskala: Guttmanskalierung

	Item	Ökostichprobe				Vergleichsstichprobe		
		% ja[a]	H	Rep.	PRE	% ja[a]	H	Rep. PRE
v2a	Ich fühle mich durch die Entwicklung in der Landwirtschaft persönlich bedroht	34	0,52	0,83	0,50	41	0,47	0,81 0,59
v2b	Ich habe regelrecht Angst vor der Zukunft für meinen Hof	32	0,50	0,87	0,61	46	0,41	0,85 0,68
v2c[b]	Ich denke zwar manchmal über die Probleme der Landwirtschaft nach, aber sie spielen keine wichtige Rolle in meinem Leben	67	0,58	0,92	0,75	75	0,42	0,91 0,61
v2d	Die Entwicklung in der Landwirtschaft beunruhigt mich	85	0,41	0,93	0,54	86	0,24	0,91 0,30
Gesamt			0,51	0,89	0,60		0,40	0,87 0,60

N (Öko)=899; N (Vergl.)=790

[a] Anteil der Befragten, die dem Item zustimmen.
[b] Die Antworten auf dieses Item wurden umgepolt.

5.3 Netzwerkvariablen

Das soziale Netzwerk ist in dieser Arbeit in zweierlei Hinsicht von Relevanz: erstens als Träger und Vermittler von Bewertungen der Situation der Landwirtschaft allgemein und speziell des Ökolandbaus. Die zweite Funktion des Netzwerkes ist die Vermittlung von Informationen über ökologische Landwirtschaft. Insbesondere in Hinblick auf die Informationsvermittlung kann zwischen dem Netzwerk im engeren Sinne (also den Personen, zu denen Ego tatsächlich Kontakt hat), und Ökolandwirten in der räumlichen Umgebung Egos unterschieden werden. Zweitere gehören zwar nicht notwendigerweise zum sozialen Netz des Betriebsleiters, stellen aber dennoch eine wichtige potentielle Informationsquelle dar.

Zur Erhebung von egozentrierten Netzwerken stellt die empirische Sozialforschung eine Vielzahl von Instrumenten zur Verfügung (siehe Wolf 2006 oder Jansen 1999 für einen Überblick). Die Erhebung von Netzwerken, insbesondere die Kombination von Netzwerkgeneratoren und Netzwerkinterpretatoren, ist in postalischen Befragungen jedoch nur unter erheblichen

Schwierigkeiten zu bewerkstelligen. Ein Vorschlag von Burt (1998) zur schriftlichen Erfassung von Netzwerken erschien als deutlich zu komplex, um ihn im Rahmen dieser Untersuchung einsetzen zu können.[18]

Da die Erhebung von Netzwerken zudem nicht im Zentrum dieser Untersuchung steht, wurde entschieden, auf eine sehr einfache Art der Messung zurückzugreifen.[19] Das Netzwerk wurde in Familie und Kollegen/Bekannte aufgeteilt. Um die Unzufriedenheit mit der Lage der Landwirtschaft im Netzwerk zu messen, wurde getrennt für Familie und Kollegen/Bekannte gefragt, wie oft der Betriebsleiter in diesen Gruppen über die Situation der Landwirtschaft diskutiert und wie die Situation in diesen Gesprächen beurteilt wird. Die Häufigkeit der Gespräche sollte auf einer 4-stufigen Skala von „nie" bis „oft" (skaliert 1 bis 4) angegeben werden, die Bewertung auf einer 5-stufigen Skala von „sehr zuversichtlich" bis „sehr beunruhigt" (codiert -2 bis +2; hohe Werte bedeuten große Beunruhigung).

Analog hierzu wurde gefragt, wie oft in der Familie und im Kollegenkreis über die ökologische Landwirtschaft gesprochen wird und wie diese von den Gesprächspartnern bewertet wird. Die Häufigkeit der Gespräche sollte, wie oben, auf einer 4-stufigen Skala von „nie" bis „oft" (skaliert 1 bis 4) angegeben werden, die Bewertung des Ökolandbaus wurde auf einer 5-stufigen Skala von „sehr negativ" bis „sehr positiv" gemessen (codiert -2 bis +2; positive Werte bedeuten eine positive Bewertung).

Die Anzahl der Ökolandwirte in der räumlichen Umgebung („keine", „ein paar", „viele") wurde auf einer 3-stufigen Skala erfasst[20]. Die Antworten sind von 1-3 codiert, hohe Werte verweisen auf eine große Zahl von Ökolandwirten.

5.4 Subjektiv erwarteter Nutzen

Um die Präferenzen von Akteuren zu ermitteln, werden in der Literatur unterschiedliche Verfahren diskutiert. Letztlich lassen sich die Verfahren auf drei grundlegende Positionen reduzieren: Vertreter der ersten Position (vgl. Diekmann 1996, S. 94ff; Braun und Franzen 1995) postulieren, individuelle Präferenzen müssten nicht ermittelt werden, da sie konstant seien (d. h. alle Menschen die gleichen Präferenzen teilten) und Präferenzen somit nicht zur

---

[18] Das Instrument von Burt umfasst etwa zehn Fragebogen-Seiten. Burt setzte den Fragebogen in einer Untersuchung der Karrierenetzwerken von Universitätsabsolventen ein (Burt 2001). Es ist fraglich, ob das Messinstrument auch in einer heterogeneren Population sinnvoll verwendet werden kann.

[19] Siehe die Fragen f36-39 und f44-47 im Ökofragebogen, f39-49 und f47-50 im konventionellen Fragebogen.

[20] Siehe f41 im Ökofragebogen, f44 im konventionellen Fragebogen.

5.4 Subjektiv erwarteter Nutzen

Erklärung von Handlungsentscheidungen geeignet seinen. Zur Erklärung von Verhalten reichten Kenntnisse über die (objektiven oder subjektiven) Restriktionen vollkommen aus. Weiterhin wird argumentiert, es sei aufgrund erheblicher methodischer Probleme nicht möglich, Präferenzen valide zu messen. Dies sei aber auch nicht notwendig, da nicht die SEU-Theorie als solche einer empirischen Prüfung zugänglich sein müsste, sondern lediglich die aus ihr ableitbaren Hypothesen. Im Rahmen der zweiten Grundposition (siehe insbesondere Lindenberg 1996a,b) wird gefordert, Präferenzen mehr oder weniger direkt aus einer Theorie abzuleiten (was mithin auch zu einer weitgehenden Konstanz der Präferenzen führt). Die dritte Position schließlich besteht darin, Präferenzen empirisch zu erheben (siehe z. B. Opp 1990; Friedrichs et al. 1993; Kelle und Lüdemann 1995; Opp und Friedrichs 1996). Hierdurch können z. T. fragwürdige Annahmen darüber vermieden werden, ob Präferenzen konstant oder variabel über Individuen sind und welche Präferenzen für eine Entscheidung relevant sind. Im Gegensatz zur ersten geschilderten Grundposition (dem Modellierungs-Paradigma) ist die Theorie rationalen Handelns bei Anwendung dieser Strategie einem direkten Test zugänglich.

Aus den genannten Gründen wird in dieser Untersuchung auf die Strategie der direkten Nutzen- oder Präferenzmessung zurückgegriffen. In diesem Sinne steht die Arbeit in der Tradition des von Opp formulierten „ökonomischen Programms in der Soziologie" (Opp 1979). Es sei nochmals daran erinnert, dass die SEU-Theorie besagt, dass unter mehreren Handlungsalternativen diejenige gewählt wird, von welcher der Akteur den höchsten Nettonutzen erwartet. Der Nettonutzen wiederum kann wie folgt als Summe über alle Konsequenzen berechnet werden (siehe auch Abschnitt 3.2.1):

$$NN_j = \sum_{i=1}^{n} p_i \times U_i$$

Entsprechend muss im Fragebogen für alle Alternativen und alle Konsequenzen abgefragt werden, wie hoch die Wahrscheinlichkeit ist, dass eine Konsequenz eintritt und mit welchen Nutzen diese verbunden ist – d. h. wie hoch die Präferenz eines Akteurs für eine Konsequenz ist.

Eine direkte Erhebung von RC-Variablen wirft vielfältige Fragen zur Operationalisierung auf, die in der Literatur bislang nur unzureichend diskutiert wurden. Zwar haben Friedrichs et al. (1993), später auch Kunz (1994) sowie Kelle und Lüdemann (1995) versucht, eine solche Diskussion zu beginnen. Es ist jedoch nicht gelungen, eine systematische, kumulative Forschung zur Operationalisierung der RCT zu etablieren. Neben den Arbeiten der genannten Autoren musste daher auf eher unsystematische, in der Literatur verstreute Operationalisierungsvorschläge zurückgegriffen werden. Friedrichs et al. (1993) problematisieren insbesondere die folgenden Bereiche:

1. Welche bzw. wie viele *Handlungsalternativen* nehmen die Akteure wahr?

2. Welche bzw. wie viele *Handlungskonsequenzen* nehmen die Akteure wahr und wie können die Konsequenzen erhoben werden?

3. Wie sollen die Präferenzen (oder: Nutzen bzw. Kosten einer Alternative) und die Eintrittswahrscheinlichkeiten einer Konsequenz *skaliert* werden?

4. Sollten die Konsequenzen zu *Dimensionen* zusammengefasst werden?

Bevor die Details der gewählten Operationalisierung anhand empirischer Ergebnisse vorgestellt werden, sollen einzelne Aspekte der genannten Probleme diskutiert werden.

Erhebung der Handlungsalternativen

Bezüglich der Handlungsalternativen steht der Landwirt nur scheinbar vor einer Dichotomie „Umstellung auf Ökolandbau oder weiter wie bisher". Denn es ist keineswegs sicher, dass alle Befragten überhaupt vor irgendeiner größeren Entscheidung über ihre Wirtschaftsweise stehen (siehe hierzu die Ausführungen zu Handlungsroutinen in Abschnitt 3.2.2); und selbst wenn sie vor einer solchen Entscheidung stehen, muss der Ökolandbau für sie nicht unbedingt eine Handlungsmöglichkeit darstellen. Auch wenn ein Betriebsleiter die Umstellung auf Ökolandbau erwägt, ist die Entscheidungssituation nicht notwendig dichotom – es lassen sich ad hoc zahlreiche weitere Handlungsmöglichkeiten formulieren, z. B. die Aufgabe des Betriebes, Umstellung von Haupt- auf Nebenerwerbslandwirtschaft, die Erweiterung bzw. komplette Änderung der Produktpalette oder die Bereitstellung von Freizeitdienstleistungen wie „Urlaub auf dem Bauernhof". All diese und eine Vielzahl weiterer Alternativen *kann* ein Betriebsleiter in Erwägung ziehen, wenn er entscheiden muss, wie sein Betrieb sich verändern soll.

Zwar wäre es denkbar, in einer qualitativen Vorstudie zu ermitteln, welche Handlungsmöglichkeiten von einer Mehrheit der Landwirte wahrgenommen

5.4 Subjektiv erwarteter Nutzen

werden; diese Alternativen könnten dann in der Hauptuntersuchung verwendet werden. Aus erhebungstechnischen Gründen kann – insbesondere in einer postalischen Befragung – den Befragten jedoch nur eine geringe Zahl von Alternativen zur Bewertung vorgelegt werden. Die Verwendung von drei Wahlmöglichkeiten ist sicherlich das Maximum, das in schriftlichen Befragungen realisiert werden kann. Zudem kann angenommen werden, dass alle Alternativen zunächst mit dem Status Quo verglichen werden, so dass der Nutzen einer „weiter wie bisher"-Alternative immer erhoben werden muss. Dies bedeutet jedoch, dass neben den Möglichkeiten „Ökolandbau" und „weiter wie bisher" nur eine zusätzliche Alternative in den Fragebogen aufgenommen werden könnte – das eingangs geschilderte Problem wäre damit nur in geringem Maße entschärft.

Eine andere Möglichkeit besteht darin, in der Befragung gar keine Alternativen vorzugeben, sondern diese offen abzufragen. In Anschluss an die offene Frage würde der Befragte gebeten, die zwei oder drei seiner Meinung nach wichtigsten Alternativen zu bewerten. Da die Beantwortung von RC-Fragebatterien ohnehin recht aufwendig ist, wurde auch dieser Weg als für in postalischen Befragungen nicht realisierbar angesehen.

Es wurde daher eine Mittelweg zwischen Vorgabe von Handlungsmöglichkeiten und offener Abfrage gewählt: Die Alternativen „Ökolandbau" und „weiter wie bisher" wurden allen Teilnehmern vorgegeben. In zwei vorgeschalteten Filterfragen (f25 und f29 im konventionellen Fragebogen)[21] wurde abgefragt, ob der Befragte schon einmal über grundsätzliche Änderungen nachgedacht hat und, wenn ja, ob er eine Umstellung auf ökologische Landwirtschaft erwogen hat. Hierdurch kann die Untersuchung von individuell nicht relevanten Alternativen vermieden werden. Zusätzlich wurde im Anschluss an die beiden vorgegebenen Handlungsmöglichkeiten gefragt, ob die Befragten noch über eine weitere Alternative nachgedacht haben (f34). Diese Alternative sollte gegebenenfalls in verkürzter Form mit der Umstellung auf Ökolandbau und dem unveränderten Weiterführen des Betriebes verglichen werden (f35).[22] Hierdurch können Verfälschungen des Untersuchungsergebnisses durch eine verdeckte dritte Alternative vermieden werden und gleichzeitig gelingt es, den Erhebungsaufwand in Grenzen zu halten.

---

[21] In der Befragung der Ökolandwirte waren die Fragen nicht enthalten, da bereits bekannt war, dass die Landwirte umgestellt hatten.

[22] Auch auf diese Fragen konnte im Ökobauern-Fragebogen verzichtet werden.

Erhebung der Handlungskonsequenzen

Die Probleme, die sich bei der Erhebung von Handlungskonsequenzen ergeben, unterscheiden sich nur geringfügig von den oben geschilderten Problemen der Erhebung von Handlungsalternativen: Es ist möglich, dass unterschiedliche Akteure eine unterschiedliche Zahl von unterschiedlichen Konsequenzen wahrnehmen. Lüdemann (1992) schlägt daher vor, die Konsequenzen offen zu erheben, auch Bouffard (2002) verweist auf die Vorteile einer offenen Frage. Auch wenn die Vorteile eines solchen offenen Erhebungsverfahrens durchaus auf der Hand liegen, sprechen zwei gewichtige Argumente gegen dieses Vorgehen: Zum einen ist die offene Erhebung von Konsequenzen in postalischen Befragungen nur mit großen Einschränkungen durchführbar. Zum anderen zeigen Experimente von Kahnemann und Tversky (1984, siehe auch Tversky und Kahnemann 1988), dass die (positive oder negative) Formulierung der Konsequenzen einen Bezugsrahmen aktiviert, der das Entscheidungsverhalten (und damit auch das Antwortverhalten) beeinflusst. Um einen eindeutigen Bezugsrahmen zu gewährleisten und Probleme bei der Durchführung der Befragung zu vermeiden, erschien es empfehlenswert, die Konsequenzen im Fragebogen vorzugeben.

Damit stellt sich jedoch die Frage, welche Konsequenzen vorgegeben werden sollen. Um die Handlungskonsequenzen festzustellen, schlagen Friedrichs et al. (1993) in Anlehnung an Ajzen und Fishbein (1980) vor, die (modal salienten) Konsequenzen in einem Pretest mit offenen Fragen zu ermitteln. In seinen Studien zu Protestverhalten hat Opp (siehe z. B. Opp et al. 1984, S. 37ff) die Handlungskonsequenzen vornehmlich in Gruppeninterviews erhoben. Eine Zusammenfassung der unterschiedlichen Strategien liefern Kelle und Lüdemann (1995). Für diese Untersuchung wurde eine kombinierte Vorgehensweise gewählt: In einem schriftliche Pretest wurden Handlungskonsequenzen offen abgefragt und die so ermittelten Konsequenzen um Ergebnisse einer Gruppendiskussion von Ökolandwirten und mehrerer Einzelinterviews von Landwirten und Verbandsvertretern ergänzt.

Messung der Präferenzen und der Wahrscheinlichkeiten

Insgesamt konnten in den Vorstudien elf modal saliente Konsequenzen ermittelt werden. Für jede Konsequenz wurde zunächst auf einer 5-stufigen Ratingskala abgefragt, wie hoch die Präferenz für eine Konsequenz ist.[23]

---

[23] Siehe f25 im Ökofragebogen, f26 im Fragebogen für konventionelle Landwirte: „Wie ist das bei Ihnen: Finden Sie die in der Liste genannten Punkte sehr gut, eher gut, teils/teils, eher schlecht oder sehr schlecht? Bitte kreuzen Sie ihre Bewertung für

5.4 Subjektiv erwarteter Nutzen

Im Anschluss sollten die subjektiven Wahrscheinlichkeiten, dass die Konsequenzen eintreten, getrennt für die Alternativen „weiter wie bisher" (f27 bzw. f28) und „Umstellung auf Ökolandbau" (f32 bzw. f33) auf einer ebenfalls 5-stufigen Ratingskala angegeben werden. Die Präferenzen wurden zu einer bipolaren Skala von $-2=$„sehr schlecht" bis $+2=$„sehr gut", die Wahrscheinlichkeiten zu einer unipolaren Skala von 0-1 (keinesfalls bis sicher) umcodiert.[24]

Tabelle 5.4 stellt die Konsequenzen sowie die Mittelwerte der Präferenzen und Wahrscheinlichkeiten vergleichend zusammen. Für alle Berechnungen in diesem Abschnitt wurden nur Daten von konventionellen Landwirten verwendet, die eine Umstellung auf Ökolandbau in Betracht gezogen haben, und von Ökolandwirten, die im Jahr 2000 oder später ihren Betrieb umgestellt haben.

Wie man sehen kann, werden Kosten und Nutzen der einzelnen Konsequenzen im Großen und Ganzen so bewertet, wie man es ad hoc erwarten würde. Die Präferenzen unterscheiden sich zwischen den einzelnen Konsequenzen und nahezu alle Vorzeichen sind plausibel, was als Hinweis auf eine valide Messung gedeutet werden kann. Eine Ausnahme stellt lediglich die negative Präferenz der Ökolandwirte für ausreichend Freizeit dar. Die leicht negative Präferenz für einen hohen Ertrag kann evtl. damit erklärt werden, dass ein hoher Ertrag mit Maßnahmen verbunden ist, die als umweltschädlich angesehen werden können, wie z. B. starke Düngung und Einsatz von Herbiziden und Pestiziden. Es zeigt sich außerdem, dass Präferenzen keineswegs über alle Akteure konstant sind, sondern sich systematisch zwischen den Gruppen unterscheiden: Beispielsweise haben konventionelle Landwirte eine starke Präferenz für einfache Unkrautbekämpfung, gute Preise und einen hohen Ertrag, während diese Präferenzen unter Ökolandwirten nicht so stark ausgeprägt sind.

Auch bezüglich der Wahrscheinlichkeiten kann festgestellt werden, dass diese zwischen Konsequenzen, Alternativen und Gruppen streuen. Die Streuung zwischen den Gruppen ist jedoch geringer als im Fall der Konsequenzen.[25] Auch die subjektiven Wahrscheinlichkeiten erscheinen im Allgemeinen plausibel. So erwarten Angehörige beider Gruppen mit einer recht hohen Wahrscheinlichkeit von ca. 0,7, dass die Unkrautbekämpfung bei konventioneller

---

jeden der Punkte an."
[24] Die Nutzen können also die Werte -2; -1; 0; 1; und 2; die Wahrscheinlichkeiten die Werte 0; 0,25; 0,5; 0,75 und 1 annehmen.
[25] Dies kann unter Umständen bedeuten, dass Präferenzen für die Erklärung von Verhalten wichtiger sind als subjektive Wahrscheinlichkeiten.

Tabelle 5.4: Nutzen und Wahrscheinlichkeiten der einzelnen Handlungskonsequenzen

	Konsequenz	Ökostichprobe U^a	p_k^b	p_o^c	Vergleichsstichprobe U^a	p_k^b	p_o^c
a	Einfache und effektive Bekämpfung von Unkraut und Schädlingen	0,10	0,71	0,35	1,38	0,66	0,31
b	Gute Preise für die Produkte	0,24	0,33	0,66	1,51	0,33	0,42
c	Hoher Ertrag an landwirtschaftlichen Produkten	−0,07	0,61	0,33	1,02	0,64	0,23
d	„Papierkram" erledigen müssen	−0,55	0,65	0,73	−0,64	0,82	0,84
e	Gesicherter Absatz der Produkte	0,26	0,55	0,63	1,19	0,52	0,40
f	Abhängigkeit von Subventionen	−0,51	0,69	0,67	−1,30	0,70	0,74
g	Sicherheit vor Lebensmittelskandalen	0,33	0,33	0,63	1,10	0,40	0,43
h	Umweltfreundliche Produktionsweise	0,85	0,39	0,87	1,10	0,65	0,73
i	Gutes Image als Landwirt in der Bevölkerung	0,54	0,42	0,72	1,29	0,52	0,64
j	Ausreichend Freizeit	−0,37	0,34	0,34	0,68	0,34	0,21
k	Hohe Prämien/Zuschüsse	0,22	0,36	0,68	−0,65	0,31	0,48
l	Keine chemischen Spritzmittel verwenden	0,87	0,35	0,86	−0,12	0,36	0,80
m	Umbauten an den Stallungen vornehmen müssen	0,00	0,44	0,57	−0,11	0,51	0,66
n	Langfristige Sicherung des Fortbestehens des Betriebes	0,28	0,40	0,57	1,17	0,50	0,39

N (Öko)=494; N (Vergl.)=163

[a] Nutzen/Kosten der Handlungskonsequenz
[b] Wahrscheinlichkeit, dass die Konsequenz eintritt, wenn der Hof weiterbewirtschaftet wird wie bisher
[c] Wahrscheinlichkeit, dass die Konsequenz eintritt, wenn der Hof auf Ökolandbau umgestellt wird

5.4 Subjektiv erwarteter Nutzen

Wirtschaftsweise einfach ist. Im Falle einer Umstellung auf Ökolandbau wird dies nur mit einer Wahrscheinlichkeit von etwa 0,3 erwartet. Um ein weiteres Beispiel zu nennen: Die Befragten schätzen die Wahrscheinlichkeit, von Subventionen abhängig zu sein, durchaus realistisch für beide Wirtschaftsweisen als recht hoch ein (um 0,7). Obwohl die Unterschiede hinsichtlich der subjektiven Wahrscheinlichkeiten zwischen den Gruppen vergleichsweise gering sind, können auch hier Differenzen beobachtet werden: Beispielsweise erwarten die Befragten der Ökostichprobe vom Ökolandbau eine deutlich umweltfreundlichere Produktionsweise, während in der Vergleichsstichprobe beide Alternativen ähnlich bewertet werden (d. h. konventionelle Landwirte schätzen den konventionellen Landbau deutlich umweltfreundlicher ein als Ökolandwirte). Weitere, allesamt plausible Unterschiede zwischen den Stichproben können z. B. für den Absatz oder die langfristige Sicherung des Betriebes konstatiert werden. Insgesamt kann damit auch bei den Wahrscheinlichkeiten von einer validen Messung ausgegangen werden.

Skalenniveau der Variablen und Produktbildung

Die Entscheidung über eine Handlungsalternative wird, so die SEU-Theorie, nicht getrennt von Nutzen und Wahrscheinlichkeiten beeinflusst, sondern von dem Produkt der beiden Variablen. Da bei der Verwendung von Produktvariablen in statistischen Auswertungen das Skalenniveau der zugrundeliegenden Variablen von erheblicher Bedeutung ist, soll im Folgenden näher darauf eingegangen werden.

Die sicherlich gängigsten statistischen Methoden in soziologischen Anwendungen sind verschiedene Varianten der (bivariaten) Korrelation und der (multivariaten) Regression. Werden die Variablen des Produkttermes auf *Intervallskalenniveau* gemessen, sind Korrelationen und Regressionskoeffizienten *nicht invariant gegenüber Skalentransformationen* (insbesondere hinsichtlich einer Verschiebung des Nullpunktes) und damit inhaltlich bedeutungslos. In Regressionen kann dieses Problem behoben werden, indem man den Produktterm als Interaktionseffekt auffasst und die Haupteffekte mit in die Regressionsgleichung aufnimmt (siehe z. B. Allison 1977; Evans 1991; Kunz 1994). Werden die Variablen auf Ratioskalenniveau gemessen sind additive Transformationen, also eine Verschiebung des Nullpunktes, nicht zulässig. *Bei Messung mit Ratioskalen tritt das oben geschilderte Problem nicht auf*, entsprechend können ratioskalierte Produktterme in korrelations- und regressionsanalytischen Verfahren ohne weiteres verwendet werden. Es ist nicht notwendig, die Haupteffekte in das Regressionsmodell einzuschließen.

Wie im vorherigen Abschnitt beschrieben, erfolgte die Messung der Nutzen und der Wahrscheinlichkeiten anhand von Ratingskalen. Es ist in der Literatur umstritten, zu welchem Skalenniveau eine solche Messung führt (siehe z. B. Sarle 1995; Scheuch und Zehnpfennig 1974, S. 114; Mayntz et al. 1969, S.58). Üblicherweise wird diskutiert, ob eine Messung auf ordinalem oder auf Intervallniveau erfolgt, wobei die Annahme von Intervallskalenniveau meist als unproblematisch angesehen wird. Das Vorliegen von Ratioskalenniveau wird in der Regel nicht diskutiert, da für die meisten Anwendungen Intervallskalen ausreichend sind.

Es ist an dieser Stelle sinnvoll, nochmals kurz zusammenzufassen, worin sich die unterschiedlichen Skalenniveaus unterscheiden (für Einzelheiten siehe z. B. Friedrichs 1980; Schnell et al. 2005): Ordinalskalen erlauben es, die Antwortkategorien in einer festen Rangfolge zu sortieren – „sehr schlecht" ist besser als „eher schlecht", dieses ist besser als „teils/teils" usw.. Bei Vorliegen von Intervallskalenniveau müssen zusätzlich die Abstände zwischen den Kategorien identisch sein, also „sehr schlecht" genauso weit entfernt von „eher schlecht" wie „eher schlecht" von „teils/teils". Der Unterschied zwischen Intervallskalenniveau und Ratioskalenniveau ist lediglich, dass außerdem ein fester, inhaltlich bedeutsamer Nullpunkt gegeben sein muss.

Es ist – wie oben ausgeführt – unbestritten, dass Ratingskalen mindestens zu Ordinalskalenniveau führen. Um gleiche Abstände zu den Kategorien zu gewährleisten, wurden die Abstände zwischen den Antwortkategorien im Fragebogen konstant gehalten. Hierdurch sollte den Befragten signalisiert werden, dass zwischen den Kategorien gleiche Abstände bestehen. Bei der Formulierung der Kategorien-Benennungen wurde, soweit möglich, auf Skalierungsuntersuchungen von Rohrmann (1978) zurückgegriffen und diejenigen Formulierungen gewählt, die möglichst gleiche Abstände aufweisen. Insofern kann auch die Annahme einer Messung der Nutzen und Wahrscheinlichkeiten auf mindestens Intervallskalenniveau für gerechtfertigt angesehen werden.

Um Ratioskalenniveau annehmen zu können, muss zusätzlich ein natürlicher Nullpunkt vorliegen: Dies ist im Falle der Wahrscheinlichkeiten gegeben (vgl. z. B. Diekmann 2002, S. 255). Axiomatisch liegen Wahrscheinlichkeiten zwischen Null und Eins, wobei „keinesfalls" mit einer Wahrscheinlichkeit von Null gleichzusetzen ist. Auch im Falle des Nutzens ist die Annahme eines festen Nullpunktes nach der Auffassung des Autors gerechtfertigt: Als Antwortskala waren u.a. „sehr schlecht", „schlecht", „gut" und „sehr gut" vorgegeben. „Schlecht" ist negativ und kann als Kosten interpretiert werden. „Gut" dagegen dagegen ist positiv und entsprechend Nutzen. Und zwischen negativ und positiv, zwischen Kosten und Nutzen, liegt notwendigerweise

5.4 Subjektiv erwarteter Nutzen

ein Nullpunkt. Entsprechend *musste* der Kategorie „teils/teils" eine Null zugewiesen werden, die „schlechten" Kategorien *mussten* negative und die „guten" Kategorien positive Werte erhalten. Eine sog. unipolare Skalierung der Nutzenvariablen, wie sie in der Literatur teilweise diskutiert wird (vgl. Ajzen 1991, S. 192f oder Pratkanis 1989, die allerdings beide für eine bipolare Skalierung votieren), ist in diesem Sinne unangemessen (gleiches gilt für eine bipolare Skalierung der Wahrscheinlichkeiten). *Da man für beide Skalen gleiche Abstände annehmen und einen festen Nullpunkt angeben kann, ist es nach Ansicht des Autors gerechtfertigt, von einer Messung auf Ratioskalenniveau auszugehen.*

Damit ist es möglich, den Nettonutzen (NN) der einzelnen Konsequenzen für beide Alternativen als Produkt von Nutzen und Eintrittswahrscheinlichkeit der Konsequenz zu berechnen. Der Nettonutzen einer Konsequenz kann zwischen -2 und +2 variieren. Die Unterschiedlichkeit der beiden Alternativen wird im Folgenden als Nettonutzendifferenz (ND) bezeichnet. Sie kann als $ND = NN_{öko} - NN_{weiter\ so}$ berechnet werden. Auch die Nutzendifferenz einer einzelnen Konsequenz kann zwischen -2 und +2 variieren, wobei ein positives Vorzeichen auf einen Vorteil der ökologischen Wirtschaftsweise, ein negatives Vorzeichen auf einen Vorteil der konventionellen Landwirtschaft hindeutet. Tabelle 5.5 stellt Nettonutzen und Nutzendifferenz der einzelnen Konsequenzen vergleichend zusammen.

Da bereits bezüglich der in die Produkte eingehenden Nutzen und Wahrscheinlichkeiten festgestellt wurde, dass die Messung als valide angesehen werden kann, überrascht es nicht, dass sich auch die Nettonutzen und Nutzendifferenzen als sinnvoll interpretierbar erweisen. Bis auf wenige Ausnahmen weisen die Nutzendifferenzen in der Ökostichprobe ein positives Vorzeichen bzw. in der Vergleichsstichprobe ein negatives Vorzeichen auf oder zeigen im Größenvergleich zwischen den beiden Stichproben in die erwartete Richtung. Dies ist lediglich bei einzelnen Konsequenzen nicht (Preise) oder nur in geringen Maße (Subventionsabhängigkeit, Image und Umbauten) gegeben. Als Erklärung hierfür könnte dienen, dass Landwirte beispielsweise die Preise unabhängig von der Produktionsweise als zu niedrig und ihre Subventionsabhängigkeit als zu hoch ansehen.

Wie man sehen kann, weisen biserielle Korrelationen zwischen den Nutzendifferenzen und der Gruppenzugehörigkeit bei nahezu allen Konsequenzen das erwartete positive Vorzeichen auf. Im Fall der Konsequenzen Preise, Subventionsabhängigkeit, Image und Umbauten (ND_b, ND_d, ND_f, ND_i und ND_m) ist die Korrelation so gering, dass davon ausgegangen werden kann, dass diese Konsequenzen keinen Einfluss auf die Entscheidung haben.

Tabelle 5.5: Nettonutzen und Nutzendifferenz der einzelnen Handlungskonsequenzen

	Konsequenz	Ökostichprobe			Vergleichsstichprobe			$r_{bis}{}^d$
		$NN_k{}^a$	$NN_o{}^b$	ND^c	$NN_k{}^a$	$NN_o{}^b$	ND^c	
a	Einfache und effektive Bekämpfung von Unkraut und Schädlingen	0,12	0,08	−0,03	0,94	0,38	−0,56	.47
b	Gute Preise für die Produkte	0,09	0,18	0,08	0,51	0,64	0,13	−.03
c	Hoher Ertrag an landwirtschaftlichen Produkten	−0,02	0,01	0,03	0,68	0,22	−0,45	.51
d	„Papierkram" erledigen müssen	−0,36	−0,39	−0,04	−0,49	−0,55	−0,05	.04
e	Gesicherter Absatz der Produkte	0,16	0,21	0,05	0,62	0,47	−0,15	.35
f	Abhängigkeit von Subventionen	−0,37	−0,35	0,02	−0,92	−0,97	−0,05	.08
g	Sicherheit vor Lebensmittelskandalen	0,12	0,27	0,15	0,46	0,50	0,05	.12
h	Umweltfreundliche Produktionsweise	0,35	0,78	0,43	0,74	0,82	0,08	.27
i	Gutes Image als Landwirt in der Bevölkerung	0,25	0,46	0,20	0,69	0,84	0,16	.05
j	Ausreichend Freizeit	−0,04	−0,02	0,02	0,31	0,16	−0,15	.29
k	Hohe Prämien/ Zuschüsse	0,12	0,23	0,11	−0,20	−0,32	−0,12	.26
l	Keine chemischen Spritzmittel verwenden	0,31	0,79	0,48	0,06	−0,05	−0,11	.41
m	Umbauten an den Stallungen vornehmen müssen	0,04	0,02	−0,02	0,02	−0,05	−0,06	.05
n	Langfristige Sicherung des Fortbestehens des Betriebes	0,15	0,24	0,09	0,64	0,49	−0,15	.33

N (Öko)=494; N (Vergl.)=163

[a] Nettonutzen der Konsequenz, wenn der Hof weiterbewirtschaftet wird wie bisher
[b] Nettonutzen der Konsequenz, wenn der Hof auf Ökolandbau umgestellt wird
[c] Nutzendifferenz der Konsequenz zwischen beiden Alternativen ($NN_o - NN_k$)
[d] Biserielle Korrelation zwischen ND und Gruppenzugehörigkeit (ungewichtet)

5.4 Subjektiv erwarteter Nutzen

Diese Konsequenzen werden für die Konstruktion der Gesamt-Nettonutzen nicht verwendet und im Folgenden daher nicht weiter betrachtet.

An dieser Stelle soll noch auf ein Problem hingewiesen werden, das sich aus der Messung auf 5-stufigen Ratingskalen und der Bildung von Produkttermen ergibt. Die Nettonutzen der einzelnen Konsequenzen wie auch die einzelnen Nutzendifferenzen weisen eine große Zahl von Nullen auf (zwischen 36 % bei ND_h und 71 % bei ND_j, vgl. Tabelle A.4 auf Seite 164 im Anhang). Dies ist zwar ausgesprochen unangenehm, kann jedoch bei dieser Art der Messung nicht vermieden werden: Bei zufälliger Beantwortung der Items (d. h. der Befragte tippt blind) erhält man mit einer Wahrscheinlichkeit von 20 % einen Nutzen von Null und mit einer ebenso hohen Wahrscheinlichkeit gleiche Wahrscheinlichkeiten für beide Alternativen, also eine Differenz von Null. Da eine Null bei Multiplikationen dominant ist, erhält man bei zufälligem Ausfüllen der Itembatterien in 40 % der Fälle eine Nutzendifferenz von Null. Die hohe Anzahl der Nullen ist damit rein artifiziell (und kann a posteriori nicht mehr durch Recodierungen oder ähnliches verändert werden). Es wäre sinnvoll, in zukünftigen empirischen Anwendungen der Rational Choice Theorie zumindest 7-stufige Ratingskalen zu verwenden – in diesem Fall wären nur 28,5 % Nullen im Produkt zu erwarten. Eine noch günstigere Alternative, die jedoch sehr aufwendig und nur im persönlichen Interview zu verwirklichen ist, wäre die Verwendung einer Magnitude-Skalierung (siehe Lodge 1981).

Dimensionale Struktur und Summenbildung

Friedrichs et al. (1993) regen an, die Nettonutzen der Konsequenzen auf ihre dimensionale Struktur hin zu prüfen. Falls sich eine klare dimensionale Struktur empirisch nachweisen lässt (die Rational Choice Theorie macht hierzu keine Aussage), bestünde die Gefahr, dass man bei einer reinen Summenbildung einzelne Dimensionen über- oder unterrepräsentiert.

Die dimensionale Struktur wurde durch Korrelationen (siehe Tabelle A.5 auf Seite 165 im Anhang) und eine Hauptkomponentenanalyse empirisch geprüft. Tabelle 5.6 stellt die Ergebnisse zusammen.

Wie man der Tabelle entnehmen kann, ist keine klare dimensionale Struktur der Konsequenzen zu erkennen. In der Ökostichprobe werden zwei Faktoren extrahiert, die sich – wenn auch mit etwas Mühe – benennen ließen: Der erste Faktor könnte mehr oder weniger für umweltbezogene Folgen, der zweite für ökonomische und betriebliche Folgen stehen. In der Vergleichsstichprobe ergibt sich eine dreidimensionale Lösung: Auch hier könnte der erste Faktor (F1) für ökonomische Konsequenzen stehen und ein

Tabelle 5.6: Hauptkomponentenanalyse der neun Nutzendifferenzen (Varimax-Rotiert)

	Konsequenz	Ökostichprobe			Vergleichsstichprobe			
		F 1	F 2	h^2	F 1	F 2	F 3	h^2
ND_a	Einfache und effektive Bekämpfung von Unkraut und Schädlingen	0,76	0,59		0,72			0,52
ND_c	Hoher Ertrag an landwirtschaftlichen Produkten	0,73	0,54		0,53	0,41		0,45
ND_e	Gesicherter Absatz der Produkte		0,38	0,19		0,76		0,58
ND_g	Sicherheit vor Lebensmittelskandalen	0,67		0,49			0,78	0,66
ND_h	Umweltfreundliche Produktionsweise	0,82		0,70			0,71	0,56
ND_j	Ausreichend Freizeit	0,32		0,13		0,80		0,66
ND_k	Hohe Prämien/Zuschüsse		0,57	0,33	0,58		−0,32	0,44
ND_l	Keine chemischen Spritzmittel verwenden	0,70		0,49	0,66			0,44
ND_n	Langfristige Sicherung des Fortbestehens des Betriebes	0,64		0,42	0,48	0,38	0,45	0,58
Eigenwert		2,72	1,15		2,21	1,45	1,24	

N (Öko)=427; N (Vergl.)=148

weiterer (F3) teilweise für Umwelt. Der verbleibende zweite Faktor wäre am ehesten einer der betrieblichen Folgen. Insgesamt ist die Faktorenstruktur jedoch uneinheitlich und nicht befriedigend. Selbst Faktoren, die hier gleich benannt wurden, entsprechen einander nicht. Würde man sie trotz dieser Schwierigkeiten als bedeutungsvolle Dimensionen interpretieren, wäre dennoch nicht zu befürchten, dass eine einzelne Dimension überrepräsentiert ist: Auf allen Faktoren laden vier (in einem Fall fünf) Konsequenzen höher als 0,3, so dass alle Dimensionen in der Summenskala etwa gleich stark repräsentiert wären. Insgesamt erscheint es aber gerechtfertigt, die Konsequenzen als unabhängig voneinander zu interpretieren.

Der Nettonutzen der beiden Alternativen „Ökolandbau" und „weiter wie bisher" wird daher als (ungewichtete) Summe von Nutzen und Wahrscheinlichkeiten der neun Konsequenzen Unkrautbekämpfung, Ertrag, Absatz, Sicherheit vor Skandalen, umweltfreundliche Produktion, Freizeit, Prämien, keine Chemie und langfristige Absicherung gebildet. Für Befragte, die An-

5.4 Subjektiv erwarteter Nutzen

gaben zu weniger als sechs der neun Konsequenzen gemacht haben, werden keine Nettonutzen berechnet.[26]

Die zentrale RC-Variable dieser Untersuchung ist die Nutzendifferenz ND. Sie wird als $ND = NN_{öko} - NN_{weiter\ so}$ berechnet und kann theoretisch Werte zwischen -18 und +18 annehmen.[27] Empirisch liegt die Nutzendifferenz zwischen -8,5 und +9,5. Eine positive Nutzendifferenz verweist auf Vorteile des Ökolandbaus.

---

[26] Bei Befragten mit einzelnen fehlenden Angaben wurde der Nettonutzen durch die Zahl der gültigen Angaben dividiert und mit neun multipliziert. Dadurch hat der Nettonutzen bei allen Befragten die gleiche Spannbreite.

[27] Diese Extremwerte würden nur erreicht, wenn ein Befragter alle Nutzenitems mit „sehr gut" oder alle mit „sehr schlecht" bewerten würde *und* die Wahrscheinlichkeiten für die Alternative „Ökolandbau" alle mit 1, die Wahrscheinlichkeiten für „weiter so" dagegen alle mit 0 bewerten würde (oder umgekehrt).

6 Überprüfung der Hypothesen

Nachdem in den vorausgehenden Kapiteln die Anlage der empirischen Untersuchung und die Operationalisierung zentraler Konstrukte erläutert wurden, können nunmehr die in Kapitel 3 aufgestellten Hypothesen überprüft werden. Die Gliederung folgt dem dreistufigen Modell des Entscheidungsprozesses. Zunächst wird untersucht, welche Faktoren dazu führen, dass ein Betriebsleiter mit seiner Handlungsroutine bricht und grundlegend andere Entwicklungsmöglichkeiten in Erwägung zieht (Abschnitt 6.1). In Abschnitt 6.2 werden empirische Analysen zur Wahrnehmung von Ökolandbau als Handlungsalternative präsentiert. Die eigentliche Entscheidung für oder gegen eine Umstellung auf ökologische Landwirtschaft ist Gegenstand von Abschnitt 6.3. In einem letzten Analyseschritt werden weiterführende Untersuchungen zum Einfluss des Umweltbewusstseins auf die Umstellung durchgeführt (Abschnitt 6.4).

6.1 Bruch mit der Handlungsroutine

In Abschnitt 3.2.2 wurde argumentiert, dass der erste Schritt zu einer möglichen Entscheidung über die Umstellung auf ökologische Landwirtschaft in einem Bruch mit der bisherigen Handlungsroutine liegen muss. Unter „Bruch mit der Handlungsroutine" wird an dieser Stelle verstanden, dass ein Betriebsleiter beginnt, sich aktiv mit seiner Situation auseinander zu setzen und zu überlegen, ob er seinen Betrieb grundlegend verändern möchte. Diese Auseinandersetzung mit Alternativen ist an gewisse Voraussetzungen gebunden. Theoretische Überlegungen von Riker und Ordeshook (1973) und insbesondere Esser (1996, 2002) legen nahe, dass sich ein Akteur nur dann mit Alternativen beschäftigt, wenn ihm bewusst wird, dass das gedankliche Modell seiner Situation (die „Rahmung") den objektiven Gegebenheiten nicht mehr angemessen ist. Vereinfacht gesprochen: Wenn es keinen drängenden Grund gibt, über grundlegende Alternativen nachzudenken, wird auch nicht darüber nachgedacht.

In diesem Sinne wird beispielsweise der Besitzer eines konventionellen Futterbaubetriebes sicherlich regelmäßig darüber nachdenken, wie er seinen Betrieb *innerhalb* des bestehenden Betriebskonzeptes (seines „Frames") erweitern und ausbauen kann – etwa durch den Zukauf von Tieren, Pacht von Land oder dem Erwerb einer neuen Melkanlage. Ausgeblendet werden hingegen grundlegende Änderungen, wie beispielsweise eine Umstellung von Milchkühen auf Schweinemast oder die Umstellung des Betriebes auf ökologische Landwirtschaft. Sie sollten, so die Überlegungen Essers, nur erwogen werden, wenn die Angemessenheit des bisherigen Konzeptes erschüttert wird. Dies kann durch externe Faktoren (z. B. strukturelle Probleme der Landwirtschaft oder die BSE-Krise) oder durch interne Faktoren (wie ökonomische Probleme des Betriebes) geschehen.

Da die vorliegenden Daten aus einer Querschnittserhebung stammen, sich also nur auf einen einzigen Zeitpunkt beziehen, kann diese Untersuchung nur einen begrenzten Ausschnitt der möglichen Bestimmungsgründe erfassen, die zu einem Bruch mit der Handlungsroutine führen können. Insbesondere kann dem *prozessualen* Charakter der Auseinandersetzung mit der subjektiven Situation des Betriebes nur unzureichend Rechnung getragen werden. Die Daten ermöglichen es lediglich, Landwirte, die grundsätzliche Alternativen in Erwägung ziehen, mit solchen zu vergleichen, die dies nicht tun. Dies erlaubt wiederum einen Rückschluss auf mögliche Einflussfaktoren. In Abschnitt 3.2.2 wurde dargelegt, dass insbesondere die Frage, in welchem Maße die (ökonomische) Lage des eigenen Betriebes und die Lage der Landwirtschaft von Seiten des Betriebsleiters und seines sozialen Netzwerkes als Problem wahrgenommen wird, von Relevanz für einen Bruch mit der Routine sein sollte.

Im folgenden Abschnitt wird zunächst eine Reihe von sozio-ökonomischen Kontrollvariablen vorgestellt. Im zweiten Abschnitt wird untersucht, inwieweit Landwirte, die nach Alternativen suchen, die Situation der Landwirtschaft im Allgemeinen und die Lage ihres Betriebes im Speziellen als besonders problematisch ansehen. Diese Fragestellung wird im dritten Abschnitt auf das soziale Umfeld der Betriebsleiter ausgeweitet, also auf Familie und Bekanntenkreis. Daraufhin wird der Zusammenhang zwischen Investitionstätigkeit und der Beschäftigung mit Alternativen analysiert. Im letzten Abschnitt werden die Ergebnisse multivariat überprüft und diskutiert.

Aufgrund der komplexen Anlage der Stichprobe (vgl. Kapitel 4) müssen die Analysen dieses Abschnittes auf die konventionelle Teilstichprobe beschränkt werden (N=826). Insgesamt haben 58,2 % der Befragten der Teilstichprobe, also 481 Landwirte, überlegt, ob sie grundlegende Änderungen in ihrem Betrieb vornehmen sollen.[28]

---

[28] Dies bedeutet im Umkehrschluss, dass etwa 42 % keinen ernsthaften Gedanken daran verwenden, wesentliche Aspekte ihres Betriebes zu ändern. Es spricht eindeutig für die Notwendigkeit, in Analysen von Entscheidungen zu beachten, dass Entscheidungen

6.1.1 Sozio-ökonomische Randbedingungen

Bevor in den folgenden Abschnitten theoriegeleitete Variablen auf ihren Einfluss überprüft werden, wird zunächst betrachtet, in welchem Ausmaß die Suche nach grundlegenden Handlungsalternativen mit sozio-ökonomischen Faktoren variiert.

Es zeigt sich, dass die Frage, ob ein Landwirt betriebliche Veränderungen in Erwägung zieht, in hohen Maße von betrieblichen und demografischen Faktoren abhängig ist (siehe Tabelle 6.1).[29] Zunächst sind gewisse Unterschiede zwischen den Bundesländern zu beobachten: Landwirte aus Niedersachsen handeln vergleichsweise wenig routinisiert, Landwirte aus Hessen und NRW dagegen relativ häufig.

Hinsichtlich der betrieblichen Faktoren sind insbesondere die Erwerbsart und die Größe des Betriebes von Bedeutung. Vor allem Haupterwerbslandwirte sind in der Gruppe der Landwirte überrepräsentiert, die mit ihrer Handlungsroutine gebrochen hat; Nebenerwerbsbetriebe und Betriebe mit einer Nutzfläche unter 30 ha sind dagegen deutlich unterrepräsentiert. Lediglich geringfügige Unterschiede sind bezüglich der Betriebsform zu beobachten, wenn auch Leiter von Veredlungs- und Gemischtbetrieben tendenziell häufiger Alternativen für ihren Betrieb suchen.

Die recht deutlichen Unterschiede in Erwerbsart und Größe des Betriebes (Inhaber von Haupterwerbsbetrieben und größeren Betrieben suchen häufiger nach Alternativen als andere) erscheinen zwar ad hoc nachvollziehbar, werden allerdings nicht von der „Frame-Selektions"-Theorie Essers (2002) prognostiziert. Sie stünden lediglich dann im Einklang mit der Theorie, wenn Haupterwerbslandwirte deutlich stärker depriviert wären als Nebenerwerbslandwirte – inwiefern dies der Fall ist, wird in Abschnitt 6.1.5 im Rahmen der multivariaten Kontrolle diskutiert. Anhand der Überlegungen von Riker und Ordeshook (1973) kann der starke Effekt der Randbedingungen dagegen im Rahmen der Rational Choice Theorie interpretiert werden. Die Autoren argumentieren, dass eine Informationssuche dann abgebrochen

---

Ergebnisse eines komplexeren Prozesses sind: Vor der eigentlichen Entscheidung müssen zunächst die grundlegenden Stufen des Prozesses durchlaufen werden.

[29] Die Berechnung von Spaltenprozenten mag an dieser Stelle ungewöhnlich erscheinen. Diese Art der Prozentuierung wurde jedoch gewählt, um eine einheitliche Darstellung im gesamten Kapitel 6 zu ermöglichen. Spätestens in Abschnitt 6.3 wäre die Verwendung von Zeilenprozenten nicht mehr angemessen, da dort zwei Stichproben miteinander verglichen werden, die hinsichtlich ihrer relativen Größe stark verzerrt sind. Eine zeilenweise Prozentuierung hätte dort zu irritierenden (und offensichtlich falschen) Implikationen wie „70 % der Landwirte in Hessen haben ihren Betrieb auf ökologische Landwirtschaft umgestellt" geführt.

Tabelle 6.1: Sozio-ökonomische Randbedingungen nach Handlungsroutine (Spaltenprozente)

	Alternative erwogen		Gesamt	χ^2
	Nein	Ja		
Bundesland				16,5***
Hessen	22,5	16,2	18,5	
Niedersachsen	31,7	46,8	41,4	
NRW	45,8	37,0	40,2	
Erwerbsart				82,4***
Haupterwerb	36,6	70,9	58,6	
Nebenerwerb	63,4	29,1	41,4	
Betriebsform				10,9*
Marktfrucht	19,5	18,7	18,9	
Futterbau	29,6	24,9	26,6	
Veredlung	22,2	28,9	26,6	
Gemischtbetrieb	22,2	24,7	23,8	
Sonstige	6,6	2,7	4,1	
Nutzfläche				101,9***
bis 29 ha	62,8	25,4	38,8	
30 bis 99 ha	31,4	55,6	46,9	
100 ha und mehr	5,7	19,0	14,3	
Alter				16,8***
bis 39 Jahre	19,3	27,5	24,6	
40 bis 59 Jahre	63,9	64,8	64,5	
60 Jahre und älter	16,9	7,7	10,9	
Schulbildung				42,6***
max. Hauptschule	62,0	36,9	45,9	
Realschule	25,1	36,9	32,7	
(Fach)Abitur	12,9	26,2	21,4	
N_{min}	249	455	704	

†: $p \leq 0.1$; *: $p \leq 0.05$; **: $p \leq 0.01$; ***: $p \leq 0.001$ (zweiseitig)

wird, wenn die Suchkosten den relativen Nutzenzuwachs übersteigt, der bei weiterer Suche zu erwarten wäre. Da Nebenerwerbslandwirte zusätzlich zu ihrem Hof ein zweites ökonomisches Standbein haben, steht ihnen zu jeder Zeit eine – im Vergleich zu Haupterwerbslandwirten – relativ kostengünstige exit-option zur Verfügung. Eine aufwendige Suche nach Entwicklungsmöglichkeiten steht daher nicht zu erwarten. Weiterhin kann angenommen werden, dass Haupterwerbslandwirte (wie auch die Besitzer größerer Höfe) einen höheren absoluten Gewinn mit ihrem Betrieb erwirtschaften als Nebenerwerbslandwirte; eine relative Gewinnsteigerung um einen konstanten Faktor ist demnach für einen Haupterwerbslandwirt erstrebenswerter. Entsprechend kann erklärt werden, warum dieser höhere Informationskosten in Kauf nimmt.

Ein ähnliches Problem werfen die Ergebnisse der demografischen Kontrollvariablen auf (Tabelle 6.1): Die Gruppe derjenigen, die nach Alternativen suchen ist überdurchschnittlich jung, insbesondere jedoch höher gebildet als die Kontrollgruppe. Zwar ist hier mit einer gegenseitigen Konfundierung zu rechnen (Ältere haben tendenziell ein niedrigeres Bildungsniveau), beide Effekte lassen sich aber im Rahmen der Theorie von Riker und Ordeshook interpretieren. Bei höherer Bildung könnte man annehmen, dass die Kosten einer Informationssuche geringer sind, im höheren Alter dagegen der Nutzen einer Weiterentwicklung des Betriebes geringer. Eine Interpretation im Rahmen der Theorie Essers ist dagegen aufwendiger und weniger plausibel. Hier müsste angenommen werden, dass die Alters- und Bildungsgruppen sich systematisch in ihrer Deprivation und dem „match" des Frames unterscheiden. Auch auf diesen Punkt wird im Rahmen der multivariaten Analyse nochmals eingegangen.

6.1.2 Deprivation

Die Situation der Landwirtschaft in Deutschland wird von der großen Mehrheit der Betriebsleiter als problematisch angesehen. Das mit Abstand am häufigsten genannte Problem der deutschen Landwirtschaft sind die als zu niedrig empfundenen Erzeugerpreise (91 % der Nennungen). Mit 75 % erweist sich die Agrarpolitik der Bundesregierung als das zweitgrößte Problem der Betriebsleiter, gefolgt von zu hoher Subventionsabhängigkeit, die 59 % als eines der größten Probleme bezeichneten. Erst mit großem Abstand folgen der Einfluss des Weltmarktes, zu hohe Pacht, Tierseuchen wie BSE oder MKS, Umwelt und verunreinigte Futtermittel (siehe Abbildung 6.1).

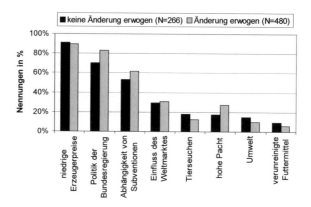

Abbildung 6.1: Die größten Probleme der Landwirtschaft nach Handlungsroutine

Betrachtet man die drei am häufigsten genannten Probleme (Preise, Politik und Subventionsabhängigkeit), erhält man den Eindruck einer gewissen Ausweglosigkeit: Die Landwirte leiden unter zu niedrigen Erzeugerpreisen und geraten dadurch in eine Abhängigkeit von Subventionen. Die Subventionen wiederum werden von der Politik festgelegt, die jedoch als höchst problematisch angesehen wird. In diesem Sinne produziert die Lösung jedes Problems wieder ein neues, eigenständiges Problem. Vor diesem Hintergrund kann es nicht überraschen, dass die Landwirte eine mehr als pessimistische Einschätzung ihrer Situation äußern: 86 % sind „beunruhigt", 46 % haben „regelrecht Angst vor der Zukunft für ihren Hof" und 41 % fühlen sich „durch die Entwicklung in der Landwirtschaft persönlich bedroht". Nur für eine Minderheit von 13 % „spielen die Probleme der Landwirtschaft keine wichtige Rolle in ihrem Leben".

Wenn die Unzufriedenheit mit der Situation der Landwirtschaft (Deprivation) einen Einfluss auf den Bruch mit der Handlungsroutine hat, sollten sich Unterschiede im Ausmaß der Deprivation zwischen den Landwirten, die andere Handlungsalternativen erwogen haben und solchen, die dies nicht getan haben, zeigen. Um dies zu überprüfen, wird auf zwei Indikatoren Bezug genommen: die in Abschnitt 5.2 beschriebene Deprivationsskala und die Anzahl der Probleme, die von den Befragten als besonders gravierend bezeichnet wurden.

6.1 Bruch mit der Handlungsroutine

Tabelle 6.2: Unzufriedenheit nach Handlungsroutine

	Alternative erwogen		Gesamt	r_{bis}
	Nein	Ja		
Deprivation	2,24	2,63	2,50	.21***
Zahl der Probleme	3,08	3,39	3,28	.15**
N_{min}	261	474	735	

†: $p \leq 0.1$; *: $p \leq 0.05$; **: $p \leq 0.01$; ***: $p \leq 0.001$ (zweiseitig)

Abbildung 6.1 lässt sich entnehmen, dass Landwirte, die mit ihrer Routine gebrochen haben, insbesondere die Politik der Bundesregierung, die Subventionsabhängigkeit und die zu hohe Pacht stärker als andere Landwirte als problematisch wahrnehmen. Zudem nehmen sie insgesamt eine größere Zahl von Problemen wahr (3,4 zu 3,1).

Hinsichtlich ihrer Deprivation weisen Landwirte, die nach Handlungsalternativen suchen, höhere Skalenwerte auf (2,6 im Vergleich zu 2,2; siehe Tabelle 6.2), fühlen sich von der Lage der Landwirtschaft also stärker persönlich betroffen.

In einem ersten Schritt kann dieses Ergebnis als eine Bestätigung der Hypothesen Essers gedeutet werden: Beide Indikatoren, Deprivation und Zahl der Probleme, weisen bivariat einen positiven Zusammenhang mit der Suche nach Handlungsalternativen auf – entsprechend denken Landwirte, die mit ihrer Situation unzufrieden sind, tatsächlich vergleichsweise häufig über Änderungen nach. Mit biseriellen Korellationen um 0.2 ist der Zusammenhang allerdings nur ausgesprochen schwach ausgeprägt. Es kann bereits an dieser Stelle vermutet werden, dass sozio-ökonomische und vor allem betriebliche Randbedingungen einen stärkeren Einfluss auf die Wahrscheinlichkeit haben, mit der Routine zu brechen, als persönliche Unzufriedenheit.

6.1.3 Netzwerk

Die individuell negative Lagebeurteilung durch die Betriebsleiter ist in eine gleichermaßen negative Beurteilung der Lage der Landwirtschaft durch das soziale Umfeld der Landwirte eingebettet (siehe Abbildung 6.2 für die Kollegen, Abbildung 6.3 für die Familie). Auf die Frage, wie in Gesprächen mit Kollegen bzw. mit der Familie die Situation der Landwirtschaft empfunden wird, ergibt sich ein negatives Bild: Lediglich 4 % der Kollegen und 11 % der Familienmitglieder sind zuversichtlich, 86 % der Kollegen bzw. 75 % der

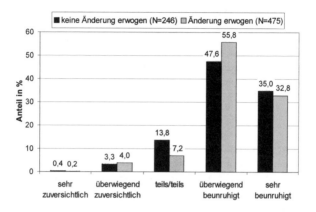

Abbildung 6.2: Unzufriedenheit der Kollegen nach Handlungsroutine

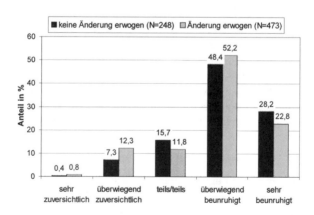

Abbildung 6.3: Unzufriedenheit der Familie nach Handlungsroutine

Tabelle 6.3: Unzufriedenheit im Netzwerk (Median) nach Handlungsroutine

	Alternative erwogen		Gesamt	τ_b
	Nein	Ja		
Unzufriedenheit Kollegen	1,22	1,24	1,23	.02
Unzufriedenheit Familie	1,07	0,97	1,01	−.05
N_{min}	246	473	721	

†: $p \leq 0.1$; *: $p \leq 0.05$; **: $p \leq 0.01$; ***: $p \leq 0.001$ (zweiseitig)

Familienmitglieder dagegen sind beunruhigt. Es fällt auf, dass die Lage der Landwirtschaft in Gesprächen innerhalb der Familie tendenziell besser, wenn auch immer noch schlecht, beurteilt wird als in Gesprächen mit anderen Landwirten.[30]

Die Unterschiede zwischen beiden Gruppen von Betriebsleitern in Hinsicht auf auf die Lagebeurteilung durch das soziale Netzwerk sind eher gering. In der Familie wie auch im Kollegenkreis von Betriebsleitern, die sich über verschiedene Handlungsalternativen Gedanken machen, ist der Anteil von „überwiegend beunruhigten" Netzwerkpersonen leicht erhöht, der Anteil der „sehr beunruhigten" leicht verringert.

Angesichts dieser nur leicht unterschiedlichen Verteilung überrascht es nicht, dass beide Gruppen sehr hohe, aber nahezu identische Mediane der Unzufriedenheit im Netzwerk aufweisen.[31] Entsprechend kann auch kein Zusammenhang zwischen der Lagebeurteilung im Netzwerk und dem Bruch mit der Handlungsroutine festgestellt werden (siehe Tabelle 6.3). Die Tau-b Koeffizienten liegen nahe bei Null und sind statistisch nicht signifikant.

6.1.4 Investitionstätigkeit

Als weiterer Einflussfaktor auf den Bruch mit der Handlungsroutine wurden Investitionen in den Betrieb genannt. Es wurde argumentiert, dass Investitionen in den Status Quo zum einen zu einer besseren Anpassung des Betriebes an die Situation führen und damit grundsätzliche Änderungen we-

---

[30] Über die Gründe für diesen Unterschied kann nur spekuliert werden. Es ist jedoch naheliegend zu vermuten, dass die Gespräche mit Kollegen häufig am Stammtisch stattfinden und der leicht negativere Eindruck somit der Situation geschuldet ist.

[31] Den Antwortkategorien wurden Werte von -2=„sehr zuversichtlich" bis +2=„sehr beunruhigt" zugewiesen.

niger notwendig machen. Zum anderen schaffen Investitionen Sachzwänge, die dazu führen können, dass die Neigung zur Suche nach neuen Handlungsmöglichkeiten sinkt. Da sich in der Befragung gezeigt hat, dass die Betriebsleiter unter „größeren Investitionen in den Betrieb" mitunter sehr unterschiedliche Dinge verstehen,[32] können an dieser Stelle ausschließlich Angaben zu zwei geschlossenen Fragen analysiert werden. Die Angaben beziehen sich auf die Entwicklung des Viehbestandes und der Nutzfläche, decken also nur ein kleines Spektrum betrieblicher Investitionen ab.

Die Abbildungen 6.4 und 6.5 zeigen, wie sich die befragten Betriebe in den vergangenen Jahren entwickelt haben. Sowohl in Bezug auf den Viehbestand als auch auf die Nutzfläche ist die Entwicklung moderat positiv zu bewerten: 20 % der Betriebe haben ihre Nutzfläche in den vergangenen Jahren verkleinert, während 28 % sie vergrößert haben. Bei 52 % der Betriebe blieb die Flächenausstattung konstant. Die Entwicklung des Viehbestandes in der Gesamtstichprobe ist recht ausgeglichen – 30 % der Betriebe haben ihren Viehbestand erweitert, 30 % ihn verringert.

Die Verteilung der Investitionstätigkeit unterscheidet sich deutlich zwischen den Gruppen: Den Abbildungen 6.4 und 6.5 kann entnommen werden, dass Betriebsleiter, die mit ihrer Handlungsroutine gebrochen haben, vergleichsweise häufig in ihren Betrieb investiert haben. 38 % haben ihre Nutzfläche vergrößert, 41 % ihren Viehbestand. Eine regressive Entwicklung des Betriebes kam eher selten vor: Nur 13 % dieser Landwirte haben ihre Nutzfläche, 23 % ihren Viehbestand verkleinert. Die Entwicklung der Betriebe von Landwirten, die keine neuen Alternativen in Erwägung ziehen war dagegen deutlich negativer: 27 % haben ihre Nutzfläche, 35 % ihren Viehbestand verkleinert. Lediglich 17 % haben ihren Betrieb vergrößert.

Entsprechend besteht zwischen Investitionen in den Betrieb und dem Bruch mit der Handlungsroutine eine positive bivariate Beziehung: Tau-b nimmt Werte von .23 (Nutzfläche) und .21 (Vieh) an, beide Zusammenhangsmaße sind signifikant auf dem 0,1 %-Niveau. Es kann aufgrund dieser Ergebnisse vermutet werden, dass die Wahrscheinlichkeit einer Suche nach neuen Alternativen steigt, wenn ein Landwirt in der Vergangenheit seinen Betrieb erweitert hat. Zwar ist dieses Ergebnis inhaltlich leicht nachvollziehbar (ökonomisch aktivere Landwirte investieren häufiger in ihren Betrieb und suchen auch häufiger nach Entwicklungsalternativen). Es steht jedoch

---

[32] So wurden beispielsweise Neubau und Renovierung des Wohnhauses als Investition angegeben. Natürlich ist auch dies mit erheblichen Kosten verbunden, die Renovierung des eigenen Wohnhauses kann jedoch nicht als betriebliche Investition angesehen werden.

6.1 Bruch mit der Handlungsroutine   79

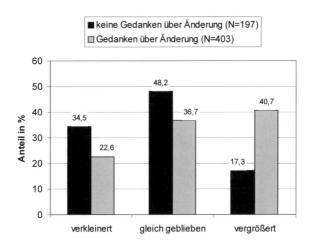

Abbildung 6.4: Entwicklung des Viehbestandes nach Handlungsroutine

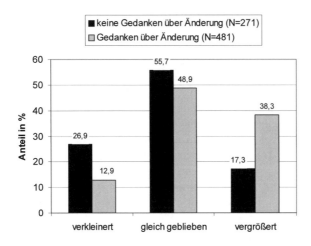

Abbildung 6.5: Entwicklung der Nutzfläche nach Handlungsroutine

in deutlichem Widerspruch zu den aus Essers Framing-Modell generierten Hypothesen, in denen ein negativer Zusammenhang angenommen wurde.

6.1.5 Zusammenfassende Analysen und Diskussion

Nachdem in den vorhergehenden Abschnitten die unabhängigen Variablen genauer vorgestellt und erste bivariate Ergebnisse präsentiert wurden, werden die in Abschnitt 3.2.5 formulierten Hypothesen nun in multivariaten Modellen getestet.

Aufgrund der deskriptiven Ergebnisse und bivariaten Zusammenhänge kann angenommen werden, dass die individuelle Deprivation die Suche nach Handlungsalternativen beeinflusst. Das soziale Netzwerk hat dagegen keinen Effekt und der Einfluss der Investitionen läuft der Theorie sogar entgegen. Die stärkste Erklärungskraft ist jedoch von sozio-ökonomischen Kontrollvariablen zu erwarten.

Zur genaueren Überprüfung der Hypothesen wurden mehrere logistische Regressionsmodelle berechnet (siehe Tabelle 6.4). Das Grundmodell (Modell 1) beinhaltet nur sozio-ökonomische Kontrollvariablen: Haupt/Nebenerwerbsbetrieb, die Betriebsform und die landwirtschaftliche Nutzfläche sowie Alter und Schulbildung des Betriebsleiters. Diesem Grundmodell werden Indikatoren der theoretisch hergeleiteten Einflussfaktoren einzeln zugefügt: Modell 2 enthält eine Variable zur Deprivation, Modell 3 Variablen zur Lagebewertung im Netzwerk und Modell 4 Variablen zu Investitionen in den Viehbestand und die Nutzfläche. In Modell 5 schließlich werden alle Variablen simultan aufgenommen. Für alle unabhängigen Variablen sind Odds-Ratios und xy^*-standardisierte Logit-Koeffizienten[33] angegeben. Die standardisierten Koeffizienten können wie Beta-Koeffizienten einer OLS-Regression als Einflussstärke der Variablen interpretiert werden.

Mit ausschließlich sozio-ökonomischen Kontrollvariablen (Modell 1) können etwa 23 % der (Pseudo-)Varianz des Bruchs mit der Handlungsroutine erklärt werden. Die Vorhersagekraft des Gesamtmodells (Modell 5), das zusätzlich Indikatoren der Deprivation des Betriebsleiters, der Unzufriedenheit im Netzwerk und zur Investitionstätigkeit enthält, liegt lediglich um fünf Punkte über dem Grundmodell. Diese Tatsache bestätigt den Eindruck aus

---

[33] Die Koeffizienten wurden nach der von Long (1997, S. 69ff) vorgeschlagenen Methode standardisiert: $\beta^{s_xy^*} = \beta \times \frac{\sigma_x}{\hat{\sigma}_{y^*}}$. Hierfür wird angenommen, dass der binären y-Variable eine latente kontinuierliche Variable, y^*, zugrundeliegt. Da y^* nicht beobachtet werden kann, muss ihre Standardabweichung durch das Logitmodell geschätzt werden.

6.1 Bruch mit der Handlungsroutine

Tabelle 6.4: Logistische Regressionsmodelle zur Suche nach Handlungsalternativen

	Modell 1		Modell 2		Modell 3		Modell 4		Modell 5	
	OR	$\beta^{S_{xy}}$	OR	$\beta^{S_{xy}}$	OR	$\beta^{S_{xy}}$	OR	$\beta^{S_{xy}}$	OR	$\beta^{S_{xy}}$
Hessen	1		1		1		1		1	
Niedersachsen	1,00	−0,00	0,92	−0,02	1,02	0,00	1,02	0,00	1,00	−0,00
NRW	0,75	−0,07	0,70	−0,08	0,95	−0,01	0,80	−0,05	0,95	−0,01
Haupterwerb	1		1		1		1		1	
Nebenerwerb	0,26	−0,32***	0,27	−0,31***	0,46	−0,17**	0,33	−0,26***	0,57	−0,13*
Marktfrucht	1		1		1		1		1	
Futterbau	0,90	−0,02	0,93	−0,02	0,94	−0,01	0,49	−0,15†	0,49	−0,15†
Veredlung	1,35	0,06	1,33	0,06	1,46	0,08	0,69	−0,08	0,63	−0,09
Gemischt	0,98	−0,00	0,92	−0,02	1,05	0,01	0,54	−0,13†	0,48	−0,14†
Sonstige	0,59	−0,05	0,67	−0,04	1,03	0,00	0,44	−0,07	0,96	−0,00
Nutzfläche	1,00	0,00	1,00	0,01	1,01	0,32**	1,00	−0,01	1,01	0,26*
Alter	0,96	−0,21***	0,95	−0,22***	0,96	−0,18***	0,96	−0,20***	0,96	−0,18**
Hauptschule	1		1		1		1		1	
Mittlere Reife	1,52	0,10†	1,50	0,09†	1,35	0,07	1,42	0,08	1,29	0,06
(Fach)Abitur	2,50	0,18**	2,59	0,19**	2,26	0,16**	2,28	0,16**	2,21	0,15*
Deprivation			1,23	0,11*					1,30	0,13*
Unz. Kollegen					1,16	0,05			1,05	0,02
Unz. Familie					1,03	0,01			0,94	−0,02
LN weniger							1		1	
LN gleich							1,12	0,03	1,01	0,00
LN mehr							1,34	0,06	1,17	0,03
Vieh weniger							1		1	
Vieh gleich							0,94	−0,01	0,96	−0,01
Vieh mehr							1,67	0,11	1,45	0,08
kein Vieh							0,52	−0,12†	0,43	−0,15*
Konstante	23,43		16,10		3,60		30,56		8,47	
Nagelkerke-R^2	0,23		0,25		0,24		0,25		0,28	
N	632		621		594		620		571	

†: p ≤ 0,1; *: p ≤ 0,05; **: p ≤ 0,01; ***: p ≤ 0,001 (zweiseitig)

den bivariaten Analysen, dass die Wahrscheinlichkeit einer Suche nach Handlungsalternativen nur in geringem Maße mit der Unzufriedenheit variiert. Vielmehr kann sie als eine Folge von Randbedingungstypischen Nutzenerwägungen verstanden werden. Wie man Modell 1 entnehmen kann, suchen Nebenerwerbslandwirte mit geringerer Wahrscheinlichkeit nach neuen Alternativen als Haupterwerbslandwirte, unter Kontrolle der Unzufriedenheit im Netzwerk (Modelle 3 und 5) ist zusätzlich ein positiver Effekt der Betriebsgröße zu erkennen.[34] Beide Effekte können, wie bereits angedeutet, auf einen unterschiedlichen Erwartungsnutzen eventueller Änderungen der Wirtschaftsweise zurückgeführt werden. Bei konstanten Informationskosten ist dieser Erwartungsnutzen für die Leiter großer Haupterwerbsbetriebe höher als für die Leiter kleiner Nebenerwerbsbetriebe. Entsprechend sind die Leiter von großen Haupterwerbsbetrieben eher geneigt, Alternativen in Erwägung zu ziehen. Weiterhin zeigt sich, dass die Wahrscheinlichkeit einer Suche nach Alternativen mit der Bildung des Landwirtes ansteigt, mit dem Alter jedoch sinkt. Diese Effekte können analog zu der oben skizzierten Erklärung gedeutet werden. Es kann angenommen werden, dass ältere Betriebsleiter einen geringeren Nutzen von einer grundlegenden Änderung des Betriebes haben (und daher mit geringerer Wahrscheinlichkeit darüber nachdenken). Für Landwirte mit höherer Bildung wiederum können geringere Informationskosten vermutet werden.

Die sonstigen Kontrollvariablen haben keinen multivariaten Effekt, zwischen den Betriebsformen und den Bundesländern können letztlich keine Unterschiede beobachtet werden. Zwar führt die Aufnahme der Dummy-Variable „kein Vieh" (Modelle 4 und 5) zu deutlichen Veränderungen Koeffizienten der „Betriebsform". Dies sollte jedoch nicht weiter überraschen und kann auch nicht inhaltlich gedeutet werden. Die Aufnahme der „kein Vieh"-Variable war lediglich notwendig, um für fehlende Werte zur Entwicklung des Viehbestandes zu kontrollieren.[35] Der Viehbestand und die Betriebsform weisen einen relativ starken Zusammenhang auf: Beispielsweise halten Marktfruchtbetriebe typischerweise kein Vieh, Veredlungsbetriebe

---

[34] Dieser Effekt kann auf eine negative Korrelation zwischen der Unzufriedenheit in der Familie und der Nutzfläche zurückgeführt werden: Die Familien mit größeren Betrieben sind weniger beunruhigt über die Lage der Landwirtschaft. Zudem wird die Korrelation zwischen Erwerbsart und Fläche (Nebenerwerbslandwirte haben eine geringere Nutzfläche als Haupterwerbslandwirte) stärker, wenn die Unzufriedenheit in der Familie kontrolliert wird.

[35] Landwirte, die kein Vieh halten, können keine Angaben dazu machen, wie sich ihr Viehbestand entwickelt hat. Im Fragebogen wurde dies berücksichtigt und den Befragten entsprechend ein fehlender Wert für diese Variablen zugewiesen.

6.1 Bruch mit der Handlungsroutine

dagegen immer.

Die aus den Überlegungen Essers (2002) abgeleiteten Indikatoren für die Unzufriedenheit mit dem Betrieb und der Lage der Landwirtschaft (der „match" des Frames in Essers Terminologie) haben einen wenig zufriedenstellenden Einfluss auf die Wahrscheinlichkeit einer Suche nach Handlungsalternativen. Lediglich die Aufnahme der Deprivations-Variable in das Regressionsmodell führt zu einer statistisch signifikanten, allerdings nur geringfügigen, Vorhersageverbesserung – Landwirte mit einem höheren Ausmaß an Deprivation sind eher geneigt, Alternativen zu ihrer Wirtschaftsweise zu suchen (Modell 2). Ein Einfluss der (Un)Zufriedenheit des sozialen Umfeldes ist, wie auch schon aufgrund der deskriptiven Ergebnisse zu vermuten, jedoch nicht zu erkennen (Modell 3). Überraschenderweise kann der bivariate Effekt der Investitionstätigkeit im multivariaten Modell nicht bestätigt werden – in Abhängigkeit von der Entwicklung des Betriebes sind keine Unterschiede vorhanden (Modell 4).[36]

Insgesamt haben sich damit die Hypothesen 2, 3 und 4 nicht bewährt: Es gibt weder einen Einfluss der Unzufriedenheit im Netzwerk auf den Bruch mit der Handlungsroutine, noch führen Investitionen in den Betrieb dazu, dass der Landwirt stärker seiner Routine verhaftet bleibt. Lediglich Hypothese 1 kann bestätigt werden: Landwirte, die sich durch die Lage der Landwirtschaft persönlich betroffen fühlen, suchen (zu einem gewissen Grad) häufiger nach Handlungsalternativen. Zwar kann Hypothese 1 als die zentrale Hypothese zu diesem Teil des Entscheidungsprozesses angesehen werden, die geringe Effektstärke der Deprivations-Variablen und der auch multivariat sehr starke Einfluss der Randbedingungen verweisen jedoch auf deutliche Schwächen des Erklärungsansatzes. Zudem bleiben die Effekte der Kontrollvariablen auch bei simultaner Aufnahme der theoretischen Konstrukte stabil, können also statistisch nicht durch diese Konstrukte erklärt werden. Auch zur Interpretation der Ergebnisse ist das Konzept Essers nicht geeignet: Wieso sollten Nebenerwerbslandwirte und Leiter kleiner Betriebe ihre Situation als besser definieren als Leiter größerer Betriebe? Die Einflüsse der Kontrollvariablen legen vielmehr nahe, dass, in Anlehnung an die Hypothesen von Riker und Ordeshook (1973), gruppentypisch unterschiedliche Erwartungen an Informationskosten und den Zusatznutzen möglicher Handlungsalternativen zur Erklärung herangezogen werden sollten.

---

[36] Weitergehende Analysen haben gezeigt, dass der bivariate Zusammenhang auf einen Drittvariableneffekt von Haupt- und Nebenerwerbslandwirtschaft zurückgeführt werden kann.

6.2 Wahrnehmung von Handlungsalternativen

Obwohl der Tatbestand, dass einige Landwirte routinisiert handeln und andere sich gedanklich mit Alternativen beschäftigen, nur unzureichend erklärt werden konnte, ist hiermit keine Einschränkung des heuristischen Wertes eines dreistufigen Entscheidungsprozesses verbunden. Denn nur, wenn ein Betriebsleiter sich gedanklich mit grundsätzlichen Änderungen seiner Wirtschaftsweise auseinandersetzt – aus welchen Gründen auch immer er dies tun mag – , stellt sich überhaupt die Frage, welche Alternativen er konkret wahrnimmt. Von besonderem Interesse ist im Rahmen dieser Arbeit die Frage, ob eine Umstellung auf Ökolandbau als Alternative wahrgenommen wird und welche Faktoren diese Wahrnehmung beeinflussen.

Im Zentrum der Ausführungen dieses Abschnittes stehen die Informationsquellen des Betriebsleiters: Je einfacher er Informationen über den ökologischen Landbau erhält und je mehr Informationen er bekommt, desto wahrscheinlicher sollte der Landwirt den ökologischen Landbau als Alternative wahrnehmen. In Abschnitt 3.2.4 wurde argumentiert, dass insbesondere die Zahl der Ökolandwirte in der räumlichen Nähe und die Kommunikation im Netzwerk über ökologische Landwirtschaft hierfür relevant sein sollten. Als weiterer Einflussfaktor kommen subjektive Restriktionen und grobe Abschätzungen der Kosten und Nutzen des Ökolandbaus in Betracht: Beispielsweise hätte ein Landwirt, der auf industrielle Schweinehaltung spezialisiert ist, so hohe Kosten einer Umstellung, dass er ökologische Landwirtschaft sicherlich nicht ernsthaft in Erwägung ziehen wird. Da keine Daten zu diesen Restriktionen und groben Nutzenabschätzungen zur Verfügung stehen, wäre mit einem Effekt der Randbedingungen zu rechnen. Als dritter erklärender Faktor wird das Umweltbewusstsein des Betriebsleiters herangezogen. Kühnel und Bamberg (1998) argumentieren, dass der Grad des Umweltbewusstseins nicht nur die Bewertung von Handlungsalternativen beeinflusst, sondern zusätzlich einen Effekt auf den vorgelagerten Prozess der Wahrnehmung von Alternativen hat. Entsprechend sollten umweltbewusste Landwirte mit vergleichsweise hoher Wahrscheinlichkeit eine Umstellung auf Ökolandbau in Erwägung ziehen.

Auch in diesem Abschnitt beginnt die Analyse mit einer Darstellung der sozio-ökonomischen Randbedingungen. Hierauf folgen Untersuchungen zum Einfluss des sozialen Netzwerkes (Abschnitt 6.2.2) und des Umweltbewusstseins (Abschnitt 6.2.3). In Abschnitt 6.2.4 werden die Ergebnisse multivariat überprüft und diskutiert.

Wie bereits dargelegt, stellt sich die Frage, ob der ökologische Landbau

6.2 Wahrnehmung von Handlungsalternativen

als Alternative wahrgenommen wird, nur für diejenigen Landwirte, die überhaupt über grundlegende Änderungen nachdenken. Die folgenden Analysen werden daher ausschließlich mit Daten von denjenigen konventionellen Landwirten durchgeführt, die Änderungen im Betrieb in Erwägung ziehen, also mit ihrer Handlungsroutine gebrochen haben. Hierdurch reduziert sich die Stichprobengröße auf N=476. Etwa 35 % dieser Teilstichprobe (164 Befragte) haben schon einmal darüber nachgedacht, ob sie auf ökologische Landwirtschaft umstellen sollen.

6.2.1 Sozio-ökonomische Randbedingungen

Die Wahrnehmung des ökologischen Landbaus als Handlungsalternative ist nur in geringem Ausmaß von sozio-ökonomischen Randbedingungen abhängig (siehe Tabelle 6.5). Geringfügige Unterschiede zwischen den Gruppen bestehen hinsichtlich der Verteilung auf die Bundesländer, der Erwerbsart, der Nutzfläche und der Schulbildung des Betriebsleiters.

Es zeigt sich, dass in Hessen und NRW relativ viele Landwirte darüber nachgedacht haben, auf Ökolandbau umzustellen, in Niedersachsen dagegen vergleichsweise wenig. Dieser Unterschied in der Wahrnehmung des Ökolandbaus zwischen den Bundesländern spiegelt mitunter den Anteil der Ökobetriebe in den Bundesländern wider (vgl. auch Tabelle 4.1 auf Seite 32). Während Hessen im Jahr 2002 einen Anteil von 6 % biologische Landwirtschaft hatte, waren es in NRW 2,4 % und in Niedersachsen nur 1,6 %. Insofern kann dies als Hinweis darauf genommen werden, dass der Ökolandbau insbesondere dann als Alternative wahrgenommen wird, wenn in der Umgebung des Hofes bereits andere Ökobetriebe angesiedelt sind. An späterer Stelle wird nochmals auf dieses Thema eingegangen werden.

Der Effekt der Erwerbsart ist dagegen auf den ersten Blick unerwartet: Im vorhergehenden Abschnitt wurde dargelegt, dass Leiter von Haupterwerbsbetrieben häufiger über alternative Entwicklungsmöglichkeiten nachdenken als Nebenerwerbslandwirte dies tun. Ziehen diese allerdings überhaupt Änderungen in Betracht (sind also Teil der an dieser Stelle betrachteten Stichprobe), nehmen sie mit einer höheren Wahrscheinlichkeit den Ökolandbau als Alternative wahr. Hierfür mag es mehrere Gründe geben, beispielsweise eine weniger kommerzielle Ausrichtung der Nebenerwerbsbetriebe. Eine naheliegende Erklärung ist aber vor allem die Möglichkeit der Subventions-Optimierung. Entsprechende Unterschiede sind auch hinsichtlich der Betriebsgröße zu beobachten – kleinere Betriebe mit einer Nutzfläche weniger als 30 ha ziehen eine Umstellung vergleichsweise häufig in Betracht.

Tabelle 6.5: Sozio-ökonomische Randbedingungen nach Alternativenwahrnehmung (Spaltenprozente)

	Ökolandbau als Alternative		Gesamt	χ^2
	Nein	Ja		
Bundesland				5,9*
Hessen	14,7	19,6	16,4	
Niedersachsen	50,2	38,7	46,2	
NRW	35,1	41,7	37,4	
Erwerbsart				6,6**
Haupterwerb	74,5	63,2	70,6	
Nebenerwerb	25,5	36,8	29,4	
Betriebsform				5,3
Marktfrucht	17,6	20,1	18,5	
Futterbau	23,1	29,6	25,3	
Veredlung	31,7	22,6	28,7	
Gemischtbetrieb	25,0	24,5	24,8	
Sonstige	2,6	3,1	2,8	
Nutzfläche				5,2†
bis 29 ha	22,5	31,0	25,3	
30 bis 99 ha	59,0	48,4	55,4	
100 ha und mehr	18,6	20,6	19,3	
Alter				1,0
bis 39 Jahre	29,0	25,5	27,8	
40 bis 59 Jahre	63,3	68,0	64,9	
60 Jahre und älter	7,7	6,5	7,3	
Schulbildung				8,1*
max. Hauptschule	38,9	32,0	36,6	
Realschule	38,9	33,3	37,0	
(Fach)Abitur	22,1	34,6	26,4	
N_{min}	297	153	450	

†: $p \leq 0.1$; *: $p \leq 0.05$; **: $p \leq 0.01$; ***: $p \leq 0.001$ (zweiseitig)

6.2 Wahrnehmung von Handlungsalternativen

Es ist überraschend, dass es zwischen Landwirten, die den Ökolandbau als Alternative sehen und solchen, die dies nicht tun, keine systematischen Unterschiede hinsichtlich der Betriebsform gibt. Es hätte erwartet werden können, dass Leiter von Gemischt- und Futterbaubetrieben häufiger über eine Umstellung nachdenken, Inhaber von Marktfrucht- und Veredlungsbetrieben dagegen seltener. Dies ist jedoch nicht der Fall.

Wie auch im Falle der betrieblichen Faktoren ist der Einfluss der Demografie auf die Wahrnehmung des Ökolandbaus eher schwach. Höher gebildete Landwirte nehmen die ökologische Landwirtschaft vergleichsweise häufig als Alternative wahr. Die Altersverteilung unterscheidet sich zwischen beiden Gruppen hingegen nicht signifikant.

6.2.2 Netzwerk

In der an dieser Stelle betrachteten Phase des Entscheidungsprozesses dient das soziale Netzwerk im Wesentlichen als Möglichkeit, Informationen über Handlungsalternativen zu erhalten. In Hypothese 5 wurde behauptet, dass die Zahl der Ökolandwirte in der räumlichen Umgebung des Betriebes die Wahrscheinlichkeit erhöht, dass der Ökolandbau als Alternative wahrgenommen wird.

Abbildung 6.6 zeigt die subjektive Einschätzung der Betriebsleiter, wie viele Ökobauern es in ihrer Gegend gibt, vergleichend für Landwirte, die eine Umstellung als Alternative wahrnehmen und Landwirte, die dies nicht tun.

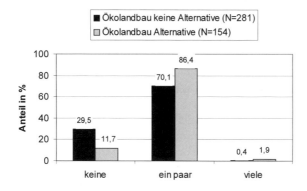

Abbildung 6.6: Zahl der Ökobauern in der Gegend nach Alternativenwahrnehmung

Tabelle 6.6: Kommunikation im Netzwerk (Median) nach Alternativenwahrnehmung

	Ökolandbau als Alternative		Gesamt	τ_b
	Nein	Ja		
Kommunikation Kollegen	2,20	2,60	2,34	.28***
Kommunikation Familie	2,12	2,66	2,32	.33***
Ökobauern in der Gegend	1,71	1,90	1,77	.21***
N_{min}	281	154	435	

†: p ≤ 0.1; *: p ≤ 0.05; **: p ≤ 0.01; ***: p ≤ 0.001 (zweiseitig)

Man kann erkennen, dass Betriebsleiter, die den Ökolandbau in Erwägung ziehen, tatsächlich mehr Ökobauern in ihrer Gegend wahrnehmen: Nur 12 % geben an, es gäbe keine Ökobauern in der Gegend (im Vergleich zu 30 %), 86 % sagen, es gäbe „ein paar" (im Vergleich zu 70 %). In beiden Gruppen ist der Anteil von Landwirten, die viele Ökobauern in der Gegend haben, verschwindend gering – ein Ergebnis, das bei bundesweit etwa 4 % Ökobauern nicht überraschen kann. Insgesamt besteht zwischen der Zahl der Ökolandwirte in der räumlichen Umgebung und der Wahrnehmung von Ökoanbau als Alternative ein leichter bivariater Zusammenhang von τ_b=0,21 (siehe Tabelle 6.6).

Eine weitere Quelle von Informationen sind Gespräche mit Bekannten bzw. Kollegen und innerhalb der Familie: Je mehr über ökologische Landwirtschaft gesprochen wird, desto eher sollte sie als mögliche Alternative angesehen werden. Den Abbildungen 6.7 und 6.8 kann man entnehmen, dass auch diese Argumentation empirisch nachvollzogen werden kann. Landwirte, die eine Umstellung in Erwägung gezogen haben, unterhalten sich sowohl in der Familie als auch im Kreis ihrer Kollegen häufiger über den Ökolandbau. Der bivariate Zusammenhang mit der Kommunikation in der Familie ist hierbei etwas höher als mit der Kommunikation unter Kollegen und Bekannten (Tabelle 6.6).

Es muss an dieser Stelle angemerkt werden, dass die Zusammenhänge zwischen Netzwerkvariablen und der Alternativenwahrnehmung nicht notwendigerweise kausale Effekte darstellen (und die Kausalrichtung in einer Querschnittserhebung nur schwerlich überprüft werden kann). So ist es durchaus denkbar, dass der Kausaleffekt in die Gegenrichtung verlaufen kann. Wenn ein Landwirt – aus welchen Gründen auch immer – über ökologische

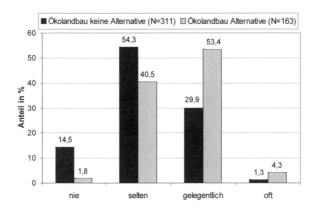

Abbildung 6.7: Häufigkeit der Kommunikation über Ökolandbau mit den Kollegen nach Alternativenwahrnehmung

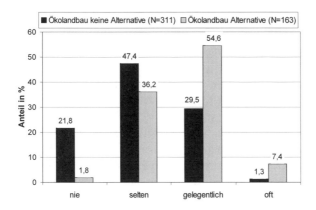

Abbildung 6.8: Häufigkeit der Kommunikation über Ökolandbau in der Familie nach Alternativenwahrnehmung

Landwirtschaft nachdenkt, wird er sich auch häufiger über den Ökolandbau unterhalten. Diese Diskussion wird im Rahmen der multivariaten Analyse in Abschnitt 6.2.4 nochmals aufgenommen.

6.2.3 Umweltbewusstsein

Im Rahmen dieser Untersuchung wurden drei konkurrierende Hypothesen zum Zusammenhang zwischen Umweltbewusstsein und der Umstellung auf ökologische Landwirtschaft formuliert (siehe Abschnitt 3.2.5). Eine dieser Hypothesen postuliert in Anlehnung an Kühnel und Bamberg (1998), dass Umweltbewusstsein (UWB) keinen direkten Einfluss auf die eigentliche Entscheidung (also die Selektion einer Alternative) hat, sondern in einem vorgelagerten Schritt die Rahmung der Entscheidung beeinflusst. Ein Element dieser Rahmung ist die Wahrnehmung von Handlungsalternativen: Landwirte mit hohem Umweltbewusstsein sollten den Ökolandbau eher als Alternative wahrnehmen als solche mit geringerem Umweltbewusstsein.

Zwei Arten von Umwelteinstellungen werden im Folgenden untersucht: allgemeines Umweltbewusstsein und spezielles, landwirtschaftsbezogenes Umweltbewusstsein. Beide Umweltbewusstseins-Skalen können Ausprägungen zwischen eins (niedriges UWB) und fünf (hohes UWB) annehmen. Insgesamt weisen die Befragten ein relativ schwach ausgeprägtes allgemeines Umweltbewusstsein auf. Während in der allgemeinen Bevölkerung ein Skalenwert von durchschnittlich 3,5 erreicht wird, liegen die konventionellen Landwirte im Mittel nur bei 3,0.[37]

Ein Vergleich zwischen den Gruppen (siehe Tabelle 6.7) zeigt, dass Landwirte, die den Ökolandbau als Alternative wahrnehmen, auf beiden Skalen höhere Ausprägungen aufweisen. Der bivariate Zusammenhang zwischen Umwelteinstellung und Alternativenwahrnehmung ist mit $r_{bis} = .17$ bei allgemeinem Umweltbewusstsein bzw. $r_{bis} = .26$ für spezielle Umwelteinstellungen zwar recht schwach, aber statistisch signifikant. Die Tatsache, dass der Zusammenhang zwischen der Wahrnehmung von ökologischer Landwirtschaft und speziellem Umweltbewusstsein stärker ist als mit allgemeinem kann als Hinweis auf die Gültigkeit des sog. „Korrespondenzprinzips" von Ajzen und Fishbein (1977) angesehen werden. Ajzen und Fishbein postulieren, dass Einstellungen nur dann verhaltenswirksam sind, wenn sie auf dem gleichen Abstraktionsniveau liegen wie das Verhalten.

---

[37] Der Vergleichswert wurde vom Autor nach Ergebnissen der bundesweiten Bevölkerungsumfrage „Umweltbewusstsein in Deutschland 2004" (BMUNR 2004, S. 23) berechnet.

Tabelle 6.7: Umweltbewusstsein nach Alternativenwahrnehmung

	Ökolandbau als Alternative		Gesamt	r_{bis}
	Nein	Ja		
Allgemeines Umweltbewusstsein	2,95	3,15	3,01	.17**
Spezielles Umweltbewusstsein	2,19	2,51	2,30	.26***
N_{min}	311	162	473	

†: $p \leq 0.1$; *: $p \leq 0.05$; **: $p \leq 0.01$; ***: $p \leq 0.001$ (zweiseitig)

6.2.4 Zusammenfassende Analysen und Diskussion

Insgesamt wurden vier Hypothesen zur Wahrnehmung von ökologischer Landwirtschaft als Handlungsalternative aufgestellt. Um die Hypothesen abschließend beurteilen zu können, werden in diesem Abschnitt mehrere logistische Regressionsmodelle diskutiert (siehe Tabelle 6.8).

Modell 1 dient als Basismodell und beinhaltet die bereits aus Abschnitt 6.1 bekannten sozioökonomischen Kontrollvariablen: Haupt/Nebenerwerb, die Betriebsform, landwirtschaftliche Nutzfläche sowie Alter und Schulbildung des Betriebsleiters. Auch in diesem Abschnitt wurden Variablen zu den einzelnen Theorieelementen schrittweise in die darauf auf das Basismodell aufbauenden Modelle eingeführt. Die Modelle 2 und 3 enthalten Variablen zum Einfluss des sozialen Netzwerkes: die Zahl der Ökolandwirte in der Gegend in Modell 2 und die Kommunikationshäufigkeit mit Familie und Kollegen in Modell 3. Allgemeines und spezielles Umweltbewusstsein wurden in die Modelle 4a (allgemein) und 4b (speziell) aufgenommen.[38] In das letzte Modell wurden schließlich alle Variablen simultan inkludiert.

Die Erklärungskraft der sozioökonomischen Variablen ist recht gering, wie aufgrund der deskriptiven Analysen zu erwarten: Sie erklären nur etwa 9 % Pseudo-Varianz. Einen signifikanten Effekt haben lediglich Haupt/Nebenerwerb und die Bildung des Betriebsleiters. Der Effekt von Haupt/Nebenerwerb ist hierbei gegenläufig zu dem Einfluss, der in Bezug auf den Bruch mit der Handlungsroutine festgestellt worden war: Haupterwerbslandwirte denken

---

[38] Die beiden Variablen zu Umwelteinstellungen sind recht hoch ($r = .43$) miteinander korreliert. Um den Effekt von Umweltbewusstsein differenziert betrachten zu können, wurden für die beiden Variablen zunächst getrennte Logitmodelle geschätzt. Eine simultane Aufnahme von allgemeinem und speziellem Umweltbewusstsein in Modell 6 ist jedoch problemlos möglich: Der Variance Inflation Factor liegt bei nur 1,31 (allg.) bzw. 1,45 (spez.).

zwar eher darüber nach, überhaupt etwas in ihrem Betrieb zu ändern, sehen aber den Ökolandbau seltener als Alternative an. Unter der Kontrolle weiterer Variablen büßen die sozioökonomischen Konstrukte ihre Erklärungskraft komplett ein. So können die Unterschiede zwischen den Bundesländern im Wesentlichen auf die Tatsache zurückgeführt werden, dass in Hessen mehr Landwirte ökologisch wirtschaften und in den Netzwerken der Landwirte der biologische Landbau häufiger thematisiert wird (Modelle 2 und 3). Der bivariate Einfluss der Erwerbsart wiederum kann hauptsächlich dadurch erklärt werden, dass Nebenerwerbslandwirte ein höheres Umweltbewusstsein haben als Haupterwerbslandwirte (Modelle 4 und 5).[39]

Hinsichtlich der demografischen Charakteristika der Betriebsleiter zeigt sich, dass höher Gebildete den Ökolandbau mit höherer Wahrscheinlichkeit wahrnehmen, das Alter des Betriebsleiters jedoch keinen Einfluss hat.

Eigenschaften des Netzwerkes stehen in engem Zusammenhang mit der Wahrnehmung von Ökolandbau als Alternative. Nimmt man in das Basismodell die subjektive Einschätzung auf, wie viele Ökobauern es in der Umgebung gibt, erhöht sich die Anpassungsgüte um sechs Prozentpunkte. Der Zusammenhang weist die erwartete positive Richtung auf (siehe Modell 2). Auch der Einfluss der Kommunikationshäufigkeit (Modell 3) ist positiv, mit einer Modellverbesserung von 21 Prozentpunkten jedoch deutlich stärker. Dies ist besonders bemerkenswert, weil die Zahl der Gespräche über ökologische Landwirtschaft im Kollegenkreis multivariat keinen oder nur einen sehr geringen Einfluss hat – die Modellverbesserung ist nahezu ausschließlich auf die Variable zu Gesprächen in der Familie zurückzuführen.[40] Berechnet man ein Modell, in dem die Variablen zu Gesprächen im Kollegenkreis, nicht aber zu Gesprächen in der Familie aufgenommen sind (nicht dargestellt),

---

[39] Landwirte im Haupterwerb haben im Mittel ein allgemeines Umweltbewusstsein von 2,9; im Nebenerwerb von 3,2. Der Unterschied im Umweltbewusstsein kann mit der sog. „Extraktions-Hypothese" erklärt werden. Tremblay und Dunlap (1978) führen Stadt-Land Unterschiede im Umweltbewusstsein darauf zurück, dass Stadtbewohner „are less directly dependent on the use of natural resources, [therefore] they are presumably less likely to lead to the development of utilitarian attitudes [towards the environment]" (ebd, S. 477). Da Nebenerwerbslandwirte ein zweites ökonomisches Standbein haben, das (im Vergleich zur Landwirtschaft) weniger von der direkten Nutzung natürlicher Ressourcen abhängt, kann erwartet werden, dass sie ein höheres Umweltbewusstsein haben als Haupterwerbslandwirte, die schließlich ihr gesamtes Einkommen in direkter Auseinandersetzung mit der Natur erwirtschaften müssen. Die Hypothese wird zusätzlich durch das Ergebnis gestützt, dass Landwirte im Allgemeinen ein geringeres Umweltbewusstsein haben als die Durchschnittsbevölkerung (siehe den vorhergehenden Abschnitt).

[40] Berechnet man Modell 3 ohne die Variable zu Gesprächen im Kollegen- und Bekanntenkreis, hat das Logitmodell eine Vorhersagegüte von $R^2_{NK} = 0.28$.

6.2 Wahrnehmung von Handlungsalternativen

Tabelle 6.8: Logistische Regressionsmodelle zur Wahrnehmung von Ökolandbau als Handlungsalternative

	Modell 1		Modell 2		Modell 3		Modell 4a		Modell 4b		Modell 5	
	OR	$\beta^{S_{xy}}$	OR	$\beta^{S_{xy}}$	OR	$\beta^{S_{xy}}$	OR	$\beta^{S_{xy}}$	OR	$\beta^{S_{xy}}$	OR	$\beta^{S_{xy}}$
Niedersachsen	0,55	−0,16*	0,57	−0,14†	0,62	−0,10	0,54	−0,16*	0,53	−0,16*	0,61	−0,10
NRW	0,97	−0,01	0,88	−0,03	1,03	0,01	1,00	−0,00	1,05	0,01	1,05	0,01
Nebenerwerb	1,76	0,14†	1,66	0,12	2,14	0,15*	1,50	0,09	1,15	0,03	1,32	0,05
Futterbau	1,33	0,06	1,69	0,11	1,54	0,08	1,22	0,04	1,05	0,01	1,53	0,07
Veredlung	0,63	−0,11	0,80	−0,05	0,76	−0,05	0,56	−0,13	0,59	−0,12	0,74	−0,06
Gemischt	0,92	−0,02	1,12	0,03	1,01	0,00	0,80	−0,05	0,79	−0,05	1,00	−0,00
Sonstige	0,67	−0,03	1,16	0,01	0,88	−0,01	0,59	−0,04	0,46	−0,06	1,06	0,00
Nutzfläche	1,00	0,01	1,00	−0,01	1,00	0,02	1,00	0,01	1,00	0,03	1,00	0,02
Alter	1,02	0,08	1,01	0,04	1,01	0,05	1,02	0,11	1,02	0,09	1,01	0,04
Mittlere Reife	1,36	0,08	1,47	0,09	1,27	0,05	1,36	0,08	1,68	0,13†	1,61	0,09
(Fach)Abitur	2,52	0,22**	2,73	0,23**	2,17	0,15*	2,88	0,24**	3,13	0,25***	3,01	0,20**
paar Ökobauern			3,22	0,25**							1,93	0,11
viele Ökobauern			17,10	0,14*							3,72	0,05
Koll. selten					2,95	0,23					2,46	0,18
Koll gel.					4,79	0,32†					3,76	0,26
Koll. oft					9,50	0,12					6,71	0,10
Fam. selten					10,16	0,49**					7,76	0,41**
Fam. gel.					16,90	0,58***					13,81	0,51***
Fam. oft					101,90	0,36***					72,77	0,33***
Allg. UWB							1,90	0,20**			1,08	0,02
Spez. UWB									2,73	0,32***	2,37	0,22***
Konstante	0,18		0,09		0,00		0,02		0,02		0,00	
Nagelkerke R^2	0.09		0.15		0.30		0.13		0.18		0.36	
N	401		370		399		398		400		364	

†: $p \leq 0.1$; *: $p \leq 0.05$; **: $p \leq 0.01$; ***: $p \leq 0.001$ (zweiseitig)

Referenz-Kategorien: Hessen, Haupterwerb, Marktfrucht, Hauptschule, keine Ökobauern, Koll. nie, Fam. nie.

hat die Häufigkeit der Gespräche unter Landwirten über Ökolandbau einen deutlichen Einfluss.

Wie bereits im vorherigen Abschnitt angemerkt, ist es fraglich, ob mit Bezug auf diese Netzwerkvariablen von Kausaleffekten gesprochen werden kann. Diese Frage ließe sich abschließend nur mit Längsschnittuntersuchungen beantworten. Der Vergleich von Modell 3 mit Modell 5 gibt jedoch einen Hinweis auf die Möglichkeit einer kausalen Interpretation: Unter Kontrolle der Kommunikationshäufigkeit im Netzwerk ist kein Einfluss der Anzahl der Ökobauern in der Umgebung mehr zu beobachten. Dies bedeutet, dass die Ökobauern in der Gegend die Wahrscheinlichkeit nicht direkt beeinflussen, mit der ökologische Landwirtschaft als Alternative wahrgenommen wird. Vielmehr ist der Einfluss nur indirekt, vermittelt über Gespräche im Kollegen- und Familienkreis. Wie bereits angemerkt, ist jedoch auch der Effekt der Gespräche unter Kollegen nur indirekt. Entsprechend ist der Einfluss der Kommunikation in der Familie nicht ursächlich für die Wahrnehmung des Ökolandbaus als Handlungsalternative, sondern vielmehr vermittelnd: Sind in der räumlichen Umgebung des Betriebes Ökohöfe angesiedelt, führt dies dazu, dass der Ökolandbau ins Blickfeld rückt und im Kollegenkreis häufiger darüber gesprochen wird. Dies wiederum führt dazu, dass ökologische Landwirtschaft auch in den Familien thematisiert wird und eine Umstellung schließlich mit höherer Wahrscheinlichkeit als eine realistische Handlungsalternative erscheint.

Die Modelle 4a und b überprüfen den Einfluss des Umweltbewusstseins. Sowohl allgemeines als auch spezielles Umweltbewusstsein haben, wie bereits aus den bivariaten Berechnungen bekannt, einen positiven Effekt. Mit einer Modellverbesserung von elf Prozentpunkten ist der Einfluss der landwirtschaftsbezogenen Umwelteinstellungen auch hier deutlich stärker als der allgemeiner Umwelteinstellungen ($\Delta R^2_{NK} = 5$). Wie man Modell 5 entnehmen kann, bleibt der Einfluss des Umweltbewusstseins auch unter Kontrolle anderer Variablen stabil; von den beiden Einstellungsebenen haben jedoch nur noch die speziellen Einstellungen einen Effekt. Dies ist nicht überraschend, da allgemeines Umweltbewusstsein als handlungsferner angesehen werden kann als spezielles landwirtschaftbezogenes Umweltbewusstsein.

Der Einfluss des Umweltbewusstseins auf die Wahrscheinlichkeit, umweltfreundliche Handlungsalternativen in Betracht zu ziehen, wurde dementsprechend von Kühnel und Bamberg (1998) korrekt vorhergesagt. In ihren Ausführungen bleiben die Autoren jedoch eine theoretische Argumentation schuldig, warum dieser Effekt genau auftritt. Auch wenn an dieser Stelle kein detailliertes psychologisches Kausalmodell aufgestellt werden kann, soll doch

6.2 Wahrnehmung von Handlungsalternativen

kurz eine mögliche Erklärung im Rahmen des Rational-Choice-Paradigmas skizziert werden. Die Begrenzung eines Entscheidungsproblems auf einige wenige Alternativen kann, im Sinne von Simon (1957) und Riker und Ordeshook (1973), als Mechanismus zur Kostenvermeidung angesehen werden. Kosten entstehen für die Suche nach Alternativen, die Suche nach genaueren, entscheidungsrelevanten Informationen über die Alternativen und für die Entscheidung selbst. Entsprechend ist es rational, den Findungsprozess einzugrenzen. Dennoch wird ein rationaler Akteur – bei aller Neigung zu Kostenvermeidung – bestrebt sein, eine möglichst optimale Entscheidung treffen zu können. Er wird versuchen, diejenigen Alternativen in die engere Wahl aufzunehmen, die zum einen, grob geschätzt, einen hohen Nettonutzen versprechen (Optimierung) und über die zum anderen relativ einfach Informationen erhältlich sind (Kostenvermeidung). Wenn umweltbewusste Akteure umweltfreundliche Handlungsalternativen häufiger erwägen, würde dies entsprechend bedeuten, dass sie entweder leichter Informationen über diese bekommen, die Alternativen aufgrund eines groben Überschlags besser bewerten, oder beides. Beide Möglichkeiten sind leicht nachvollziehbar: Eine unterschiedliche Bewertung des Ökolandbaus durch Akteure mit hohem und niedrigem Umweltbewusstsein wird von Kühnel und Bamberg (1998) selbst spezifiziert (siehe auch Abschnitt 3.2.3), wenn auch nicht in direkte Verbindung mit der Wahrnehmung von Handlungsalternativen gebracht. Unterschiedliche Informationskosten wiederum können beispielsweise dadurch entstehen, dass umweltbewusste Akteure über ein höheres Vorwissen verfügen oder einen Bekanntenkreis haben, in dem solches Wissen leicht verfügbar ist.

Zusammengefasst konnte die Wahrnehmung des Ökolandbaus als Handlungsalternative zufriedenstellend erklärt werden, das vollständige Regressionsmodell (Modell 5) ist mit 36 % erklärter Pseudo-Varianz recht gut an die empirischen Daten angepasst. Insgesamt können die Hypothesen 7 und 8 als bestätigt gelten. Die in den Hypothesen 5 und 6 postulierten Effekte stellten sich zwar als indirekt, nicht jedoch irrelevant heraus: Die Wahrscheinlichkeit, den Ökolandbau als Alternative zu sehen, steigt, wenn die Betriebsleiter umweltbewusst sind und sich in ihrer Familie über ökologische Landwirtschaft unterhalten; die Häufigkeit der Kommunikation in der Familie wiederum konnte auf die Häufigkeit der Gespräche im Kollegenkreis und die Zahl der Ökolandwirte in der Gegend zurückgeführt werden.

6.3 Evaluation und Selektion der Alternative

Nachdem in den vorhergehenden Abschnitten die einer Entscheidung vorgelagerten Prozesse – Bruch mit der Handlungsroutine und Suche nach Alternativen – analysiert wurden, kann nun die eigentliche Entscheidung über eine Umstellung auf ökologische Landwirtschaft untersucht werden. Entsprechend den Hypothesen aus Abschnitt 3.2.5 steht in den folgenden Ausführungen die Frage im Zentrum, inwieweit die Entscheidung für oder gegen eine Umstellung auf Einflüsse des sozialen Netzwerkes, des subjektiv erwarteten Nutzens der Handlungsalternativen und das Umweltbewusstsein des Akteurs zurückgeführt werden kann.

Zunächst wird untersucht, in welchem Ausmaß die Umstellung auf ökologische Landwirtschaft mit sozio-ökonomischen Randbedingungen variiert. In Abschnitt 6.3.2 wird dargestellt, welchen Einfluss die Bewertung des Ökolandbaus im sozialen Umfeld der Betriebsleiter auf die Entscheidung hat. Hierauf folgt eine Analyse des Einflusses subjektiver Nutzenerwägungen auf die Umstellung auf ökologische Landwirtschaft. Die Betrachtung des Nettonutzens wird in Abschnitt 6.3.5 ausgeweitet, indem gefragt wird, in welchem Ausmaß der subjektive Nutzen von objektiven Randbedingungen abhängig ist. Nach einer Analyse des Einflusses des Umweltbewusstseins (Abschnitt 6.3.4) folgt eine abschließende Überprüfung der Ergebnisse im multivariaten Modell und eine Diskussion der Ergebnisse.

Allen Berechnungen der folgenden Abschnitte liegen Angaben von konventionellen Landwirten zugrunde, die eine Umstellung als Handlungsalternative wahrgenommen haben (N=163) sowie von Ökolandwirten, die zwischen 2000 und 2003 ihren Betrieb umgestellt haben (N=494). Durch diese Beschränkung kann sichergestellt werden, dass sich alle untersuchten Akteure tatsächlich in einer Entscheidungssituation befunden und sich für (Ökolandwirte) oder gegen eine Umstellung (konventionelle Landwirte) entschieden haben. Die verwendete (Sub)Stichprobe umfasst insgesamt 657 Befragte.

6.3.1 Sozio-ökonomische Randbedingungen

Bevor in den folgenden Abschnitten der Zusammenhang zwischen der Umstellung auf ökologische Landwirtschaft theoriegeleitet untersucht wird, soll zunächst dargestellt werden, in welchem Ausmaß sich Landwirte, die sich für oder gegen eine Umstellung entschieden haben, hinsichtlich betrieblicher und demografischer Randbedingungen unterscheiden.

6.3 Evaluation und Selektion der Alternative

Tabelle 6.9: Sozio-ökonomische Randbedingungen nach Umstellung auf ökologische Landwirtschaft (Spaltenprozente)

	Konventionelle Landwirte	Ökolandwirte	χ^2
Bundesland			10,6***
Hessen	19,6	23,1	
Niedersachsen	38,7	25,4	
NRW	41,7	51,5	
Erwerbsart			36,0***
Haupterwerb	63,2	36,3	
Nebenerwerb	36,8	63,7	
Betriebsform			37,2***
Marktfrucht	20,1	8,1	
Futterbau	29,6	51,4	
Veredlung	22,6	18,8	
Gemischtbetrieb	24,5	15,3	
Sonstige	3,1	6,4	
Nutzfläche			26,8***
bis 29 ha	31,0	54,0	
30 bis 99 ha	48,4	35,1	
100 ha und mehr	20,6	10,9	
Alter			1,9
bis 39 Jahre	25,5	31,4	
40 bis 59 Jahre	68,0	62,4	
60 Jahre und älter	6,5	6,1	
Schulbildung			1,2
max. Hauptschule	32,0	36,1	
Realschule	33,3	27,8	
(Fach)Abitur	34,6	36,1	
N_{min}	153	471	

†: $p \leq 0.1$; *: $p \leq 0.05$; **: $p \leq 0.01$; ***: $p \leq 0.001$ (zweiseitig)

Die Verteilung der Merkmale in den Gruppen der Ökolandwirte und der konventionellen Landwirte ist in Tabelle 6.9 dargestellt. Auf die Angabe einer „Gesamt"-Verteilung wurde bewusst verzichtet, da zwei unabhängige und hinsichtlich ihrer Größe disproportionale Stichproben miteinander verglichen werden.

Es sei nochmals angemerkt, dass die Daten *nicht* als repräsentativ für alle Landwirte angesehen werden können – alle Angaben zu Ökolandwirten beziehen sich ausschließlich auf Landwirte, die in den Jahren 2000-2002 ihren Betrieb umgestellt haben, die Daten zu konventionellen Landwirten auf Betriebsleiter, die sich gegen eine Umstellung entschieden haben.

Zwischen den Gruppen sind keine Unterschiede in der Verteilung demografischer Merkmale (Alter, Schulbildung) zu erkennen; sie unterscheiden sich jedoch recht deutlich in der regionalen Verteilung und hinsichtlich betrieblicher Kennwerte. So haben in Niedersachsen vergleichsweise wenig Landwirte ihren Betrieb im Untersuchungszeitraum umgestellt, in Hessen und insbesondere in Nordrhein-Westfalen relativ viele.

Bedeutsamer als die regionalen Differenzen sind Unterschiede in der betrieblichen Ausrichtung. Während die konventionelle Gruppe etwa zu zwei Dritteln aus Landwirten im Haupterwerb besteht, ist das Verhältnis in der Ökostichprobe mit zwei Dritteln Nebenerwerbslandwirten umgekehrt; entsprechend entscheiden sich Nebenerwerbslandwirte mit einer höheren Wahrscheinlichkeit für eine Umstellung auf ökologische Landwirtschaft. Korrespondierende Zusammenhänge sind im Hinblick auf die landwirtschaftliche Nutzfläche zu erkennen: Betriebe, die auf ökologische Landwirtschaft umgestellt haben, sind in dieser Stichprobe deutlich kleiner als konventionelle Betriebe. Hinzu kommen Unterschiede in der Betriebsform. In der Ökostichprobe haben vor allem Marktfrucht- und Gemischtbetriebe einen vergleichsweise geringen, Futterbaubetriebe dagegen einen hohen Anteil. Die betrieblichen Unterschiede sind aus der Sicht einer rationalen Handlungstheorie nicht überraschend. Vielmehr legen sie den Schluss nahe, dass mit den Randbedingungen unterschiedliche Kosten und Nutzen einer Umstellung einher gehen. So kann beispielsweise der geringe Anteil von Markfruchtbetrieben u.a. mit der verbreiteten Sorge erklärt werden, dass die Schädlings- und Unkrautbekämpfung im Ökolandbau problematisch und arbeitsaufwendig sei, auf der anderen Seite dagegen die Preise zu niedrig, eine Vermarktung schwierig und entsprechend die Abhängigkeit von Ausgleichszahlungen hoch (vgl. Schneeberger et al. 2002). Im Futterbau (also insbesondere der Rinderhaltung) dagegen hat die Unkraut- und Schädlingsbekämpfung keinen so hohen Stellenwert, und die Vermarktung ist vergleichsweise unproblematisch – wenn auch die Preise für ökologisch erzeugte Milch aus der Sicht der Produzenten sicherlich zu niedrig sind.

In Abschnitt 6.3.5 wird nochmals genauer auf die Frage eingegangen, inwieweit der Nettonutzen einer Umstellung mit demografischen und betrieblichen Randbedingungen zusammenhängt.

6.3.2 Netzwerk

In Abschnitt 6.2 konnte gezeigt werden, dass die Häufigkeit von Gesprächen über ökologische Landwirtschaft im sozialen Netzwerk – insbesondere in der Familie – in Zusammenhang mit der Wahrscheinlichkeit steht, ökologische Landwirtschaft als Alternative wahrzunehmen. Das Netzwerk wurde dort in erster Linie in seiner Rolle als Vermittler von Informationen thematisiert. Im Hinblick auf die eigentliche Entscheidung über eine Umstellung auf ökologische Landwirtschaft steht das Netzwerk nun als Träger von Bewertungen und Verhaltenserwartungen (etwa im Sinne der subjektiven Norm im Modell von Ajzen 1991) im Mittelpunkt. Es wurde vermutet, dass die Wahrscheinlichkeit einer Umstellung umso höher ist, je positiver der ökologische Landbau im Gespräch mit Kollegen und der Familie bewertet wird. Da die Netzwerkpersonen nicht befragt werden konnten, beziehen sich die untersuchten Daten auf die subjektive Einschätzung des Netzwerkes durch die Betriebsleiter.

Die Abbildungen 6.9 und 6.10 stellen die Bewertung des Ökolandbaus im sozialen Netzwerk vergleichend für Leiter von ökologischen und konventionellen Betrieben dar. Die Unterschiede zwischen den Gruppen sind offensichtlich: Während die Kollegen von konventionellen Landwirten den Ökolandbau nur in etwa 9 % der Fälle positiv bewerten, trifft dies für 46 % der Ökolandwirte zu. Die Unterschiede in der Bewertung durch die Familie sind noch deutlicher – die ökologische Landwirtschaft wird von 24 % der Familien konventioneller Landwirte, aber von über 82 % der Familien ökologisch wirtschaftender Landwirte positiv beurteilt. Es fällt auf, dass bezüglich der Bewertung des Ökolandbaus durch die Kollegen zwar die gleichen Tendenzen beobachtet werden können (die Kollegen von Ökobauern schätzen den Ökolandbau positiver ein als die Kollegen von konventionellen Landwirten), in den Familien jedoch durchweg eine positivere Einstellung zum Ökolandbau beobachtet werden kann (siehe auch Tabelle 6.10).

Entsprechend ist der bivariate Zusammenhang zwischen der Wahrscheinlichkeit einer Umstellung und der Einstellung der Familie mit $\tau_b = .49$ deutlich höher als bezüglich der Einstellung der Kollegen ($\tau_b = .38$). Dies ist

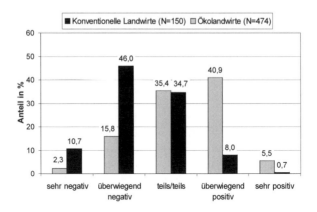

Abbildung 6.9: Bewertung des Ökolandbaus durch die Kollegen nach Umstellung auf ökologische Landwirtschaft

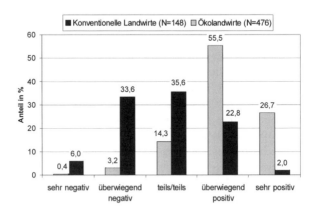

Abbildung 6.10: Bewertung des Ökolandbaus durch die Familie nach Umstellung auf ökologische Landwirtschaft

Tabelle 6.10: Bewertung des Ökolandbaus im Netzwerk (Median) nach Umstellung auf ökologische Landwirtschaft

	Konventionelle Landwirte	Ökolandwirte	τ_b
Bewertung Ökolandbau Kollegen	−0,60	0,37	.38***
Bewertung Ökolandbau Familie	−0,22	1,11	.49***
N_{min}	148	474	

†: $p \leq 0.1$; *: $p \leq 0.05$; **: $p \leq 0.01$; ***: $p \leq 0.001$ (zweiseitig)

inhaltlich ausgesprochen plausibel: Die Familie hat als Träger und Vermittler von Normen und kollektiven Repräsentationen eine besondere Bedeutung, und es ist nicht davon auszugehen, dass ein Landwirt seinen Betrieb – der schließlich in aller Regel als Familienbetrieb geführt wird – gegen den Willen seiner Familie auf ökologische Landwirtschaft umstellen wird.

Es ist jedoch zu bedenken, dass (wie bereits in Abschnitt 6.2.2 angemerkt) die Netzwerkvariablen in der Ökostichprobe nicht retrospektiv erhoben wurden, sondern die Situation zum Zeitpunkt der Erhebung widerspiegeln. Ob die Netzwerkpersonen der Ökolandwirte in der Zeit vor der Umstellung bereits eine ähnlich positive Einstellung zum Ökolandbau aufwiesen, kann daher nicht überprüft werden. Insofern wäre es denkbar, dass positive Erfahrungen nach der Umstellung die Einstellung in den Familien der Ökolandwirte verändert haben. Im Kollegenkreis ist ein solches Umdenken zwar auch vorstellbar, aber weniger wahrscheinlich und in geringerem Ausmaß zu erwarten. Nichtsdestotrotz wäre es denkbar, dass die empirischen Daten den tatsächlichen Zusammenhang überschätzen.

Tabelle 6.11: Bewertung des Ökolandbaus im Netzwerk (Median) nach Jahr der Umstellung (nur Ökolandwirte)

	2000	2001	2002	τ_b
Bewertung Ökolandbau Kollegen	0,28	0,41	0,43	.07
Bewertung Ökolandbau Familie	1,21	1,06	1,05	−.08†
N_{min}	161	203	107	

†: $p \leq 0.1$; *: $p \leq 0.05$; **: $p \leq 0.01$; ***: $p \leq 0.001$ (zweiseitig)

Um dies ansatzweise beurteilen zu können, ist in Tabelle 6.11 die Bewertung des Ökolandbaus getrennt nach den Jahren der Umstellung dargestellt. Ein starkes Absinken der Mediane, d.h. eine schlechtere Bewertung des Ökolandbaus im Umfeld von Landwirten, die später umgestellt haben, würde auf starke Sozialisationseffekte und somit eine starke Verzerrung der Daten hindeuten. Dies ist jedoch nicht der Fall. Vielmehr zeigt die Dauer der Erfahrung mit ökologischer Landwirtschaft in der in der Familie nur einen sehr schwachen Effekt auf die Bewertung, im Kollegenkreis hat das Jahr der Umstellung überhaupt keinen Einfluss. Es kann insofern davon ausgegangen werden, dass tatsächlich die Bewertung des Ökolandbaus im Netzwerk die Wahrscheinlichkeit der Umstellung beeinflusst, und nicht (oder nur in geringem Ausmaß) umgekehrt.

6.3.3 Nettonutzen

Die Entscheidung, einen Hof auf Ökolandwirtschaft umzustellen oder nicht, sollte – so die Grundthese der vorliegenden Untersuchung – wesentlich von dem subjektiven Nutzen bestimmt werden, den der Betriebsleiter sich davon erhofft. Der subjektive Nutzen (Nettonutzen) einer Handlungsalternative wird, wie in Abschnitt 5.4 ausführlich beschrieben, als Produktsumme über alle (modal salienten) Konsequenzen berechnet: $NN_j = \sum p_i \times U_i$. P_i bezeichnet hierbei die subjektive Wahrscheinlichkeit, mit der eine bestimmte Konsequenz i eintritt, wenn man die Handlungsalternative j wählt. U_i wiederum ist die (positive oder negative) Präferenz, die ein Akteur für diese Konsequenz i aufweist. Da sich die vorliegende Untersuchung mit einer Entscheidung zwischen zwei genau definierten Alternativen befasst (Umstellung auf ökologische Landwirtschaft oder bisherige, konventionelle Wirtschaftsweise[41]), ist insbesondere die Nutzendifferenz ND zwischen den beiden Alternativen von Interesse: $ND = NN_o - NN_k$. Eine positive Nutzendifferenz zeigt an, dass der Nutzen einer Umstellung höher ist, eine negative Differenz bedeutet, dass die Beibehaltung der konventionellen Wirtschaftsweise Vorteile aufweist.

Um den Einfluss subjektiver Nutzenerwägungen auf die Wahrscheinlichkeit einer Umstellung auf ökologische Landwirtschaft zu bestimmen und genauer zu beschreiben, wird in diesem Abschnitt in mehreren Schritten vorgegangen. Zunächst wird genauer auf die (Teil)Nutzendifferenzen, die sich aus einzelnen Konsequenzen ergeben – also die Summanden obiger

---

[41] Wie in Abschnitt 5.4 dargelegt, wurde das Vorliegen einer verdeckten dritten Handlungsalternative im Fragebogen kontrolliert.

6.3 Evaluation und Selektion der Alternative

Tabelle 6.12: Nutzendifferenzen der einzelnen Handlungskonsequenzen nach Umstellung auf Ökolandbau

	Konsequenz	Konv. Landwirte ND^a	Ökolandwirte ND^a	r_{bis}
a	Einfache und effektive Bekämpfung von Unkraut und Schädlingen	−0,56	−0,03	.47***
c	Hoher Ertrag an landwirtschaftlichen Produkten	−0,45	0,03	.51***
e	Gesicherter Absatz der Produkte	−0,15	0,05	.35***
g	Sicherheit vor Lebensmittelskandalen	0,05	0,15	.12*
h	Umweltfreundliche Produktionsweise	0,08	0,43	.27***
j	Ausreichend Freizeit	−0,15	0,02	.29***
k	Hohe Prämien/Zuschüsse	−0,12	0,11	.26***
l	Keine chemischen Spritzmittel verwenden	−0,11	0,48	.41***
n	Langfristige Sicherung des Fortbestehens des Betriebes	−0,15	0,09	.33***

N (Öko)=494; N (Vergl.)=163
[†]: $p \leq 0.1$; [*]: $p \leq 0.05$; [**]: $p \leq 0.01$; [***]: $p \leq 0.001$ (zweiseitig)

[a] Nutzendifferenz der Konsequenz zwischen beiden Alternativen ($NN_o - NN_k$)

Produktsumme – eingegangen. Hierdurch kann abgeschätzt werden, welche Handlungskonsequenzen für eine Umstellung von besonders großer Bedeutung sind. Die darauf folgenden Analysen beziehen sich auf den Gesamtnutzen der Alternativen. Nachdem Ökolandwirte und konventionelle Landwirte im Hinblick auf den subjektiven Nutzen verglichen wurden, den sie von konventioneller Landwirtschaft und einer Umstellung erwarten, wird die Frage gestellt, inwieweit die (Gesamt)Nutzendifferenz zwischen den Alternativen geeignet ist, einen Wechsel zu erklären. In Abschnitt 6.3.5 wird schließlich dargestellt, inwieweit subjektiver Nutzen mit demografischen und betrieblichen Randbedingungen in Verbindung steht.

Zu Beginn werden die einzelnen Handlungskonsequenzen untersucht. Tabelle 6.12 stellt die (Teil)Nutzendifferenzen vergleichend für Leiter von ökologischen und konventionellen Betrieben dar. Es zeigt sich, dass Landwirte, die sich gegen eine Umstellung entschieden haben, in Bezug auf nahezu alle Konsequenzen eine negative Nutzendifferenz erwarten, also in all diesen

Dimensionen die konventionelle Landwirtschaft für besser halten als den ökologischen Landbau. Lediglich hinsichtlich der „Sicherheit vor Lebensmittelskandalen" und der „umweltfreundlichen Produktionsweise" bewerten sie den ökologischen Landbau als (geringfügig) vorteilhafter. Ökolandwirte dagegen schreiben der biologischen Landwirtschaft bei allen Konsequenzen außer der „einfachen Unkrautbekämpfung" Vorteile zu.

Insofern ist zwar für alle Konsequenzen der gleiche Trend zu erkennen – Ökobauern bewerten den Ökolandbau besser, konventionelle den konventionellen besser –, es gibt jedoch beträchtliche Unterschiede im Ausmaß der Bewertungsunterschiede zwischen den beiden Gruppen. Entsprechend stehen einzelne Konsequenzen in starkem Zusammenhang mit der Wahrscheinlichkeit einer Umstellung, andere Konsequenzen sind dafür weniger bedeutsam. Den stärksten Zusammenhang weisen betriebliche Konsequenzen auf: Ertrag, Unkrautbekämpfung und Einsatz von Chemie haben biserielle Korrelationskoeffizienten zwischen .4 und .5, sind also besonders gut geeignet, die Entscheidung über eine Umstellung zu erklären. Dieses Ergebnis ist durchaus plausibel – es ist eher unwahrscheinlich, dass ein Landwirt seinen Hof auf ökologische Landwirtschaft umstellt, wenn er befürchten muss, dass er dann mit den betrieblichen Abläufen, also seiner täglichen Arbeit, unzufrieden wäre. Mit Korrelationen um .35 folgen der gesicherte Absatz der Produkte und das langfristige Fortbestehen des Betriebes, also zwei ökonomische Konsequenzen. Die Konsequenzen Freizeit, Umweltfreundlichkeit und Prämien haben mit Korrelationskoeffizienten unter .3 einen vergleichsweise niedrigeren Stellenwert bei der Entscheidung über eine Umstellung. Nur von nachrangiger Bedeutung ist die Frage, ob ein Wechsel Sicherheit vor Lebensmittelskandalen bietet.

Ausgehend von der Theorie rationalen Handelns sind jedoch nicht die Bewertungen der *einzelnen* Konsequenzen Grundlage der Entscheidung, sondern die Gesamtbewertung der Alternativen über alle Konsequenzen ist ausschlaggebend. Die einzelnen Folgen wirken hierbei kompensatorisch: Beispielsweise könnte ein gute Bewertung des Ökolandbaus hinsichtlich der Verwendung von Spritzmitteln eine schlechte Bewertung des Ertrages ausgleichen. Es wird daher nun auf die Bewertung der Alternativen als Ganzes eingegangen, also auf den Nettonutzen von ökologischer und konventioneller Landwirtschaft (siehe Tabelle 6.13). Es zeigt sich, dass Landwirte die ökologische Landwirtschaft gleichermaßen positiv beurteilen (NN_o) – unabhängig davon, ob sie sich für den Ökolandbau oder dagegen entschieden haben. Dies ist, zumindest auf den ersten Blick, irritierend – schließlich wäre zu erwarten gewesen, dass Ökolandwirte ihre Wirtschaftsweise deutlich

6.3 Evaluation und Selektion der Alternative

Tabelle 6.13: Nettonutzen und Nutzendifferenz nach Umstellung auf ökologische Landwirtschaft[a]

	Konventionelle Landwirte		Ökolandwirte		t
	$\bar{x}$	σ	$\bar{x}$	σ	
NN_o	2,70	2,64	2,61	3,37	0,3
NN_k	4,25	2,43	1,26	2,39	−13,6***
ND	−1,57	2,06	1,35	2,91	13,8***
N_{min}	160		472		

[†]: $p \leq 0.1$; [*]: $p \leq 0.05$; [**]: $p \leq 0.01$; [***]: $p \leq 0.001$ (zweiseitig)

[a] NN_o = Nettonutzen Öko, NN_k = Nettonutzen konv, ND = Nutzendifferenz

positiver beurteilen als konventionelle Landwirte. Weitere Untersuchungen ergeben jedoch, dass dieser Effekt lediglich in der Substichprobe derjenigen konventionellen Landwirte auftritt, die eine Umstellung in Erwägung gezogen haben. Landwirte, die angeben, noch nie über eine Umstellung nachgedacht zu haben (und daher in diesem Abschnitt nicht betrachtet werden), bewerten den ökologischen Landbau signifikant schlechter: Diese Gruppe schreibt der ökologischen Landwirtschaft einen Nettonutzen von lediglich 1,75 zu.[42] Das Ergebnis stützt insofern die Argumentation aus Abschnitt 6.2, dass eine theoretisch mögliche Handlungsalternative nur dann als Alternative in die „engere Wahl" aufgenommen wird, wenn der damit verbundene Nutzen nach grober Abschätzung vielversprechend erscheint. Wird diese Schwelle nicht überschritten, wird eine Umstellung nicht in Erwägung gezogen. Für alle in diesem Abschnitt betrachteten Landwirte gilt jedoch, dass sie eine Umstellung auf Ökolandbau in Betracht gezogen haben – es sollte daher nicht verwundern, dass sie den Ökolandbau auch relativ positiv bewerten.

Hinzu kommt, dass konventionelle Landwirte von ihrer Art des Wirtschaftens einen mehr als dreimal höheren Nutzen (NN_k) erwarten als Ökobauern es tun. Für diejenigen Landwirte, die sich gegen eine Umstellung entschieden haben, ist die ökologische Landwirtschaft dementsprechend zwar eine

---

[42] Wenn diese Befragten noch nie über eine Umstellung nachgedacht haben, ist allerdings nicht davon auszugehen, dass sie in der Befragung eine sehr valide Schätzung ihres Erwartungsnutzens angeben; der Wert sollte daher nur als eine grobe Schätzung angesehen werden.

akzeptable Alternative, aber nicht die beste. Sie wird nicht gewählt, da die konventionelle Wirtschaftweise als wesentlich vorteilhafter angesehen wird als der Ökolandbau. Die Betriebsleiter wiederum, die sich für eine Umstellung entschieden haben, haben dies nicht getan, weil sie den Ökolandbau als außergewöhnlich gut wahrnehmen, sondern vielmehr, weil sie die konventionelle Landwirtschaft als eher ungünstig empfinden.[43] *Im Vergleich zur konventionellen Landwirtschaft wird der Ökolandbau von Leitern konventioneller Betriebe als schlechter, von Leitern ökologischer Betriebe als besser beurteilt.*

Bereits aus einem Vergleich der Nutzen von konventioneller und ökologischer Wirtschaftsweise lässt sich ableiten, dass die Nutzendifferenz $ND = NN_o - NN_k$ einer Umstellung bei konventionellen Landwirten negativ ist, bei Ökolandwirten dagegen positiv. Nichts anderes ist, ausgehend von der Theorie rationalen Handelns, zu erwarten. Die theoriekonforme Nutzendifferenz im Aggregat gibt jedoch nur grobe Hinweise auf die Gültigkeit der Handlungstheorie auf der Mikroebene und auf die Stärke des Zusammenhangs zwischen Nutzenerwägungen und der Entscheidung. Eine bivariate Korrelation zwischen der Nutzendifferenz und der Wahrscheinlichkeit von $r_{bis} = .58$ verweist jedoch auf einen sehr engen Zusammenhang.

Ein alternativer, von Korrelationen unabhängiger Blick auf den Zusammenhang zwischen Nutzen und Umstellung bietet sich, wenn man die Nutzendifferenz kategorisiert und mit der Gruppenzugehörigkeit kreuztabuliert (Tabelle 6.14). Hierdurch kann die akteursbezogene Gültigkeit der Nutzentheorie beurteilt werden. Für die Berechnung der Kreuztabelle wurden Befragte mit einer Nutzendifferenz zwischen -0,5 und +0,5 als indifferent eingestuft (dies betrifft 75 Personen), alle anderen entsprechend des Vorzeichens der Nutzendifferenz den Kategorien zugeordnet.

Wenn die deterministische Variante der Rational Choice Theorie absolut zuträfe (und es keine Messfehler gäbe), sollten *alle* konventionellen Landwirte

---

[43] Es wäre jedoch verfehlt, aus diesem Ergebnis zu folgern, dass eine politische Förderung (sei es durch direkte Subventionen, durch die Verbesserung von Vermarktungsstrukturen oder durch Unterstützung wissenschaftlicher Forschung) nutzlos oder nicht notwendig wäre. Dies würde dazu führen, dass eine Umstellung auf ökologische Landwirtschaft im Mittel einen geringeren Nettonutzen aufweisen würde. Als Folge wäre anzunehmen, dass erstens weniger Landwirte den Ökolandbau als Alternative wahrnähmen und zweitens bei einem geringeren Anteil der Landwirte der Nutzen der Umstellung den der konventionellen Wirtschaftweise überstige. Drittens verweist der – auch bei Ökobauern – eher geringe Nutzen des Ökolandbaus auf die Kosten und Risiken einer Umstellung. Wenn von Seiten der Politik eine Ausweitung der ökologischen Landwirtschaft gewünscht ist, gilt es diese Risiken zu mindern.

Tabelle 6.14: Prognosegüte der Nutzendifferenz

Nutzendifferenz	Konventionelle Landwirte %	Ökolandwirte %	N
Negativ	76,1	28,4	255
$-0.5 \leq ND \leq 0.5$	13,2	11,4	75
Positiv	10,7	60,2	301
N (100 %)	159	472	631

$\phi = 0,42$, $\chi^2 = 129,3$ ($p \leq .001$)

eine negative Nutzendifferenz, alle Ökolandwirte eine positive Nutzendifferenz aufweisen. Selbstverständlich ist dies nicht der Fall – es können jedoch etwa 76 % der konventionellen Landwirte und 60 % der Ökolandwirte richtig klassifiziert werden. Lediglich 11 % der Leiter konventioneller Betriebe erwarten von einer Umstellung einen höheren Nutzen als von ihrer bisherigen Wirtschaftsweise. Überraschend ist allerdings, dass 28 % der Ökolandwirte von der konventionellen Landwirtschaft einen höheren Nutzen erwarten. Nach einer „engen" Variante der RCT hätten diese Landwirte ihren Betrieb nicht umstellen dürfen. Das Ergebnis verweist darauf, dass die Umstellung auf Ökolandbau zwar eng mit Nutzenerwartungen zusammenhängt, aber nicht komplett von ihnen determiniert wird. Offensichtlich gibt es Faktoren, die geeignet sind, einen negativen Nutzen auszugleichen. Im theoretischen Teil dieser Arbeit wurde dargelegt, dass bei umweltbezogenen Entscheidungen das Umweltbewusstsein als ein solcher Faktor angesehen werden kann.

6.3.4 Umweltbewusstsein

In Abschnitt 6.2 konnte gezeigt werden, dass das Umweltbewusstsein die Wahrnehmung von ökologischer Landwirtschaft als Alternative beeinflusst. Es wäre insofern denkbar, dass – nach Kontrolle der wahrgenommenen Alternativen – kein direkter Effekt auf die Entscheidung mehr zu beobachten ist. Andererseits legt die relativ hohe Zahl von Ökolandwirten mit einer negativen Nutzendifferenz (Tabelle 6.14 in Abschnitt 6.3.3) nahe, dass das Umweltbewusstsein doch entscheidungsrelevant sein könnte. Aus diesem Grund werden an dieser Stelle Analysen durchgeführt, die sich auf den direkten Einfluss des Umweltbewusstseins auf die Entscheidung zwischen ökologischer und konventioneller Landwirtschaft beziehen. Die Analysen werden hier auf das Mindestmaß beschränkt; sie beziehen sich hauptsächlich

Tabelle 6.15: Umweltbewusstsein nach Umstellung auf ökologische Landwirtschaft

	Konventionelle Landwirte	Ökolandwirte	r_{bis}
Allgemeines Umweltbewusstsein	3,15	3,62	.39***
Spezielles Umweltbewusstsein	2,52	3,51	.65***
N_{min}	162	491	

†: $p \leq 0.1$; *: $p \leq 0.05$; **: $p \leq 0.01$; ***: $p \leq 0.001$ (zweiseitig)

auf die Frage, ob und in welchem Ausmaß ein Zusammenhang besteht. Eine detaillierte Untersuchung des Umweltbewusstseins, insbesondere hinsichtlich der Frage, auf welche Weise Einstellungen die Entscheidung beeinflussen (sowie die Überprüfung der diesbezüglichen Hypothesen) folgt in Abschnitt 6.4.

Wie man Tabelle 6.15 entnehmen kann, besteht, selbst wenn die subjektive Wahrnehmung von Handlungsalternativen berücksichtigt wird, ein Zusammenhang zwischen Umwelteinstellungen und der Wahrscheinlichkeit einer Umstellung auf ökologischen Landbau. Ökologisch wirtschaftende Landwirte sind umweltbewusster als konventionelle. Der Unterschied ist sowohl in Hinblick auf allgemeine, als auch in Hinblick auf speziell landwirtschaftsbezogene Umwelteinstellungen zu beobachten, bei allgemeinen Einstellungen ist er jedoch deutlich geringer.[44] Entsprechend ist auch der bivariate Zusammenhang zwischen speziellem Umweltbewusstsein und der Umstellung auf ökologische Landwirtschaft mit $r_{bis} = .65$ stärker als bei allgemeinem Umweltbewusstsein $r_{bis} = .39$.

Um beurteilen zu können, ob Umweltbewusstsein geeignet ist, die vergleichsweise hohe Rate an Fehlklassifizierungen der Ökolandwirte zu erklären, wurde geprüft, ob sich die Korrelationen in Abhängigkeit von der Höhe der Nutzendifferenz unterscheiden. Hierfür werden die Befragten, wie auch schon in Tabelle 6.14 auf Seite 107, in Gruppen mit negativer, positiver und weitgehend ausgeglichener Nutzendifferenz eingeteilt. Wenn sich die Rate der Fehlklassifizierungen durch die Berücksichtigung von Umweltbewusstsein erklären lassen soll, müsste in der Gruppe mit negativer Nutzendifferenz ein

---

[44] Es wurde bereits angemerkt, dass das allgemeine Umweltbewusstsein von konventionellen Landwirten niedriger ist als das der Durchschnittsbevölkerung. Dies gilt nicht für Leiter von ökologischen Betrieben – sie weisen ein (geringfügig) höheres Umweltbewusstsein auf als der Bundesdurchschnitt (3,6 zu 3,5).

Tabelle 6.16: Einfluss des Umweltbewusstseins nach Nutzendifferenz

Nutzendifferenz	allg. Umweltbewusstsein		r_{bis}	N
	Konventionelle Landwirte	Ökolandwirte		
Negativ	3,00	3,57	.50***	255
$-0.5 \leq ND \leq 0.5$	3,60	3,56	.06	75
Positiv	3,61	3,66	.05	299
N (100 %)	160	470		630

†: $p \leq 0.1$; *: $p \leq 0.05$; **: $p \leq 0.01$; ***: $p \leq 0.001$ (zweiseitig)

stärkerer (positiver) Einfluss der Umwelteinstellungen zu erkennen sein. Die folgende Darstellung bezieht sich ausschließlich auf allgemeines Umweltbewusstsein, bei Verwendung des speziellen Umweltbewusstseins findet man jedoch keine substanziell unterschiedlichen Ergebnisse.

Tabelle 6.16 zeigt, dass nur in der Gruppe der Landwirte, die den Ökolandbau schlechter beurteilen als den konventionellen Landbau ($ND < 0$), das Umweltbewusstsein einen signifikanten Einfluss auf die Entscheidung hat – dort jedoch einen ausgesprochen starken. Weder in der indifferenten Gruppe noch bei einer positiven Nutzendifferenz steht das Umweltbewusstsein im Zusammenhang mit der Entscheidung. Dies bedeutet zum einen, dass ein Nutzenvorteil des Ökolandbaus bereits ausreicht, um einen Landwirt zur Umstellung zu bewegen, zeigt auf der anderen Seite aber auch, dass ein Nutzenvorteil der konventionellen Landwirtschaft durch ein hohes Umweltbewusstsein ausgeglichen werden kann. Statistisch betrachtet ist dieses Ergebnis ein Hinweis auf einen Interaktionseffekt zwischen Umweltbewusstsein und der Wahrscheinlichkeit einer Umstellung. Nach einer multivariaten Überprüfung der bisherigen Ergebnisse in Abschnitt 6.4 wird näher auf diesen Punkt eingegangen.

6.3.5 Randbedingungen und Erwartungsnutzen

Bevor die oben dargestellten Ergebnisse in einer multivariaten Analyse kontrolliert werden, wird in diesem Abschnitt der Frage nachgegangen, in wie weit der subjektiv erwartete Nutzen einer Umstellung auf ökologische Landwirtschaft von objektiven Randbedingungen abhängig ist. Im bisherigen Verlauf dieser Arbeit wurde bewusst darauf verzichtet, Zusammenhänge der verschiedenen unabhängigen Variablen intensiv darzustellen. Diese Entscheidung wurde im Wesentlichen getroffen, um die Darstellung zu straffen und Redundanzen zu vermeiden: In multivariaten Analysen werden diese Zusammenhänge automatisch berücksichtigt und Kovariationen der unabhängigen Variablen – soweit im Einzelfall von Interesse – können in aller Regel aus einer sorgfältigen Interpretation der multivariaten Modelle abgeleitet werden.

An dieser Stelle wird dennoch von der bisherigen Vorgehensweise abgewichen. Dies ist erstens darin begründet, dass der Nutzen einer Umstellung die zentrale Variable der vorliegenden Untersuchung ist und eine detailliertere (wenn auch in Teilen redundante) Darstellung angemessen ist. Zweitens hat der Zusammenhang zwischen subjektivem Nutzen und objektiven Randbedingungen eine theoretische Bedeutung, da er darauf verweist, dass die Mikroebene an die Makroebene gekoppelt ist.[45] Die Verbindung beider Ebenen besteht, so die Annahme der Theorie rationalen Handelns, in gruppentypischen Handlungsbegrenzungen und -möglichkeiten sowie in der durch Randbedingungen verursachten unterschiedlichen Bewertung von Handlungsalternativen. Als Folge sind gruppentypisch unterschiedliche Handlungsentscheidungen zu erwarten.

Aufgrund der Anlage der Studie (es konnten nur Landwirte in drei Bundesländern zu einem Zeitpunkt befragt werden), sind die Möglichkeiten, diese Verbindung darzustellen, allerdings begrenzt. Insbesondere können die betrieblichen Randbedingungen nicht der Makro- sondern eher einer Mesoebene zugeordnet werden.

In Abschnitt 6.3.1 wurde dargestellt, dass Landwirte, die sich für bzw. gegen eine Umstellung auf ökologische Landwirtschaft entschieden haben, sich vor allem im Hinblick auf ihre Erwerbsart, die Betriebsform und die Größe des Betriebes unterscheiden. Bezüglich der Verteilung auf die Bundesländer konnten kleinere Unterschiede festgestellt werden, die Gruppen unterschieden sich jedoch nicht in der Altersverteilung und der Schulbildung.

Tabelle 6.17 stellt die mittleren Nutzendifferenzen getrennt nach Randbedingungen und vergleichend für konventionelle/ökologische Wirtschaftsweise dar.[46] Die interessantere der beiden Gruppen ist letztlich die konventionelle: Sie ist, bezogen auf eine Grundgesamtheit aller Landwirte, deutlich größer als die Gruppe der Ökolandwirte, die zwischen 2000 und 2002 umgestellt

---

[45] Bereits Marx betonte: „Die Menschen machen ihre eigene Geschichte, aber sie machen sie nicht aus freien Stücken, nicht unter selbstgewählten, sondern unter unmittelbar vorgefundenen, gegebenen und überlieferten Umständen" (Marx 1973, S. 115).

[46] Aus Platzgründen wurden in die Tabellen ausschließlich die Nutzendifferenzen aufgenommen. Die beiden Komponenten der Nutzendifferenz (Nettonutzen Öko und Nettonutzen konventionell) lassen sich Tabelle A.6 auf Seite 166 im Anhang entnehmen.

6.3 Evaluation und Selektion der Alternative

Tabelle 6.17: Nutzendifferenz nach Randbedingungen

	konv. Landwirte		Ökolandwirte	
	ND	η	ND	η
Bundesland		.07		.11[†]
Hessen	−1,63		1,33	
Niedersachsen	−1,37		1,11	
NRW	−1,72		1,85	
Erwerbsart		.36***		.08[†]
Haupterwerb	−2,11		1,65	
Nebenerwerb	−0,58		1,17	
Betriebsform		.16		.15*
Marktfrucht	−1,93		2,69	
Futterbau	−1,54		1,15	
Veredlung	−1,83		1,10	
Gemischt	−1,15		1,67	
Sonstige	−0,81		1,36	
Nutzfläche		.33***		.12*
bis 29 ha	−0,64		1,06	
30 bis 99 ha	−2,11		1,79	
100 ha und mehr	−1,69		1,40	
Alter		.16		.05
bis 39 Jahre	−1,23		1,44	
40 bis 59 Jahre	−1,78		1,33	
60 Jahre und älter	−0,88		0,87	
Schulbildung		.18[†]		.01
max. Hauptschule	−1,05		1,27	
Realschule	−1,60		1,34	
(Fach)Abitur	−1,95		1,36	
N_{min}	150		452	

[†]: $p \leq 0.1$; *: $p \leq 0.05$; **: $p \leq 0.01$; ***: $p \leq 0.001$ (zweiseitig)

haben (diese dürfte in der Größenordnung von etwa 1 % liegen). Daher wird sich die folgende Diskussion im Wesentlichen auf die Angaben zur konventionellen Stichprobe beschränken, Angaben zur Ökostichprobe werden nur als Hintergrundinformation herangezogen.

In der regionalen Verteilung und bezüglich demografischer Gruppen gibt es nur geringfügige Unterschiede in der Nutzendifferenz. Lediglich die Schulbildung hat einen gewissen Einfluss: Höher gebildete konventionelle Landwirte erwarten von einer Umstellung einen geringeren Nutzen als weniger gebildete Betriebsleiter. Der Unterschied ist allerdings nur auf dem 10 %-Niveau signifikant. Da sich in Abschnitt 6.3.1 gezeigt hatte, dass sich Ökobauern und konventionelle Landwirte nicht hinsichtlich ihrer Bildung unterscheiden, wären auch keine Unterschiede in den Erwartungen an den Nutzen einer Umstellung zu erwarten gewesen. Recht deutliche Zusammenhänge sind jedoch zwischen Nutzen und betrieblichen Variablen zu erkennen: Haupterwerbslandwirte erwarten von einer Umstellung eine klar negative Nutzendifferenz, Nebenerwerbslandwirte nur eine leicht negative. Ähnliche Unterschiede sind für die Größe des Betriebes zu beobachten: Konventionelle Landwirte mit wenig Nutzfläche haben eine nur leicht negative Nutzendifferenz, Leiter von größeren Betrieben eine recht deutlich negative. Relativ zur konventionellen Landwirtschaft beurteilen demnach Nebenerwerbslandwirte und Landwirte mit geringer Nutzfläche den Ökolandbau also positiver als Haupterwerbslandwirte bzw. Leiter von größeren Betrieben dies tun. Als mögliche Erklärung käme hierfür in Betracht, dass kleinere (Nebenerwerbs-)Betriebe eine weniger intensive Produktionsweise haben und mit einer Umstellung insofern geringere Kosten verbunden wären. Hinzu kommt, dass kleinere Nebenerwerbsbetriebe weniger auf ihren Umsatz und die Erwirtschaftung eines operativen Gewinns angewiesen sind und entsprechend von den höheren Zuschüssen in der ökologischen Landwirtschaft stärker profitieren können.

Es ist überraschend, dass keine signifikanten Abweichungen in der Nutzendifferenz nach Betriebsformen bestehen. Hier wären Unterschiede besonders naheliegend gewesen, schließlich bestehen zwischen ökologischen und konventionellen Betrieben klare Unterschiede in der Verteilung auf die verschiedenen Betriebsformen. Trotz der fehlenden Signifikanz kann zumindest der geringe Anteil der Marktfruchtbetriebe in der Ökostichprobe erklärt werden: Leiter von konventionellen Marktfruchtbetrieben bewerten den Ökolandbau im Vergleich zur konventionellen Landwirtschaft von allen Betriebsformen am schlechtesten. In der Ökostichprobe ist das Verhältnis dagegen umgekehrt. Hier schreiben Marktfruchtbetriebe der ökologischen Landwirtschaft den höchsten relativen Nutzen zu. Dieses Ergebnis kann dahingehend gedeutet werden, dass Marktfruchtbetriebe nur unter sehr spezifischen Voraussetzungen umgestellt werden, die Umstellung in allen anderen Fällen dagegen als sehr kostspielig angesehen wird.

Insgesamt sind die Zusammenhänge zwischen dem relativen Nutzen einer Umstellung und den sozio-ökonomischen Randbedingungen geringer als aus theoretischen Erwägungen zu erwarten gewesen wäre. Auch die unterschiedliche Verteilung der Randbedingungen zwischen Umstellern und weiterhin konventionell wirtschaftenden Landwirten hätte größere Differenzen nahegelegt. Dass diese empirisch nicht gefunden wurden, lässt zum einen vermuten,

6.3 Evaluation und Selektion der Alternative

dass in einer multivariaten Analyse die Effekte der betrieblichen Variablen nicht vollständig durch die Nutzendifferenz erklärt werden können (dies wäre lediglich hinsichtlich der Erwerbsart und der Nutzfläche zu erwarten). Zum anderen wirft es die Frage auf, wieso sich die Gruppen nicht in der Nutzendifferenz unterscheiden. Zwei Erklärungen kommen in Betracht: Zum einen kann die in Abschnitt 6.3.1 dargestellte Verteilung durch Einflüsse entstehen, die nicht in Zusammenhang mit dem Erwartungsnutzen stehen. Zum anderen könnte es sein, dass die in dieser Arbeit verwendete Messung des Erwartungsnutzens nicht präzise genug ist, um innerbetrieblichen Abläufen gerecht zu werden.

6.3.6 Zusammenfassende Analysen und Diskussion

Zur Entscheidung für oder gegen eine Umstellung auf ökologische Landwirtschaft wurden in Abschnitt 3.2.5 insgesamt fünf Hypothesen aufgestellt. Die Hypothesen 9 und 10 postulieren einen Einfluss der Bewertung von ökologischer Landwirtschaft im sozialen Umfeld der Betriebsleiter. Hypothese 11 besagt, dass die Wahrscheinlichkeit einer Umstellung steigt, wenn der subjektiv erwartete Nutzen einer Umstellung den Nutzen der konventionellen Landwirtschaft übertrifft. Die Hypothesen 12 und 13 postulieren Effekte des Umweltbewusstseins, entweder einen direkten Effekt (H12) oder einen positiven Interaktionseffekt (H13).

Wie bereits bei den beiden ersten Stufen des Entscheidungsprozesses werden die Hypothesen in multivariaten Logitmodellen überprüft. Einem Basismodell mit sozioökonomischen Kontrollvariablen werden einzeln die theoretischen Konstrukte hinzugefügt und abschließend in einem Gesamtmodell simultan getestet.

Anhand sozio-ökonomischer Kontrollvariablen (siehe Modell 1 in Tabelle 6.18) können 16 % der Pseudo-Varianz einer Umstellung auf ökologische Landwirtschaft erklärt werden. Wie aufgrund der deskriptiven Analysen zu erwarten, haben personenbezogene Variablen (Alter und Bildung) keinen Einfluss auf die Wahrscheinlichkeit einer Umstellung, gleiches gilt für die regionale Herkunft. Von Bedeutung sind hingegen betriebliche Faktoren: Nebenerwerbslandwirte stellen ihren Betrieb deutlich häufiger auf ökologische Landwirtschaft um als Landwirte im Haupterwerb. Der bivariate Effekt der Flächenausstattung ist auf eine Kovariation mit der Erwerbsart zurückzuführen und im multivariaten Modell nicht mehr von Relevanz. Die Betriebsform wiederum beeinflusst die Wahrscheinlichkeit der Umstellung auf ökologische Landwirtschaft: Futterbaubetriebe stellen mit höherer Wahr-

Tabelle 6.18: Logistische Regressionsmodelle zur Umstellung auf Ökolandbau

	Modell 1		Modell 2		Modell 3		Modell 4a		Modell 4b		Modell 5	
	OR	$\beta^{S_{xy}}$	OR	$\beta^{S_{xy}}$	OR	$\beta^{S_{xy}}$	OR	$\beta^{S_{xy}}$	OR	$\beta^{S_{xy}}$	OR	$\beta^{S_{xy}}$
Hessen	1		1		1		1		1		1	
Niedersachsen	0,97	−0,01	1,27	0,04	0,68	−0,07	0,94	−0,01	0,68	−0,07	1,02	0,00
NRW	1,05	0,01	1,95	0,12†	0,86	−0,03	1,18	0,04	1,07	0,01	1,85	0,10
Haupterwerb	1		1		1		1		1		1	
Nebenerwerb	2,97	0,27***	1,89	0,11†	2,88	0,21***	2,96	0,25***	2,01	0,13*	1,52	0,07
Marktfrucht	1		1		1		1		1		1	
Futterbau	4,60	0,38***	3,76	0,24**	6,75	0,39***	4,59	0,35***	6,02	0,35***	4,57	0,24***
Veredlung	2,18	0,15*	2,92	0,15*	4,01	0,22***	2,26	0,15*	3,21	0,18**	4,51	0,19**
Gemischt	1,82	0,11†	1,31	0,04	2,19	0,12*	1,55	0,08	1,79	0,09	1,41	0,04
Sonstige	6,36	0,21**	11,41	0,20**	9,16	0,20**	6,10	0,19*	8,49	0,19**	15,63	0,20*
Nutzfläche	1,00	0,03	1,00	0,11†	1,00	0,02	1,00	0,06	1,00	0,09†	1,00	0,09†
Alter	0,98	−0,08	0,98	−0,06	0,99	−0,05	0,99	−0,03	0,99	−0,03	0,99	−0,03
Hauptschule	1		1		1		1		1		1	
Mittlere Reife	0,91	−0,02	0,72	−0,05	1,23	0,04	1,04	0,01	1,32	0,05	0,98	−0,00
(Fach)Abitur	1,03	0,01	0,67	−0,07	1,22	0,04	1,04	0,01	1,23	0,04	0,94	−0,01
Bewertung Koll.			2,72	0,33***							2,45	0,26***
Bewertung Fam.			3,95	0,46***							2,24	0,24***
Nutzendifferenz					1,56	0,54***					1,40	0,32***
Allg. UWB											1,19	0,04
Spez. UWB							3,03	0,35***	6,36	0,60***	2,08	0,19**
Konstante	1,53		0,00		1,03		0,02		0,00		0,00	
Nagelkerke R^2	0.16		0.54		0.39		0.26		0.45		0.64	
N	576		533		557		574		574		517	

†: p ≤ 0.1; *: p ≤ 0.05; **: p ≤ 0.01; ***: p ≤ 0.001 (zweiseitig)

6.3 Evaluation und Selektion der Alternative

scheinlichkeit um als Veredlungsbetriebe, und diese wiederum mit höherer Wahrscheinlichkeit als Gemischtbetriebe. Leiter von Marktfruchtbetrieben sind am wenigsten geneigt, ihren Hof auf ökologische Landwirtschaft umzustellen. Unter Kontrolle weiterer Variablen büßen die sozio-ökonomischen Konstrukte jedoch einen Teil ihrer Erklärungskraft ein. Der Effekt der Erwerbsart kann auf Unterschiede im sozialen Netzwerk, in der Nutzenbilanz einer Umstellung und im Umweltbewusstsein zurückgeführt werden. Unter simultaner Kontrolle dieser Faktoren (Modell 5) steht die Erwerbsart nicht mehr in Zusammenhang mit der Wahrscheinlichkeit einer Umstellung. Die Effekte der Betriebsform bleiben jedoch, zumindest in ihrer Tendenz, weitgehend stabil. Wie aufgrund der Ergebnisse aus Abschnitt 6.3.5 zu erwarten, erklären Unterschiede im erwarteten Nutzen einer Umstellung den Einfluss der Betriebsform nicht. Dies deutet darauf hin, dass zwischen den Betriebsformen Unterschiede in Anreizen und Hemmnissen einer Umstellung bestehen, die durch die Nutzenvariable nicht komplett abgedeckt werden.

Fügt man dem Grundmodell Variablen zur Bewertung des Ökolandbaus im sozialen Netzwerk hinzu, verbessert sich die Prognosekraft des Modells deutlich um 38 Prozentpunkte. Mit einem standardisierten Logitkoeffizienten von .46 hat die Einstellung der Familienangehörigen einen stärkeren Effekt auf die Wahrscheinlichkeit einer Umstellung als die Einstellung der Bekannten und Kollegen ($b^{s_{xy}} = .32$).[47] Der Einfluss der Bewertung des Ökolandbaus im Netzwerk verliert im Gesamtmodell zwar etwas an Stärke, bleibt aber signifikant. Dies war durchaus zu erwarten; es wurde bereits argumentiert, dass landwirtschaftliche Betriebe in Westdeutschland in aller Regel als Familienbetriebe geführt werden, und es insofern eher ungewöhnlich wäre, wenn ein Betriebsleiter seinen Hof gegen den Widerstand seiner Familie umstellen würde. Diese Argumentation kann zwar nicht auf den Einfluss der Kollegen und Bekannten angewandt werden, doch auch hier ist ein Zusammenhang nicht überraschend. Soziale Missbilligung verursacht nicht unerhebliche Kosten (die nicht von der Nutzenskala erfasst werden), während eine positive Verstärkung durch das soziale Umfeld eine schwierige und risikoreiche Entscheidung sicherlich erleichtert. Schließlich sollte darauf hingewiesen werden, dass Ajzen und Fishbein (1980) in ihrer „theory of reasoned action" zu objektbezoggen (Nutzen-)Einstellungen explizit einen Effekt der subjektiven Norm, also der Beurteilung des eigenen Verhaltens

---

[47] Es wurde bereits darauf hingewiesen, dass hier zum Teil ein Kausaleffekt, zum Teil ein Sozialisationseffekt vorliegen kann (vgl. auch die Ausführungen in Abschnitt 6.3.2). Vor diesem Hintergrund ist auch die sehr hohe Einflussstärke der Netzwerkvariablen kritisch zu hinterfragen und sollte nicht überinterpretiert werden.

durch signifikante Andere, vorgesehen haben.

Der subjektiv erwartete Nutzen einer Umstellung hat, wie aufgrund der bivariaten Analysen zu erwarten war, einen starken und theoriekonformen Einfluss (siehe Modell 3 in Tabelle 6.18): Im Vergleich zum Basismodell können 23 Prozentpunkte mehr Pseudovarianz erklärt werden, wenn die Nutzendifferenz als erklärende Variable hinzugenommen wird. Auch im multivariaten Modell steigt die Wahrscheinlichkeit einer Umstellung auf ökologische Landwirtschaft stark an, wenn eine Umstellung mit relativ mehr Nutzen verbunden ist als die konventionelle Wirtschaftsweise. Der Effekt der Nutzendifferenz bleibt unter Kontrolle anderer Variablen stabil, büßt jedoch im Gesamtmodell etwas an Stärke ein. Er repräsentiert jedoch auch im Gesamtmodell den stärksten Einzeleffekt, was als Hinweis auf die besondere Bedeutung von Nutzenerwägungen für die Entscheidung über eine Umstellung gedeutet werden kann.

In den Modellen 4a und 4b wird der Einfluss des Umweltbewusstseins auf eine Umstellung untersucht. Sowohl allgemeines als auch spezielles Umweltbewusstsein haben einen positiven Effekt – je höher also das Umweltbewusstsein, desto höher die Wahrscheinlichkeit einer Umstellung. Der Effekt des speziellen Umweltbewusstseins ist mit einem standardisierten Koeffizienten von .60 und einer relativen Modellverbesserung von 29 Prozentpunkten wesentlich stärker als der des allgemeinen Umweltbewusstseins. Wie bereits in den Regressionsmodellen zur Wahrnehmung von Handlungsalternativen hat unter gegenseitiger Kontrolle nur noch das spezielle, nicht aber das allgemeine Umweltbewusstsein einen signifikanten Einfluss. Dies verweist auf eine Gültigkeit der These, dass spezielle Einstellungen konkrete Handlungen besser erklären können als allgemeine Einstellungen. Die Ergebnisse legen nahe, dass allgemeine Umwelteinstellungen spezielle, problembezogene Einstellungen erzeugen, die wiederum in direktem Zusammenhang mit Entscheidungen der Akteure stehen. Dennoch sollten allgemeine Umwelteinstellungen nicht aus dem Blickfeld der Forschung geraten: Zum einen sind Hypothesen zu allgemeinen Einstellungen informationshaltiger als Hypothesen zu speziellen Einstellungen. Zum anderen sind die Ergebnisse von Forschungsarbeiten in unterschiedlichen Teilbereichen der Umweltsoziologie nur unzureichend vergleichbar, wenn in jedem Teilbereich eigene Skalen zur Messung spezifischen Umweltbewusstseins verwendet werden. Die hier dargestellten Ergebnisse geben keine Informationen darüber, auf welche Weise genau Umwelteinstellungen in Verbindung mit Verhalten stehen – diese Frage wird im folgenden Abschnitt ausführlich behandelt.

Insgesamt können mit den unabhängigen Variablen 64 % der Pseudo-

Varianz erklärt werden (Modell 5), damit ist das Logitmodell hervorragend an die empirischen Daten angepasst.[48] Letztlich können die Hypothesen 9, 10, 11 und 12 als bestätigt angesehen werden: Die Wahrscheinlichkeit einer Umstellung steigt, wenn das soziale Umfeld der Betriebsleiter die ökologische Landwirtschaft positiv beurteilt. Trotz der großen Bedeutung, die eine Entscheidung über die Wirtschaftsweise für einen Betriebsleiter hat, ist ein mittelmäßig starker Einfluss des Umweltbewusstseins zu erkennen – umweltbewusste Landwirte stellen ihren Betrieb also mit höherer Wahrscheinlichkeit auf ökologische Landwirtschaft um. Der stärkste multivariate Effekt auf die Entscheidung für eine Umstellung geht jedoch von subjektiven Nutzenerwägungen aus. Da die SEU-Variable mit einem standardisierten Koeffizienten von .32 den stärksten Einzeleffekt aller in das Modell aufgenommenen Prädiktoren hat, kann davon ausgegangen werden, dass Handlungsentscheidungen im Wesentlichen von Nutzenerwägungen bestimmt werden.

6.4 Weiterführende Analysen zum Einfluss des Umweltbewusstseins

Nachdem in den vorhergehenden Abschnitten der Entscheidungsprozess zur Umstellung auf ökologische Landwirtschaft in seinen Grundzügen analysiert wurde, soll an dieser Stelle der Einfluss des Umweltbewusstseins detaillierter untersucht werden.

Im theoretischen Teil dieser Arbeit wurden drei konkurrierende Modelle zur Entscheidungsrelevanz des Umweltbewusstseins dargestellt (vgl. Abschnitt 3.2.3): Das konzeptionell einfachste Modell, die Direkteffekt-Hypothese, postuliert einen direkten (additiven) Effekt von umweltbezogenen Einstellungen auf umweltrelevante Entscheidungen. Im zweiten Modell, der Low-Cost-Hypothese, wird vermutet, dass die Einflussstärke des Umweltbewusstseins von der Höhe der Kosten der umweltfreundlichen Alternative abhängig sei. Umweltbewusstsein sei insbesondere bei niedrigen relativen Kosten der umweltfreundlichen Alternative entscheidungsrelevant. Die Framing-Hypothese schließlich geht davon aus, Umweltbewusstsein beeinflusse die Entscheidung nicht direkt, sondern wirke nur über vorgelagerte Prozesse. Einstellungen haben in diesem Modell einen Effekt auf die Wahrnehmung von Handlungsalternativen und die Bewertung bzw. Wahr-

---

[48] Berechnet man ein Gesamtmodell ohne Netzwerkvariablen, bei denen Einwände bezüglich der Kausalrichtung vorgetragen werden könnten, erklärt das Modell 51 % der Varianz.

nehmung von Handlungskonsequenzen. In den folgenden Ausführungen wird überprüft, welcher der theoretischen Ansätze den empirischen Daten am ehesten gerecht wird.

Ein Teil dieser Fragestellung wurde bereits in den Abschnitten 6.2 und 6.3 bearbeitet. Zum einen wurde gezeigt, dass ein hohes Umweltbewusstsein die Wahrscheinlichkeit erhöht, den Ökolandbau als Alternative wahrzunehmen (Abschnitt 6.2.3 und Tabelle 6.8 auf Seite 93). Dieses Ergebnis kann als eine teilweise Bestätigung der Framing-Hypothese gedeutet werden, weitere Analysen zu dieser Hypothese folgen in Abschnitt 6.4.2. Zum anderen konnte gezeigt werden, dass Umweltbewusstsein (auch unter Kontrolle der wahrgenommenen Handlungsalternativen und der Nutzendifferenz) einen Einfluss auf die Entscheidung zwischen ökologischer und konventioneller Landwirtschaft hat. Schließlich stellte sich heraus, dass dieser Einfluss nicht konstant ist, sondern mit der Nutzendifferenz variiert (Abschnitt 6.3.4 und Tabelle 6.18 auf Seite 114). Inwiefern diese Kovariation im Einklang mit der Low-Cost-Hypothese steht, ist Gegenstand des folgenden Abschnittes.

6.4.1 Low-Cost-Hypothese

Bisherige Anwendungen bzw. Überprüfungen der Low-Cost-Hypothese (siehe z. B. Diekmann und Preisendörfer 1998) bezogen sich ausschließlich auf alltägliche Aspekte umweltrelevanten Handelns wie Mülltrennung, Einkaufen oder die Verkehrsmittelwahl. Es ist zu beachten, dass sich diese Entscheidungssituationen in einem wesentlichen Punkt von der Umstellung auf ökologische Landwirtschaft unterscheiden: Unter den gegebenen gesellschaftlichen Randbedingungen ist eine Entscheidung für die umweltfreundlichen Alternativen in alltäglichen Situationen in aller Regel mit höheren Kosten oder einem Mehraufwand verbunden. Beispielsweise sind umweltfreundliche Produkte teurer als Standardprodukte und die Nutzung des Öffentlichen Personennahverkehrs wird meist mit höheren Zeit- und Bequemlichkeitskosten assoziiert (siehe beispielsweise Brüderl und Preisendörfer 1995). Eine Umstellung auf ökologische Landwirtschaft dagegen kann dem Landwirt durchaus zusätzlichen (ökonomischen) Nutzen bringen. Gründe hierfür können beispielsweise höhere Preise für kontrolliert ökologische Produkte sein, Agrarsubventionen oder auch ein geringerer Konkurrenzdruck auf dem Markt für Ökoprodukte.

Die Frage, wie sich Umweltbewusstsein auf die Entscheidung auswirkt, wenn eine Kostendifferenz zugunsten der umweltfreundlichen Alternative besteht, wurde bislang empirisch nicht untersucht und theoretisch nur

6.4 Weiterführende Analysen zum Einfluss des Umweltbewusstseins

beiläufig behandelt. Diekmann und Preisendörfer (1998, S. 443) merken jedoch in einem Nebensatz an, in diesem Fall sei „das Umweltbewußtsein ohne Bedeutung, da hier allein unter Kostengesichtspunkten die ökologische Alternative gewählt wird".

Die Aussage von Diekmann und Preisendörfer, die Low-Cost- Hypothese postuliere einen Interaktionseffekt zwischen Umweltbewusstsein und Kosten(differenz), ist demnach unpräzise. Sie entspricht ihren theoretischen Überlegungen nur unter der Bedingung, dass die Wahl einer umweltfreundlichen Alternative teurer ist als die Wahl einer umweltschädlichen Alternative.

Betrachtet man den Zusammenhang zwischen allgemeinem Umweltbewusstsein und der Entscheidung für eine Umstellung auf ökologische Landwirtschaft auf verschiedenen Niveaus der Nutzendifferenz (Abbildung 6.11), kann man erkennen, dass Umwelteinstellungen die Entscheidung tatsächlich nur dann beeinflussen, wenn die Umstellung auf Ökolandbau kostenträchtig ist ($ND < 0$). Verspricht sich der Landwirt dagegen von einer Umstellung dagegen positive Konsequenzen ($ND > 0$), ist das Umweltbewusstsein nicht entscheidungsrelevant.[49] Bevor dieses Ergebnis ausführlich diskutiert wird (siehe Seite 122f), folgt auf den nächsten Seiten zunächst eine multivariate Überprüfung.

Um die bivariaten Ergebnisse zu überprüfen, wurden Regressionsmodelle in zwei Varianten berechnet. Die erste Variante bezieht sich auf die bereits aus Abschnitt 6.3.6 bekannte Stichprobe derjenigen Landwirte, die schon einmal eine Umstellung auf ökologische Landwirtschaft erwogen haben.[50] In der zweiten Variante wird zusätzlich die Beschränkung eingeführt, dass die Nutzendifferenz einer Umstellung negativ sein muss. Die verwendbare Stichprobe verkleinert sich hierdurch auf 254 Befragte (121 konventionelle, 134 ökologisch arbeitende Landwirte). In beiden Varianten wurden Regressionen mit und ohne multiplikativem Term $ND \times UWB$ geschätzt.[51] Die

---

[49] Für Befragte mit einer Nutzendifferenz größer als Eins konnten keine Korrelationen berechnet werden, da nicht ausreichend konventionelle Landwirte mit hoher positiver Nutzendifferenz zur Verfügung standen. Für die Erstellung von Abbildung 6.11 standen daher nur 379 Befragte zur Verfügung (230 Ökolandwirte, 149 konventionelle Landwirte).

[50] Neben der dreistufigen Logik des Entscheidungsprozesses ist diese Einschränkung notwendig, da nicht davon ausgegangen werden kann, dass Betriebsleiter, die sich keine Gedanken über eine Umstellung gemacht haben, sinnvoll interpretierbare Angaben zum Nutzen des Ökolandbaus machen können.

[51] Um möglichst vergleichbare Aussagen zu ermöglichen, wurde die Skala des allgemeinen Umweltbewusstseins verwendet. Die nachfolgende Interpretation ist jedoch auch bei Verwendung von speziellem Umweltbewusstsein gültig, entsprechende Regressionsmodelle unterscheiden sich nur in Details von den hier präsentierten Ergebnissen (vgl.

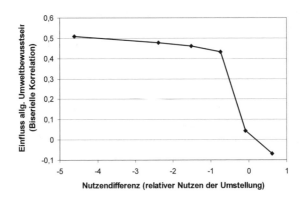

Abbildung 6.11: Einfluss des allgemeinen Umweltbewusstseins bei unterschiedlichen Niveaus der Nutzendifferenz (n=379)

bivariaten Ergebnisse legen nahe, dass in der Gesamtstichprobe (Variante 1: Alle Nutzenniveaus) ein negativer Interaktionseffekt beobachtet werden kann, der aber – wie bereits erläutert – auf eine unpräzise theoretische Spezifikation zurückgeführt werden kann. Für die Substichprobe mit negativer Nutzendifferenz (Variante 2) postuliert die Low-Cost-Hypothese zwar eine positive Interaktion, die bivariaten Korrelationen lassen jedoch erwarten, dass kein Interaktionseffekt zu erkennen ist.

Die Aufnahme eines multiplikativen Terms in die logistische Regression (vgl. Tabelle 6.19) führt zu keiner signifikanten Modellverbesserung, auch der Logitkoeffizient der Interaktionsvariable ist insignifikant. Dies ist unabhängig davon, ob die Gesamtstichprobe (Modelle 1a und 1b) oder die Teilstichprobe mit negativer Nutzendifferenz betrachtet wird (Modelle 2a und 2b). Angesichts der bivariaten Ergebnisse ist dies auf den ersten Blick überraschend, da zumindest in der Gesamtstichprobe eine Interaktion zu erwarten gewesen wäre.

Die Insignifikanz des multiplikativen Terms kann jedoch durch die Eigenschaften der logistischen Regression erklärt werden. Die logistische Regression ist ein additiv-lineares Modell auf der Ebene der logarithmierten Odds, auf der Ebene der Wahrscheinlichkeiten jedoch ein multiplikatives Modell.[52]

---

die Tabellen A.7 und A.8 auf Seite 167f im Anhang).
[52] Dies ergibt sich aus der Tatsache, dass bei Entlogarithmierung der Regressionsglei-

Tabelle 6.19: Regressionsmodelle zur Prüfung des Interaktionseffektes (Logit-Regressionen)

	Alle Nutzenniveaus				Negative Nutzendifferenz			
	Modell 1a		Modell 1b		Modell 2a		Modell 2b	
	b	$\beta^{S_{xy}}$	b	$\beta^{S_{xy}}$	b	$\beta^{S_{xy}}$	b	$\beta^{S_{xy}}$
Hessen	0		0		0		0	
Niedersachsen	0,10	0,01	0,11	0,02	−0,10	−0,01	−0,06	−0,01
NRW	0,69	0,11†	0,68	0,11†	0,51	0,08	0,56	0,09
Haupterwerb	0		0		0		0	
Nebenerwerb	0,61	0,09	0,59	0,09	1,52	0,24**	1,54	0,24**
Marktfrucht	0		0		0		0	
Futterbau	1,53	0,24***	1,48	0,23***	2,34	0,36**	2,28	0,34**
Veredlung	1,51	0,19**	1,50	0,19**	2,15	0,28**	2,19	0,28**
Gemischt	0,28	0,03	0,27	0,03	1,33	0,16	1,38	0,17
Sonstige	2,89	0,21*	2,89	0,21*	4,86	0,35***	4,98	0,35***
Nutzfläche	0,00	0,09†	0,00	0,09†	0,00	0,08	0,00	0,07
Alter	−0,01	−0,03	−0,01	−0,03	−0,06	−0,15*	−0,06	−0,15*
Hauptschule	0		0		0		0	
Mittlere Reife	−0,08	−0,01	−0,09	−0,01	−0,66	−0,10	−0,65	−0,10
(Fach)Abitur	−0,12	−0,02	−0,12	−0,02	−0,24	−0,04	−0,29	−0,04
Bewertung Koll.	1,01	0,29***	1,02	0,30***	1,21	0,38***	1,21	0,37***
Bewertung Fam.	0,98	0,29***	0,96	0,29***	0,58	0,19*	0,64	0,20*
Nutzendifferenz	0,38	0,36***	0,70	0,67†	0,01	0,01	0,83	0,39
Allg. UWB	0,53	0,11*	0,43	0,09†	0,84	0,18*	0,22	0,05
ND × UWB			−0,09	−0,32			−0,24	−0,40
Konstante	−8,21		−7,71		−8,01		−6,05	
Nagelkerke R^2	0.62		0.63		0.64		0.65	
N	517		517		212		212	

†: p ≤ 0.1; *: p ≤ 0.05; **: p ≤ 0.01; ***: p ≤ 0.001 (zweiseitig)

Dies bedeutet, dass die Effekte einer Variable auf die Wahrscheinlichkeiten bereits ohne explizite Aufnahme eines multiplikativen Terms vom Niveau der anderen Variablen abhängig sind (vgl. Jagodzinski und Klein 1997), man diese gegenseitige Abhängigkeit an den Koeffizienten der logistischen Regression aber nicht unbedingt ablesen kann.

Da logarithmierte Odds gedanklich nur schwer greifbar sind, beziehen sich sozialwissenschaftliche Theorien und Hypothesen üblicherweise auf Wahrscheinlichkeiten. So auch im Fall der Low-Cost-Hypothese des Umweltverhaltens: Diekmann und Preisendörfer (1992, 2003) postulieren, dass der Effekt des Umweltbewusstseins auf die Wahrscheinlichkeit umweltfreundlichen Handelns umso stärker ist, je niedriger die relativen Kosten der umweltfreundlichen Handlungsalternative sind. Ein nicht-signifikanter Interaktionsterm in einer logistischen Regression muss insofern nicht notwendigerweise im Widerspruch zu der Interaktionshypothese stehen.

Um dieses statistische Problem zu umgehen, wurden zusätzlich zu den logistischen Regressionen OLS-Regression berechnet. Diese sind zwar statistisch nicht komplett angemessen, aber auf der Ebene der Wahrscheinlichkeiten additiv-linear. Hierdurch reagieren OLS-Regressionen sensibler auf Interaktionen und sonstige Nicht-Linearitäten.

Die Ergebnisse der Regressionen sind in Tabelle 6.20 dargestellt. Betrachtet man die Gesamtstichprobe (Modelle 3a und 3b), ist eine statistisch signifikante negative Interaktion zwischen Nutzendifferenz und Umweltbewusstsein zu erkennen. In der Gruppe der Landwirte, für die eine Umstellung mit Kosten verbunden wäre (Modelle 4a und 4b), ist die Interaktion hingegen nicht signifikant.[53]

Dies lässt sich dahingehend interpretieren, dass Umweltbewusstsein einen konstanten Einfluss auf die Entscheidung hat, wenn damit Kosten verbunden sind (keine Interaktion in Modell 4b), jedoch nicht relevant ist, wenn eine Umstellung ohnehin von Vorteil wäre (hierdurch wird die Interaktion in Modell 3b verursacht).

Die bivariaten Zusammenhänge bleiben also unter Kontrolle einer Vielzahl

---

chung additive Zusammenhänge in multiplikative transformiert werden. Insofern entspricht ein multiplikativer Term in der logistischen Regression eher einem exponentiellen Term in der OLS-Regression als einem klassischen Interaktionseffekt.

[53] Man könnte einwenden, dass die Insignifikanz des Interaktionsterms in Modell 4b ausschließlich auf die Verkleinerung der Stichprobe zurückzuführen ist. Dies ist wahrscheinlich nicht der Fall. Zur Überprüfung wurden 1000 Zufallsstichproben der Größe 212 aus der Gesamtstichprobe gezogen und in allen Stichproben ein Modell geschätzt. Der mittlere t-Wert des Interaktionseffektes lag dort trotz niedriger Fallzahl bei -2,31; in nur knapp 22 % der Stichproben wurde ein Signifikanzniveau von .1 unterschritten.

Tabelle 6.20: Regressionsmodelle zur Prüfung des Interaktionseffektes (OLS-Regressionen)

	Alle Nutzenniveaus				Negative Nutzendifferenz			
	Modell 3a		Modell 3b		Modell 4a		Modell 4b	
	b	β	b	β	b	β	b	β
Hessen	0		0		0		0	
Niedersachsen	0,02	0,02	0,02	0,02	−0,02	−0,01	−0,01	−0,01
NRW	0,06	0,08*	0,06	0,07†	0,06	0,06	0,06	0,06
Haupterwerb	0		0		0		0	
Nebenerwerb	0,08	0,09*	0,07	0,08*	0,21	0,21**	0,21	0,21**
Marktfrucht	0		0		0		0	
Futterbau	0,19	0,23***	0,17	0,20***	0,29	0,28**	0,28	0,28**
Veredlung	0,16	0,15**	0,15	0,14**	0,26	0,22*	0,26	0,22*
Gemischt	0,06	0,05	0,04	0,03	0,13	0,10	0,13	0,10
Sonstige	0,24	0,13**	0,24	0,13**	0,57	0,26***	0,56	0,26***
Nutzfläche	0,00	0,06	0,00	0,05	0,00	0,07	0,00	0,06
Alter	−0,00	−0,03	−0,00	−0,03	−0,01	−0,10†	−0,01	−0,10†
Hauptschule	0		0		0		0	
Mittlere Reife	−0,01	−0,01	−0,01	−0,01	−0,08	−0,07	−0,08	−0,07
(Fach)Abitur	−0,03	−0,03	−0,03	−0,03	−0,04	−0,04	−0,05	−0,05
Bewertung Koll.	0,09	0,20***	0,09	0,21***	0,15	0,29***	0,15	0,29***
Bewertung Fam.	0,13	0,30***	0,12	0,28***	0,10	0,21**	0,11	0,22**
Nutzendifferenz	0,03	0,22***	0,13	0,92***	−0,00	−0,00	0,06	0,18
Allg. UWB	0,06	0,10*	0,07	0,11**	0,11	0,16*	0,07	0,09
ND × UWB			−0,03	−0,70***			−0,02	−0,19
Konstante	−0,42		−0,37		−0,66		−0,50	
R^2	0.45		0.46		0.51		0.51	
N	517		517		212		212	

†: $p \leq 0.1$; *: $p \leq 0.05$; **: $p \leq 0.01$; ***: $p \leq 0.001$ (zweiseitig)

von Randbedingungen stabil. Dies bedeutet, dass der Kern der Low-Cost-Hypothese des Umweltverhaltens (Hypothese 13) für die Umstellung auf ökologische Landwirtschaft nicht bestätigt werden kann: Der Einfluss des Umweltbewusstseins ist weitgehend unabhängig davon, ob die relativen Kosten der umweltfreundlichen Handlungsalternative hoch oder niedrig sind. Bestätigt hat sich hingegen eine Nebenannahme von Diekmann und Preisendörfer: Umweltbewusstsein ist nur dann entscheidungsrelevant, wenn der Nutzen der ökologischen Alternative niedriger ist als der Nutzen der nicht-ökologischen Alternative (wenn also überhaupt Kosten vorliegen). Dieses Ergebnis scheint zwar auf den ersten Blick verwirrend, verweist jedoch auf ein zentrales Merkmal des Umweltbewusstseins: Ein hohes Umweltbewusstsein steigert zwar (in einem gewissen Ausmaß) die Wahrscheinlichkeit, besonders umweltfreundliche Handlungen auszuführen. Es wäre jedoch gänzlich unplausibel, anzunehmen, dass ein niedriges Umweltbewusstsein Akteure dazu verleitet, die Umwelt geplant und zielgerichtet zu schädigen. Umweltbewusstsein ist insofern eine unipolare, positive Einstellung (vgl. Pratkanis 1989; Nosek 2005) – wenig umweltbewusste Personen stehen der Umwelt nicht feindlich, sondern schlimmstenfalls gleichgültig gegenüber. Vor diesem Hintergrund sollte es nicht überraschen, dass der Ökolandbau unabhängig vom Umweltbewusstsein gewählt wird, wenn er gegenüber der konventionellen Landwirtschaft einen zusätzlichen Nutzen einbringt – das eventuell niedrige Umweltbewusstsein einiger Landwirte fördert eine Umstellung zwar nicht, steht ihr aber auch nicht im Wege.

Letztlich lassen sich die empirischen Ergebnisse als Hinweise auf einen hierarchischen Entscheidungsprozess deuten: Zunächst überprüft der Akteur, welche Alternative den höheren Nutzen verspricht. In einem zweiten Schritt folgt eine Überprüfung, ob die Wahl dieser Möglichkeit im Widerspruch zu Einstellungen oder internalisierten Normen steht. Existieren solche konträren Einstellungen nicht, wird zweckrational entsprechend der Nutzenerwägungen entschieden. Lediglich wenn die Einstellungen konträr sind, muss in einem dritten Schritt geklärt werden, ob die Kosten einer kognitiven Dissonanz höher sind als der relative Kostenvorteil der umweltschädlichen Alternative. Der (additive) Einfluss des Umweltbewusstseins verweist entsprechend darauf, dass ein hohes Umweltbewusstsein die relativen Kosten einer umweltfreundlichen Entscheidung bis zu einem gewissen Ausmaß kompensieren kann.

6.4.2 Framing-Hypothese

Die Framing-Hypothese (vgl. Bamberg et al. 1999; Kühnel und Bamberg 1998) geht in ihrer Modellierung des Einflusses von Umweltbewusstsein von einem mehrstufigen Modell der rationalen Handlungswahl aus. Umweltbewusstsein beeinflusst nach dieser Hypothese die Entscheidung nicht unmittelbar, sondern wirkt indirekt über vorgelagerte Prozesse der Wahrnehmung und Bewertung von Alternativen: „Überzeugungssysteme haben einen Einfluß darauf, welche Handlungsalternativen in einer Situation in Frage kommen und nach welchen Kriterien entschieden wird" (Kühnel und Bamberg 1998, S. 257). Der erste Teil dieser Hypothese konnte bereits in Kapitel 6.2 bestätigt werden – Landwirte mit hohem Umweltbewusstsein nehmen tatsächlich den Ökoanbau mit höherer Wahrscheinlichkeit als Alternative wahr als Landwirte mit geringerem Umweltbewusstsein. Im Zentrum dieses Abschnittes steht daher die Frage, ob Umweltbewusstsein zusätzlich einen Einfluss auf die Bewertung des Ökolandbaus hat. Dieser sollte sich insgesamt in einem höheren Nettonutzen des Ökolandbaus äußern. Der höhere Nettonutzen wiederum sollte sich daraus ergeben, dass umweltrelevanten Konsequenzen der einzelnen Alternativen eine höhere Bedeutung zugeschrieben wird.

Alle Berechnungen dieses Abschnittes beziehen sich auf Landwirte, die eine Umstellung auf ökologische Landwirtschaft in Erwägung gezogen haben. Um Verzerrungen durch Disproportionalitäten der Stichprobenziehung zu vermeiden, werden alle Ergebnisse getrennt für Öko- und Vergleichsstichprobe ausgewiesen.

Der Nettonutzen einer Umstellung auf ökologische Landwirtschaft wurde in dieser Studie als Produktsumme der Bewertung und der Wahrscheinlichkeit des Eintreffens neun salienter Handlungskonsequenzen operationalisiert (vgl. Abschnitt 5.4). Zusätzlich wurden die Befragten gebeten, anzugeben, welche der Konsequenzen ihnen bei einer Entscheidung besonders wichtig sind (v27a-v27n). Zwei dieser neun Konsequenzen haben einen direkten Umweltbezug und sind daher geeignet, die Überlegungen von Kühnel und Bamberg zu überprüfen: „Keine chemischen Spritzmittel verwenden müssen" und „Umweltfreundliche Produktionsweise".[54] Es wäre zu erwarten, dass ein höherer Prozentsatz der umweltbewussten Landwirte diese Konsequenzen als „besonders wichtig" einstuft als dies bei Landwirten mit niedrigem Um-

---

[54] Die Konsequenzen „Einfache und effektive Unkrautbekämpfung" und „Hoher Ertrag" erfüllen das Kriterium des direkten Umweltbezuges nur zum Teil, da sowohl eine einfache Unkrautbekämpfung als auch ein hoher Ertrag durchaus mit umweltfreundlichen Mitteln zu erreichen ist.

Tabelle 6.21: Wichtigkeit der Konsequenzen in Prozent nach Umweltbewusstsein und Umstellung auf ökologische Landwirtschaft

	Konventionelle			Ökobauern		
	UWB niedrig	UWB mittel	UWB hoch	UWB niedrig	UWB mittel	UWB hoch
Einfache und effektive Bekämpfung von Unkraut und Schädlingen	12,65	9,15	11,69	7,91	8,50	11,05
Hoher Ertrag an landwirtschaftlichen Produkten	8,68	13,11	3,09	7,91	4,58	4,76
Gesicherter Absatz der Produkte	39,71	38,06	39,63	24,46	31,37	30,16
Sicherheit vor Lebensmittelskandalen	15,76	23,19	23,62	17,27	22,22	31,22
Umweltfreundliche Produktionsweise	17,02	32,23	33,56	26,62	48,37	66,67
Ausreichend Freizeit	18,12	21,43	10,60	4,32	4,58	4,76
Hohe Prämien/Zuschüsse	4,26	2,34	5,23	35,97	22,37	25,40
Keine chemischen Spritzmittel verwenden	2,41	2,34	8,60	17,99	34,64	44,97
Langfristige Sicherung des Fortbestehens des Betriebes	55,44	59,44	51,42	27,54	30,72	39,15
N_{min}	53	55	55	138	152	189

weltbewusstsein der Fall ist. Zudem sollte mit dem Umweltbewusstsein die Präferenz für diese Konsequenzen steigen, die Items also positiver bewertet werden.

Tabelle 6.21 stellt vergleichend für Landwirte mit hohem, mittlerem und niedrigem Umweltbewusstsein dar, welcher Anteil der Befragten einzelne Konsequenzen als besonders wichtig ansieht.[55] Konsistente, bei Öko- wie

---

[55] Die Einteilung in hohes, mittleres und niedriges Umweltbewusstsein (33er-Perzentile) erfolgte aufgrund der unterschiedlichen Verteilungen getrennt für konventionelle und ökologische Landwirte. Wäre die Einteilung in Perzentilgruppen nicht getrennt nach Stichproben erfolgt, hätte dies dazu geführt, dass die „gering umweltbewussten" Landwirte nahezu alle konventionell wirtschaften, die „hoch umweltbewussten" dagegen alle ökologisch. Da an dieser Stelle jedoch nicht gefragt wird, ob sich konventionelle und ökologische Landwirte hinsichtlich der Bewertung einzelner Konsequenzen unterscheiden, sondern vielmehr, wie sich das Umweltbewusstsein auf die Bewertung auswirkt, wäre die beschriebene Konfundierung mehr als unerwünscht.

In der Vergleichsstichprobe gilt ein Umweltbewusstsein unter 2,67 als niedrig, zwischen 2,67 und 3,33 als mittel und über 3,33 als hoch. In der Ökostichprobe ist

6.4 Weiterführende Analysen zum Einfluss des Umweltbewusstseins

Tabelle 6.22: Präferenz für einzelne Handlungskonsequenzen nach Umweltbewusstsein und Umstellung auf ökologische Landwirtschaft

	Konventionelle			Ökobauern		
	UWB niedrig	UWB mittel	UWB hoch	UWB niedrig	UWB mittel	UWB hoch
Einfache und effektive Bekämpfung von Unkraut und Schädlingen	1,47	1,36	1,29	0,07	0,05	0,17
Hoher Ertrag an landwirtschaftlichen Produkten	1,25	0,87	0,96	−0,08	−0,05	−0,06
Gesicherter Absatz der Produkte	1,14	1,16	1,31	0,31	0,28	0,22
Sicherheit vor Lebensmittelskandalen	0,91	1,05	1,33	0,34	0,27	0,36
Umweltfreundliche Produktionsweise	0,91	1,11	1,27	0,78	0,82	0,94
Ausreichend Freizeit	0,77	0,72	0,57	−0,27	−0,45	−0,39
Hohe Prämien/Zuschüsse	−0,71	−0,63	−0,60	0,27	0,25	0,15
Keine chemischen Spritzmittel verwenden	−0,47	−0,30	0,41	0,46	0,93	1,10
Langfristige Sicherung des Fortbestehens des Betriebes	1,35	1,02	1,16	0,13	0,25	0,42
N_{min}	52	54	53	135	150	182

bei konventionellen Landwirten zu beobachtende Unterschiede zwischen den Umweltbewusstseins-Klassen sind hinsichtlich der „Sicherheit vor Lebensmittelskandalen", der „umweltfreundlichen Produktionsweise" und der Ablehnung von chemischen Spritzmitteln zu erkennen. So steigt beispielsweise der Anteil der Befragten, die eine umweltfreundliche Produktionsweise für besonders wichtig halten, in der Vergleichsstichprobe von 17 % der gering umweltbewussten über 32 % auf 33 % der ausgeprägt umweltbewussten Landwirte. Die Tendenz in der Ökostichprobe ist identisch, wenn auch die Umweltfreundlichkeit der Produktion insgesamt als wichtiger erachtet wird[56]: Der Anteil steigt von 27 % über 48 % auf 67 % der Ökobauern mit hohem Umweltbewusstsein.

---

niedriges Umweltbewusstsein unter 3,23, mittleres zwischen 3,23 und 3,78 und hohes über 3,78.

[56] Dies kann zumindest teilweise auf das höhere Umweltbewusstsein der Ökolandwirte (und die damit einhergehenden unterschiedlichen Klassengrenzen) zurückgeführt werden.

Das gleiche Ergebnis zeigt sich, wenn statt der Wichtigkeit einzelner Folgen die Präferenzen der Landwirte für einzelne Konsequenzen betrachtet werden (siehe Tabelle 6.22). Unter Präferenz wird der bewertende Teil U_i der Nutzengleichung $NN_j = \sum U_i \times p_i$ verstanden. Bei einer konstanten Einschätzung der Wahrscheinlichkeit, dass eine Konsequenz eintritt, erhöht sich mit steigender Präferenz für eine Konsequenz der Nutzen der Handlungsalternative. In beiden Gruppen, bei konventionellen wie ökologisch wirtschaftenden Landwirten, steigt mit dem Umweltbewusstsein die Präferenz, eine umweltfreundliche Produktionsweise zu implementieren und keine chemischen Spritzmittel verwenden zu müssen.

Insgesamt kann damit die Hypothese von Kühnel und Bamberg (1998) als bestätigt angesehen werden. Je höher das Umweltbewusstsein der Landwirte ist, desto wahrscheinlicher nehmen sie den Ökolandbau als Alternative wahr. Zudem beeinflusst das Umweltbewusstsein die Frage, nach welchen Kriterien entschieden wird. Landwirte mit hohem Umweltbewusstsein sehen, im Vergleich zu Landwirten mit geringerem Umweltbewusstsein, umweltbezogene Konsequenzen als wichtiger für eine Entscheidung über ihre Produktionsweise an und bewerten umweltfreundliche Handlungsfolgen entsprechend positiver.

6.4.3 Zusammenfassung und Diskussion

Im Zentrum der Untersuchungen dieses Abschnittes stand die Frage, auf welche Weise umweltbezogene Einstellungen einen Einfluss auf die Entscheidung über eine Umstellung auf ökologische Landwirtschaft haben. Die theoretischen Ansätze legen nahe, dass es mehrere, grundsätzlich unterschiedliche Konzeptionen gibt, um den Einfluss des Umweltbewusstseins zu modellieren. Erstens kann Umweltbewusstsein als psychologisches Konstrukt die Situationswahrnehmung der Akteure verändern und damit Prozesse modifizieren, die der Entscheidung vorgelagert sind (Framing). Der in vielen Studien entdeckte Einfluss des Umweltbewusstseins wäre in diesem Sinne nur ein indirekter Effekt. Zweitens kann das Umweltbewusstsein die Entscheidung direkt beeinflussen. Dies ist in der Logik der Theorie rationalen Handelns wiederum auf zwei Arten möglich. Zum einen kann eine Entscheidung, die im Widerspruch zu den eigenen Umwelteinstellungen steht, Dissonanzkosten verursachen. Insofern wäre (unter ansonsten gleichen Bedingungen) eine umweltschädliche Entscheidung für Akteure mit hohem Umweltbewusstsein mit einem geringeren Nettonutzen verbunden als für Akteure mit niedrigem Umweltbewusstsein. Zum anderen kann argumentiert werden, dass

6.4 Weiterführende Analysen zum Einfluss des Umweltbewusstseins

Umweltbewusstsein, ein rein psychologisches Konstrukt, für die rationale Kalkulation der Akteure nicht von Belang sei. Lediglich in einer Situation, in der eine ökonomische Entscheidungsheuristik nicht zu klaren Ergebnissen führt (Low-Cost-Situation) wäre das Umweltbewusstsein relevant. In dieser Situation würde, eher wertrational oder „gefühlsgeleitet", entsprechend der Umwelteinstellungen entschieden.

Anhand empirischer Analysen konnte gezeigt werden, dass das Umweltbewusstsein sowohl die Rahmung der Situation als auch die Entscheidung an sich beeinflusst: Ein Landwirt mit hohem Umweltbewusstsein hat eine andere Wahrnehmung (oder Rahmung) der Entscheidungssituation als ein Landwirt mit niedrigem Umweltbewusstsein. Dies hat zur Folge, dass mit steigendem Umweltbewusstsein zunächst einmal die Wahrscheinlichkeit steigt, den Ökolandbau als Handlungsalternative wahrzunehmen. Bezüglich der Bewertung der Handlungsalternativen zeigt sich, dass mit höherem Umweltbewusstsein umweltrelevante Konsequenzen („Keine Spritzmittel verwenden" und „Eine umweltfreundliche Produktionsweise haben") als wichtiger angesehen werden, und eine höhere Präferenz für Realisierung eben dieser Konsequenzen besteht. Diese beiden Ergebnisse stehen im Einklang mit der von Kühnel und Bamberg (1998) formulierten Hypothese zum Einfluss von Überzeugungssystemen in einem mehrstufigen Entscheidungsprozess.

Zusätzlich zu diesem indirekten Effekt konnte ein direkter Effekt des Umweltbewusstseins identifiziert werden. Je höher das Umweltbewusstsein eines Landwirtes ist, desto höher ist die Wahrscheinlichkeit, dass er seinen Betrieb auf Ökolandbau umstellt. Unter Kontrolle des Nettonutzens einer Umstellung ist dieser Zusammenhang zwar schwach, aber statistisch signifikant (die standardisierten Logit-Koeffizienten liegen bei etwa 0.1 für allgemeines bzw. 0.2 für spezielles Umweltbewusstsein). Dieses Ergebnis steht im Einklang mit dem Korrespondenzpostulat von Ajzen – spezifische Einstellungen sind handlungsnäher als allgemeine Einstellungen und weisen daher einen stärkeren Zusammenhang mit der Handlungsintention auf. Auch die Annahme von Ajzen, dass spezielle Einstellungen von allgemeinen Einstellungen verursacht werden, wird von den empirischen Ergebnissen gestützt: Nimmt man allgemeines und spezielles Umweltbewusstsein simultan in ein Modell auf, haben lediglich die speziellen Einstellungen einen Einfluss auf die Zielvariable. Weiterhin wurde gezeigt, dass das Umweltbewusstsein nur dann einen Effekt auf die Umstellung hat, wenn mit der Umstellung absolute Kosten (Nettokosten) verbunden sind – die Einflussstärke aber nicht mit der Kostenintensität variiert. Dieses Ergebnis legt die Interpretation nahe, dass das Umweltbewusstsein seine Wirkung über die Entstehung von Dissonanzkosten entfaltet; Handeln im Einklang mit den eigenen Einstellungen bringt dem Akteur dementsprechend keinen zusätzlichen Nutzen, während Handeln im Widerspruch zu den Einstellungen mit Kosten verbunden ist. Der vom Kostenniveau einer Umstellung unabhängige Einfluss des Umweltbewusstseins steht im klaren Widerspruch zu der Theorie von Diekmann und Preisendörfer (1992, 2003). Der in ihrer Low-Cost-Hypothese formulierte Interaktionseffekt konnte empirisch nicht gefunden werden. Diese Tatsache ist insofern überraschend, als dass die Low-Cost-Hypothese empirisch relativ gut bestätigt ist (so z. B. von Diekmann und Preisendörfer 1998; Braun und Franzen 1995; Franzen 1995), die hier berichteten Ergebnisse also nicht nur im Widerspruch zu der Hypothese stehen, sondern auch zu den Ergebnissen bisheriger empirischer Forschung. Hierfür sind mehrere Erklärungen denkbar. Zum einen waren die bisherigen empirischen Überprüfungen der Low-Cost-Hypothese im Wesentlichen indirekter Natur und arbeiteten mit teilweise recht voraussetzungsvollen Brückenhypothesen über die Kostenträchtigkeit einzelner Verhaltensweisen. In keiner der Arbeiten wurden die Kosten und der Nutzen einer Handlung empirisch gemessen und die Theorie anhand dieser Daten direkt überprüft. Auch wurde in keiner der genannten Untersuchungen die Mehrstufigkeit des Entscheidungsprozesses (Bruch mit der Handlungsroutine, Wahl von Alternativen, Entscheidung) berücksichtigt. Da diese Studien sich mehrheitlich auf Alltagssituationen beziehen (nicht jedoch Franzen 1995) und alltägliche Handlungen meist routinisiert sind, wäre dies in besonderem Maße notwendig gewesen. Zum anderen ist zu bedenken, dass die Umstellung auf ökologische Landwirtschaft, im Gegensatz zu den anderen untersuchten Handlungen, einen *direkten und unmittelbaren* Umweltbezug aufweist: Der Landwirt wird – anders als beispielsweise ein Autofahrer – nur schwerlich ausblenden können, dass seine Handlungen eine Auseinandersetzung mit der Natur darstellen. Es ergibt sich an dieser Stelle eine interessante Parallele zu der bereits auf Seite 92 erwähnten „Extraktions-Hypothese" (vgl. Tremblay und Dunlap 1978; Freudenburg 1991; Jones et al. 1999). Die Hypothese besagt, dass Landbewohner (insbesondere Landwirte) ein geringeres Umweltbewusstsein haben als Stadtbewohner und führt diesen Unterschied darauf zurück, dass Landwirte ökonomisch auf „natur-extraktive" Tätigkeiten angewiesen sind, Stadtbewohner dagegen nicht. Die Extraktivität der Tätigkeit an sich kann aber noch keine zufriedenstellende Begründung für ein geringeres Umweltbewusstsein sein. Eine Begründung der Hypothese ist jedoch auf zwei Arten möglich: über Sozialisationsprozesse oder indem man annimmt,

6.4 Weiterführende Analysen zum Einfluss des Umweltbewusstseins

dass Landwirte mit einem hohen Umweltbewusstein aufgrund ihrer beruflichen Tätigkeit einer starken kognitiven Dissonanz ausgesetzt wären. In ihrer beruflichen Tätigkeit sind Landwirte darauf angewiesen, die Natur hauptsächlich als eine Ressource zu sehen, die zur Produktion von Lebensmitteln und letztlich zur Generierung von Einkommen eingesetzt werden muss. Dies steht in gewisser Hinsicht im Widerspruch zu umweltbewussten Einstellungen, die „Natur" einen eigenständigen, von ihrem Ressourcencharakter unabhängigen Wert zuweisen. Die hierbei entstehende Dissonanz lässt sich auflösen, indem man die Einstellung ändert, Informationen, welche die Dissonanz erzeugt haben vermeidet oder verdrängt oder indem man anders handelt. Insbesondere die Vermeidung von Informationen ist in der Landwirtschaft – zumindest im Vergleich zu Tätigkeiten wie Autofahren oder die Wohnung zu heizen – vergleichsweise schwierig, da sich der Umweltbezug der Handlung kaum ausblenden lässt. Wenn aber der Ausweg einer Informationsvermeidung oder -verdrängung nicht oder nur unter gewissen Schwierigkeiten zur Verfügung steht[57], und der Akteur seine Einstellungen nicht geändert hat (was ein hoch umweltbewusster Landwirt trivialerweise nicht getan hat), sollte nicht überraschen, dass ein vergleichsweise starker Zusammenhang zwischen Einstellung und Verhalten zu beobachten ist.

Es wäre insofern denkbar, dass die hier betrachtete spezielle Entscheidung einen anderen, vor allem stärkeren, Zusammenhang mit dem Umweltbewusstsein aufweist als Alltagsentscheidungen.

Letztlich verweist das Ergebnis darauf, dass weitere empirische Untersuchungen zum Zusammenspiel von Nutzen und Umweltbewusstsein bei umweltrelevanten Entscheidungen vonnöten sind. Insbesondere wäre es wünschenswert, auch bei weiteren Modellierungen auf eine direkte Messung der Nutzenwerte zurückzugreifen und das Repertoire der untersuchten Umwelthandlungen auszuweiten.

---

[57] Man kann jedoch auf der Basis von Tabelle 5.4 auf Seite 60 argumentieren, dass dies in gewissen Ausmaß stattfindet: Konventionelle Landwirte geben an, dass die konventionelle Landwirtschaft eine umweltfreundliche Produktionsweise sei, während Ökolandwirte nicht dieser Ansicht sind.

7 Zusammenfassung und Fazit

Ziel der vorliegenden Untersuchung war es, die Umstellung auf ökologische Landwirtschaft im Rahmen der Rational Choice Theorie zu modellieren und zu erklären. Neben der praktischen Frage nach Einflussfaktoren auf die Wahrscheinlichkeit einer Umstellung standen zwei grundlegendere Fragen im Vordergrund: Erstens, ob eine direkte Anwendung der Rational Choice Theorie, basierend auf einer Messung von Präferenzen und Wahrscheinlichkeiten, zu sinnvollen und interpretierbaren Ergebnissen führt. Obwohl bereits Ende der 1970er Jahre von Opp (1979) als ein Desiderat der strukturindividualistischen Forschung formuliert, konnte sich hierzu kein nachhaltiges Forschungsprogramm etablieren. Es stehen lediglich einzelne, zum Teil unveröffentlichte Arbeiten aus dem Kontext von Karl-Dieter Opp und Jürgen Friedrichs zur Verfügung. Zweitens wurde gefragt, wie Umweltbewusstsein in die Rational Choice Theorie integriert werden kann und welche der konkurrierenden theoretischen Vorschläge sich empirisch bewähren.

In den kommenden Abschnitten wird die Untersuchung zunächst zusammengefasst (Abschnitt 7.1). Eine Diskussion der Ergebnisse und offenen Fragen sowie eine Skizze von Schlussfolgerungen für die Praxis folgt in Abschnitt 7.2. Besondere Aufmerksamkeit wird der Frage gewidmet, welche Implikationen sich aus dieser Arbeit für die Umweltsoziologie und die weitere empirische Anwendung der Theorie rationalen Handelns ergeben.

7.1 Zusammenfassung

Zur Beantwortung der Forschungsfragen wurden Anfang des Jahres 2004 3000 Leiter von landwirtschaftlichen Betrieben in Hessen, Nordrhein-Westfalen und Niedersachsen postalisch befragt (1500 konventionelle Landwirte und 1500 Ökolandwirte). Die Antwortquote lag bei 63,1 Prozent, so dass Befragungsdaten von insgesamt 1795 Betriebsleitern zur Verfügung standen. Im Folgenden werden die Hypothesen und die wichtigsten Ergebnisse der Studie zusammengefasst.

Hypothesen

In Anlehnung an das Modell von Esser (1996) wurde argumentiert, dass eine Entscheidung als Resultat eines dreistufigen Prozesses aufgefasst werden kann. Auf der ersten Stufe muss ein Landwirt mit seiner bisherigen Routine brechen und grundsätzliche Änderungen in Erwägung ziehen. Die zweite Stufe ist die Suche nach Handlungsalternativen. Erst nachdem diese beiden Stufen durchlaufen sind, kann die eigentliche Entscheidung pro oder contra Umstellung auf ökologische Landwirtschaft erfolgen. Diese analytische Trennung des Entscheidungsprozesses in drei konsekutive Stufen (mit einer „exit-option" nach Stufe eins und zwei) ist mit einer Reihe von Vorteilen verbunden. So wird sie, zumindest in deutlich stärkerem Maße als „konventionelle" RC-Modelle, der Realität von Entscheidungen gerecht: Ein Akteur kann sich nur zwischen Möglichkeiten entscheiden, die er als (ernsthafte) Alternativen wahrnimmt, und die grundlegende Voraussetzung für eine Entscheidung ist, sich überhaupt in einer Entscheidungssituation zu befinden. Hierfür muss zunächst ein Bruch mit der Routine stattgefunden haben. Zudem ermöglicht die Trennung in einzelne Entscheidungsschritte eine validere Messung entscheidungsrelevanter Variablen (wie dem subjektiven Nutzen der Handlungsalternativen). Es ist nicht davon auszugehen, dass ein Landwirt, der noch nie darüber nachgedacht hat, seinen Betrieb auf ökologische Landwirtschaft umzustellen, in der Befragung eine aussagekräftige Schätzung des Erwartungsnutzens einer Umstellung abgeben kann. Insgesamt war damit eine detaillierte und facettenreiche Analyse der Faktoren möglich, die eine Entscheidung über die Umstellung auf ökologische Landwirtschaft beeinflussen. Nichtsdestotrotz ist die getrennte, stufenweise Analyse auch mit einem Nachteil verbunden: Sie macht es schwierig zu beurteilen, in welchem Maße einzelne Faktoren die Entscheidung als Ganzes beeinflussen. Um diesen Schwachpunkt auszugleichen, wurden die Hypothesen in Abbildung 7.1 zusammengestellt und in ein Gesamtmodell integriert (im weiteren Verlauf der Zusammenfassung erfolgt auch eine Integration der empirischen Ergebnisse).

Der Bruch mit der Handlungsroutine ist, ausgehend von dem Framing-Modell Essers (2001, 2002), eine Folge der Feststellung, dass das mentale Modell der Situation nicht mehr mit der beobachtbaren Realität übereinstimmt (sich also der „match" des Frames verringert). Dies wiederum, so wurde angenommen, beeinflussen drei Faktoren: Die Unzufriedenheit mit der Lage der Landwirtschaft, die Entwicklung des Betriebes, und außerdem die Beurteilung der Situation der Landwirtschaft im sozialen Umfeld des Betriebsleiters, also in der Familie und bei den Bekannten und Kollegen (Hypothesen 1-4). Es wurde argumentiert, dass sich die Wahrscheinlichkeit der Suche nach Handlungsalternativen erhöht, wenn sich die Akteure von den (zum Teil strukturellen) Problemen der Landwirtschaft stärker persönlich

7.1 Zusammenfassung

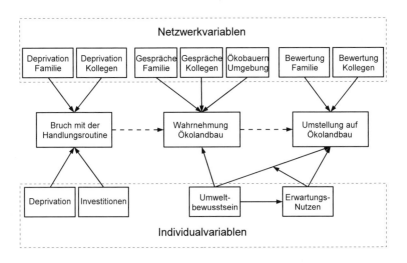

Abbildung 7.1: Theoretisches Modell zur Umstellung auf ökologische Landwirtschaft

betroffen fühlen und wenn im sozialen Netzwerk eine starke Unzufriedenheit mit der Situation vorherrscht. Investitionen, die in (jüngerer) Vergangenheit im Betrieb getätigt wurden, sollten dagegen diese Wahrscheinlichkeit verringern. Dies hat im Wesentlichen zwei Gründe: Zum einen kann erwartet werden, dass Investitionen die Anpassung des Betriebes an die Marktsituation verbessern und dadurch die Notwendigkeit größerer Veränderungen verringern. Zum anderen schaffen Investitionen Sachzwänge und schränken den Spielraum des Betriebsleiters ein.

Auf der zweiten Stufe des Entscheidungsprozesses wurde gefragt, was die Wahrnehmung von ökologischer Landwirtschaft als Handlungsalternative beeinflusst. In den Hypothesen 5-8 wurde ein Einfluss des Umweltbewusstseins postuliert, außerdem von Gesprächen über die ökologische Landwirtschaft im Netzwerk und der Zahl der ökologisch wirtschaftenden Betriebe in der räumlichen Umgebung. Die Hypothese, dass mit steigendem Umweltbewusstsein umweltfreundliche Handlungsalternativen verstärkt wahrgenommen werden, wurde von Kühnel und Bamberg (1998) formuliert. Die Autoren lassen zwar eine explizite theoretische Begründung ihrer Hypothese vermissen, die Annahme kann jedoch leicht begründet werden. So ist es plausibel anzunehmen, dass Landwirte mit hohem Umweltbewusstsein andere Informationsquellen haben als Landwirte mit niedrigem Umweltbewusstsein, erstere also mit geringeren Informationskosten konfrontiert sind. Zudem postulieren Kühnel und Bamberg (1998), dass ein hohes Umweltbewusstsein mithin den Erwartungsnutzen umweltfreundlicher Handlungsalternativen erhöht. Verbindet man diese Annahme mit den Überlegungen von Riker und Ordeshook (1973), kann tatsächlich angenommen werden, dass umweltbewusste Landwirte den Ökolandbau eher als Alternative ansehen. Das soziale und räumliche Umfeld des Betriebsleiters sollte auf zwei Arten von Bedeutung für die Wahrnehmung von Ökolandbau als Alternative sein. Zum einen macht die Tatsache, dass in der Umgebung des Betriebes bereits andere Landwirte ökologisch wirtschaften, den ökologischen Landbau in besonderer Weise als mögliche Alternative sichtbar – der Betriebsleiter hat die Möglichkeit, aus erster Hand Informationen über die Umstellung zu bekommen. Zum anderen sind die Kosten der Informationsbeschaffung gering. Auch Gespräche in der Familie und im Kollegenkreis können als eine Quelle von Informationen angesehen werden. Auch hier kann vermutet werden, dass diese Gespräche den Ökolandbau zum einen als Alternative sichtbar machen, zum anderen die Informationskosten senken. Die hohe Relevanz von Netzwerken und persönlicher Kommunikation wurde bereits von Rogers (1962, 1995) in seiner Theorie der Diffusion von Innovationen betont.

Die eigentliche Entscheidung über eine Umstellung (Stufe drei des Prozesses) schließlich sollte mit dem Erwartungsnutzen der Umstellung, dem Umweltbewusstsein und der Bewertung des Ökolandbaus im sozialen Netzwerk des Betriebsleiters in Zusammenhang stehen (Hypothesen 9-14). Der zentrale erklärende Faktor der Entscheidung ist – so die Grundannahme dieser Arbeit – der Nutzen, den ein Landwirt von seinen verschiedenen Handlungsalternativen erwartet. Da die Konsequenzen einer Umstellung auf ökologische Landwirtschaft, wie bei viele Entscheidungen des Lebens, den Akteuren nicht vollständig und objektiv bekannt sind (es handelt sich demnach um eine Entscheidung unter Risiko), muss der subjektiv erwartete Nutzen nicht notwendigerweise dem tatsächlich eintretenden Nutzen entsprechen. Entscheidungsrelevant kann nur der subjektiv erwartete Nutzen sein. Die Entscheidung über eine Umstellung auf ökologische Landwirtschaft ist, so wie sie in dieser Studie angelegt ist, eine Entscheidung zwischen zwei Alternativen: den Betrieb umstellen oder weiter konventionell wirtschaften. Die strenge Theorie rationalen Handelns postuliert, dass ein Landwirt seinen Hof genau dann umstellen wird, wenn der Erwartungsnutzen einer Umstellung den Erwartungsnutzen der konventionellen Wirtschaftsweise

7.1 Zusammenfassung

übersteigt. Im Rahmen dieser Arbeit wird auf eine weichere, erweiterte Version der RCT Bezug genommen. Zum einen wird die deterministische Theorie in eine probabilistische transformiert: Wenn der subjektive Nutzen des Ökolandbaus im Vergleich zum Nutzen der konventionellen Landwirtschaft steigt, wird lediglich angenommen, dass die Wahrscheinlichkeit einer Umstellung steigt. Zum anderen werden nicht-monetäre – insbesondere soziale und psychologische – Aspekte berücksichtigt.

In diesem Sinne können für einen Akteur die subjektiven Kosten einer Handlungsalternative steigen, wenn sein soziales Netzwerk diese mehrheitlich missbilligt oder zumindest negativ bewertet. Auf der anderen Seite kann die Entscheidung für eine Handlungsalternative, die im Netzwerk als positiv angesehen wird, zu sozialer Anerkennung führen und insofern mit einem höheren Nutzen verbunden sein. Entsprechend wird angenommen, dass die Wahrscheinlichkeit einer Umstellung auf ökologische Landwirtschaft steigt, je positiver der Ökolandbau in der Familie und im Bekanntenkreis des Betriebsleiters bewertet wird. Es ist davon auszugehen, dass die Einstellungen der Familie einen stärkeren Einfluss ausüben als die Einstellungen des Bekanntenkreises.

Wie und in welchem Maße Entscheidungen von Umwelteinstellungen beeinflusst werden, ist eine offene Frage in der Umweltsoziologie. In dieser Arbeit wurden drei zum Teil konkurrierende Hypothesen zum Einfluss des Umweltbewusstseins formuliert. So kann argumentiert werden, Handeln entgegen dem eigenen Umweltbewusstsein erzeuge Kosten zur Aufhebung kognitiver Dissonanzen und sei somit ein weiterer Kostenfaktor von Entscheidungen. Hieraus ergibt sich die Hypothese, dass die Umstellung auf ökologische Landwirtschaft umso wahrscheinlicher ist, je höher das Umweltbewusstsein des Betriebsleiters ist. Diekmann und Preisendörfer (1992, 2003) dagegen gehen von einer härteren RC-Variante aus. In ihrer Low-Cost-Hypothese vermuten sie, Umweltbewusstsein sei nur dann entscheidungsrelevant, wenn im Hinblick auf Kosten-Nutzen-Kalküle keine der Alternativen deutlich hervorsteche. Der Einfluss des Umweltbewusstseins sollte entsprechend in einer Indifferenzsituation am stärksten sein und mit steigenden Kosten einer Umstellung allmählich schwächer werden. Kühnel und Bamberg (1998) entwerfen in Auseinandersetzung mit der Low-Cost-Hypothese ein drittes Modell des Einflusses von Umwelteinstellungen. Sie gehen davon aus, dass Einstellungen nicht die Entscheidung als solche beeinflussen, sondern vorgelagerte Prozesse der Wahrnehmung von Alternativen und Konsequenzen sowie der Bewertung der Alternativen. Insbesondere sollten umweltbewusste Akteure umweltrelevante Konsequenzen verstärkt in ihr Nutzenkalkül auf-

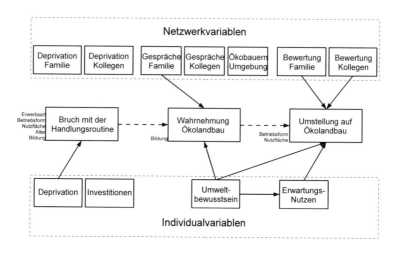

Abbildung 7.2: Empirisches Modell zur Umstellung auf ökologische Landwirtschaft

nehmen und entsprechend von umweltfreundlichen Handlungsalternativen einen höheren Nutzen erwarten.

Empirische Ergebnisse

Die oben dargestellten Hypothesen wurden mit multivariaten statistischen Verfahren, insbesondere logistischen Regressionen, empirisch überprüft. Aus der analytischen Trennung des Entscheidungsprozesses folgte, dass im Wesentlichen drei dichotome abhängige Variablen zur Verfügung standen: Erstens, ob ein Betriebsleiter überhaupt Alternativen zu seiner Wirtschaftweise erwägt. Falls ja, ob er zweitens die ökologische Landwirtschaft als eine Handlungsalternative wahrnimmt. Und falls auch dies zutrifft, ob er drittens seinen Betrieb umgestellt hat oder nicht. Im Folgenden wird dargelegt, welche der Hypothesen zu den einzelnen Phasen des Entscheidungsprozesses sich empirisch bewährt haben und welche nicht. Um die Ergebnisse im Kontext des gesamten Entscheidungsprozesses erfassen zu können, stellt Abbildung 7.2 ein aufgrund der empirischen Ergebnisse revidiertes Kausalmodell zur Umstellung auf ökologische Landwirtschaft dar.

Der Bruch mit der Handlungsroutine konnte nur unzureichend erklärt werden. Zwar lag die erklärte Varianz (Nagelkerke-R^2) des zusammenfassenden Regressionsmodells bei 28 %, sie wurde aber zum größten Teil durch

7.1 Zusammenfassung

sozio-ökonomische Kontrollvariablen erzeugt. Bereits das Basismodell, in das ausschließlich Kontrollvariablen eingingen, erklärte 23 % der Varianz. Im Endmodell haben alle Kontrollvariablen außer dem Bundesland statistisch signifikante Effekte: Nicht-routinisiertes Handeln ist wahrscheinlicher, wenn der Betrieb über mehr Nutzfläche verfügt und im Haupterwerb betrieben wird. Auch zwischen den Betriebsformen sind Unterschiede zu beobachten: Leiter von Marktfrucht- und Veredlungsbetrieben suchen häufiger nach Entwicklungsmöglichkeiten als Leiter von Futterbau- und Gemischtbetrieben. Und schließlich sinkt die Bereitschaft, sich mit Alternativen auseinanderzusetzen, mit dem Alter des Landwirtes und steigt mit der Schulbildung. Von den Hypothesen dagegen konnte lediglich die Deprivations-Hypothese (H 1) empirisch bestätigt werden – je unzufriedener ein Betriebsleiter ist, desto eher erwägt er grundsätzliche Änderungen. Der Effekt der Deprivation auf die Wahrscheinlichkeit, mit der Handlungsroutine zu brechen, war jedoch relativ schwach. Die Hypothesen zu Unzufriedenheit im Netzwerk (H 2 & 3) und zu betrieblichen Investitionen (H 4) haben sich nicht bewährt.

Wesentlich erfolgreicher verlief die Überprüfung der Hypothesen zur Wahrnehmung von ökologischer Landwirtschaft als Handlungsalternative – die Hypothesen konnten weitgehend bestätigt werden. So ziehen Landwirte mit hohem Umweltbewusstsein die ökologische Landwirtschaft mit höherer Wahrscheinlichkeit in Betracht als Landwirte mit niedrigem Umweltbewusstsein (H 8). Auch ein Einfluss des Netzwerkes ist zu erkennen. Zwar hat sich im strengen Sinne nur die Hypothese bestätigt, dass Gespräche in der Familie die Wahrnehmung von Ökolandbau als Alternative fördern (H 7). Die empirischen Daten legen jedoch nahe, dass auch die Zahl der Ökobauern in der Gegend (H 5) und die Gespräche im Kollegenkreis (H 6) nicht irrelevant sind – ihr Effekt ist im multivariaten Modell allerdings indirekt über die Gespräche in der Familie zu finden. Es wurde argumentiert, dass von einer Kausalkette ausgegangen werden kann: Wenn es in der räumlichen Umgebung ökologisch wirtschaftende Betriebe gibt, führt dies dazu, dass im Kollegenkreis – und in der Folge auch in der Familie – über den Ökolandbau gesprochen wird. Letztlich handlungsrelevant sind jedoch nur die Gespräche in der Familie. Insgesamt konnten im logistischen Regressionsmodell 35 % der Varianz erklärt werden, der größte Teil hiervon durch theoretisch abgeleitete Variablen. Von den Kontrollvariablen war lediglich die Bildung von Bedeutung: Höher gebildete Landwirte nehmen den Ökolandbau eher als Alternative wahr.

Die eigentliche Entscheidung über eine Umstellung, also Phase drei des Entscheidungsprozesses, konnte sehr gut erklärt werden. Mit insgesamt

64 % erklärter Varianz im Endmodell konnten die empirischen Daten gut durch die logistische Regression dargestellt werden. Es zeigte sich, dass der Erwartungsnutzen einer Umstellung – wie theoretisch angenommen – der stärkste Prediktor der Umstellung ist (H 11). Zusätzlich zum Effekt des Erwartungsnutzens (in der hier verwendeten Operationalisierung) erhöht sich die Wahrscheinlichkeit, den Betrieb auf ökologische Landwirtschaft umzustellen, wenn der Ökolandbau im sozialen Netzwerk (H 9 & 10), vor allem jedoch in der Familie des Betriebsleiters, positiv bewertet wird. Auch der direkte Einfluss des Umweltbewusstseins hat sich empirisch bestätigt – je höher das Umweltbewusstsein des Betriebsleiters ist, desto eher stellt er seinen Betrieb um (H 12). Es wurde argumentiert, dass diese beiden Effekte letztlich als Nutzenkomponenten aufgefasst werden können, die Bewertung des Ökolandbaus durch die Netzwerkpersonen also zu sozialer Anerkennung bzw. Missbilligung führt, und bei Entscheidungen entgegen den Umwelteinstellungen Dissonanzkosten entstehen. Diese Argumentation wird durch weiterführende Analysen zum Umweltbewusstsein gestützt: Das Umweltbewusstsein des Betriebsleiters hat nur dann einen Einfluss auf die Entscheidung, wenn der Erwartungsnutzen der konventionellen Wirtschaftsweise höher ist als der Erwartungsnutzen der ökologischen Landwirtschaft. Ist nun der Landwirt sehr umweltbewusst, wird der Erwartungsnutzen der konventionellen Landwirtschaft durch Dissonanzkosten verringert, so dass die Wahrscheinlichkeit einer Umstellung steigt. Weiterhin konnte gezeigt werden, dass der Einfluss des Umweltbewusstseins auf die Entscheidung (wenn, wie geschildert, überhaupt ein Einfluss besteht) konstant ist, also nicht mit der Höhe der Kosten einer Umstellung auf Ökolandbau variiert. Die Low-Cost-Hypothese (H 13) hat sich in dieser Untersuchung daher nicht bestätigt. Bestätigt werden konnte dagegen die Annahme, dass ein hohes Umweltbewusstsein dazu führt, dass umweltrelevante Handlungskonsequenzen als wichtiger angesehen werden und die Präferenz für diese Konsequenzen steigt (H 14).

7.2 Diskussion

Die soeben zusammengefassten empirischen Ergebnisse sollen nun bezüglich ihrer Bedeutung für die weitere Forschung diskutiert werden. Zunächst wird erörtert, welche Folgerungen sich für die Theorie rationalen Handelns ergeben. In einem zweiten Schritt werden Implikationen für die Umweltsoziologie dargestellt. Zum Abschluss werden in einem dritten Schritt Folgerungen für die Praxis dargelegt.

Schlussfolgerungen für die Theorie rationalen Handelns

Insgesamt konnte der Prozess, der zu einer Entscheidung für oder gegen eine Umstellung auf ökologische Landwirtschaft führt, mehr als zufriedenstellend erklärt werden – erkennbare Schwächen zeigte der Erklärungsansatz lediglich bei der Frage, wann ein Betriebsleiter überhaupt grundsätzliche Änderungen seiner Wirtschaftsweise in Erwägung zieht.

In den empirischen Analysen dieser Untersuchung konnten die theoretischen Überlegungen Essers (2001, 2002) zum Framing von Entscheidungen nicht nachvollzogen werden. Es kann nicht abschließend geklärt werden, ob dies auf allgemeine Probleme der Theorie oder aber auf Probleme der Übertragbarkeit von der Ehescheidung auf andere Bereiche zurückgeführt werden kann. Zwar hat Essers Modell insofern großen heuristischen Wert, als dass es den Prozesscharakter von Entscheidungen expliziert. Es macht deutlich, dass vor einer Entscheidung zunächst mit der Handlungsroutine gebrochen werden muss, dann Alternativen gesucht werden und erst danach tatsächlich eine Entscheidung ansteht. Seine Annahme, routinisiertes Handeln sei wesentlich abhängig von dem, was er als „match" des Frames bezeichnet (letztlich also von der Unzufriedenheit mit der gegebenen Situation), konnte so allerdings nicht bestätigt werden. Auch führten die Investitionen in betriebsspezifisches Kapital nicht zu einem Verharren in der gegenwärtigen Situation, sondern scheinen (in dieser Untersuchung) eher ein Indikator für allgemeine ökonomische Aktivität zu sein, zu dem eben auch die aktive Suche nach alternativen Entwicklungsmöglichkeiten gehört. Der Einfluss der Kontrollvariablen auf den Bruch mit der Handlungsroutine legt die Interpretation nahe, dass der Bruch mit der Routine vielmehr von groben Schätzungen der Informationskosten bestimmt wird, die eine Entscheidung mit sich bringen würde. Auch der eventuelle Zusatznutzen der Handlungsalternativen spielt dabei eine Rolle. Diese Interpretation ist konsistent mit den Überlegungen von Riker und Ordeshook (1973), widerspricht jedoch der Theorie Essers. Nach Esser sollte ein routinisiert handelnder Akteur gar keine Alternativen wahrnehmen, wenn er mit seiner Lage im Großen und Ganzen zufrieden ist.

Die Tatsache, dass der Bruch mit der Handlungsroutine nur unzureichend erklärt werden konnte, verweist auf weiteren Forschungsbedarf. Neben weiterer theoretischer Arbeit zur Entstehung von Handlungsroutinen und zum Übergang von routinisiertem zu reflektierendem Handeln, sollte die Operationalisierung und die Suche nach angemessenen Indikatoren im Vordergrund stehen. Zudem ist zu beachten, dass insbesondere die ersten beiden Stufen komplexer Entscheidungsprozesse letztlich nur im Längsschnitt adäquat zu untersuchen sind. Einige Ergebnisse dieser Studie lassen sich dahingehend deuten, dass der Bruch mit der Handlungsroutine weniger von der „Passgenauigkeit" der Situationsdefinition abhängig ist, sondern von groben Abschätzungen des zusätzlichen Nutzens anderer Handlungsalternativen und den erwarteten Kosten der Informationsbeschaffung. Diese beiden Erklärungsmöglichkeiten sollten einander gegenübergestellt werden. Zum gegenwärtigen Stand der Theoriebildung erscheint eine weniger voraussetzungsvolle Untersuchung mit qualitativen Methoden vielversprechend. Erst auf Basis der hierbei gewonnenen tieferen Erkenntnisse ist die Entwicklung von Indikatoren für die quantitative Analyse sinnvoll möglich.

Unabhängig von diesem theoretischen Problem konnte insgesamt gezeigt werden, dass sich eine direkte Anwendung der Theorie rationalen Handelns als vorteilhaft erweisen kann. Letztlich fand der direkte Test der Rational Choice Theorie nur auf der dritten Stufe des Entscheidungsprozesses statt. Und dieser Teil konnte wiederum gut erklärt werden, mit einer Anpassungsgüte der logistischen Regression, die den Standard in sozialwissenschaftlichen Untersuchungen mit Individualdaten deutlich übersteigt. Es wurde empirisch gezeigt, dass sich die Präferenzen von Akteuren durchaus voneinander unterscheiden, und auch „weiche", nicht-dingliche Konsequenzen von Handlungen entscheidungsrelevant sind. Es kann demnach angenommen werden, dass eine „enge" Variante der Theorie rationalen Handelns, in der nur dingliche, egoistische Präferenzen zugelassen werden und mithin angenommen wird, die Präferenzen seien bei allen Akteuren gleich (vgl. Opp 1999), den tatsächlichen Entscheidungen von Individuen nicht angemessen ist. Eine solche sparsame Theorie mag zwar von einer gewissen mathematischen Eleganz sein und ein hohes deduktives Potential haben. Wenn aber die Axiome der Theorie nicht der Realität entsprechen, ist die Theorie insgesamt nur von begrenztem Wert.

Auch die vielfach vertretene Auffassung, (weiche) Präferenzen sollten unter anderem deshalb nicht in sozialwissenschaftlichen Erklärungen verwendet werden, da sie nicht oder nur schwer messbar seien (beispielsweise von Diekmann 1996, S. 93ff oder Olson 1992, S. 60) kann an dieser Stelle nicht nachvollzogen werden. Zwar ist die Messung von Nutzen und Wahrscheinlichkeiten mit gewissen Schwierigkeiten verbunden (vgl. die Ausführungen in Abschnitt 5.4), sie ist aber dennoch – selbst unter den erschwerten Bedingungen einer postalischen Befragung – durchführbar.

Die direkte Anwendung der subjective expected utility (SEU) Theorie ermöglicht es zudem, eine Aussage über die Gültigkeit der Theorie zu machen.

Während beispielsweise Kecskes (1996, S. 63) unter Bezugnahme auf die Studie von Friedrichs und Stolle (1995) konstatiert, dass die Ergebnisse von empirischen Anwendungen der SEU-Theorie so beträchtlich von der Theorie abwichen, dass sie das Modell ernsthaft in Frage stellten, können die Ergebnisse der vorliegenden Studie hingegen als eine Bestätigung der SEU-Theorie gedeutet werden.

Zusammenfassend ist festzuhalten, dass die direkte Anwendung der SEU-Theorie sich als vielversprechend erwiesen hat und dementsprechend weiterverfolgt werden sollte. Es wäre wünschenswert, dass weitere Gegenstandsbereiche mit dieser Methode untersucht würden. Besondere Aufmerksamkeit sollte hierbei der Operationalisierung und Messung der SEU-Variablen geschenkt werden. Beispielsweise hatte sich herausgestellt, dass die Messung der Präferenzen und Wahrscheinlichkeiten mit 5-stufigen Ratingskalen zu suboptimalen Ergebnissen führt, und von daher mindestens 7-stufige Skalen zu empfehlen wären. Bei persönlich-mündlicher Befragung (die hier aus forschungsökonomischen Gründen nicht vorgenommen werden konnte) sind sicherlich präzisere Methoden der Messung denkbar.

Schlussfolgerungen für die Umweltsoziologie

Die soeben geschilderten Folgerungen für die allgemeine Theorie treffen in gleichem Maße auch auf die Umweltsoziologie zu. Zusätzlich zu generellen Problemen der Handlungstheorie betrifft die Umweltsoziologie jedoch die Frage, in welchem Verhältnis Umwelteinstellungen und Umweltverhalten zueinander stehen. Im folgenden Abschnitt wird daher auf diese Frage gesondert eingegangen.

Unter direkter Anwendung der SEU-Theorie war es möglich, unterschiedliche Hypothesen zum Einfluss des Umweltbewusstseins strenger zu überprüfen, als dies bisher getan wurde. Es konnte gezeigt werden, dass der Einfluss des Umweltbewusstseins nicht von der Höhe der (zusätzlichen) Kosten umweltfreundlichen Handelns abhängt, und auch dann einen Effekt hat, wenn die Handlungskosten hoch sind. Die Low-Cost-Hypothese kann also nicht bestätigt werden. Hingegen hat sich eine Nebenannahme von Diekmann und Preisendörfer (1998) empirisch bewährt: Umweltbewusstsein ist nur dann von Relevanz für eine Entscheidung, wenn die Kosten der umweltfreundlichen Alternative höher liegen als die der umweltschädliche Alternative. Es wurde argumentiert, dass Umweltbewusstsein mittels der Annahme von Dissonanzkosten in die Theorie rationalen Handelns integriert werden kann, also einen direkten Effekt auf die Entscheidung hat.

Da die Entscheidung in dieser Untersuchung in drei Phasen unterteilt wurde, konnte der Einfluss des Umweltbewusstseins auf Prozesse, die der eigentlichen Entscheidung vorgelagert sind, detailliert analysiert werden. Die diesbezüglichen Annahmen der Framing-Hypothese konnten bestätigt werden. Es erscheint insofern sinnvoll, auch in weiteren umweltsoziologischen Untersuchungen zu fragen, inwieweit die Wahrnehmung umweltfreundlicher Handlungsalternativen mit dem Umweltbewusstsein variiert.

Dennoch bleiben Fragen zum Einfluss des Umweltbewusstseins offen. Beispielsweise steht die Zurückweisung der Low-Cost-Hypothese im Widerspruch zu bisherigen empirischen Arbeiten, die positive Evidenz lieferten. Eine mögliche Erklärung für die unterschiedlichen Ergebnisse ist, dass an anderen Arbeiten werde der Prozesscharakter von Entscheidungen berücksichtigt wurde, noch die Kosten und Nutzen der Alternativen direkt erhoben wurden. Weitere Gründe wurden in Abschnitt 6.4.3 diskutiert. Eine abschließende Bewertung – sei es in Hinblick auf die Gültigkeit der Low-Cost-Hypothese, sei es bezüglich der Gründe für die unterschiedlichen Ergebnisse – konnte jedoch nicht erfolgen. Hier ist sicherlich weitere Forschung notwendig. Es wurde bereits darauf verwiesen, dass es sinnvoll wäre, das Spektrum der in der Umweltsoziologie üblicherweise betrachteten Verhaltensweisen auszuweiten und den Prozesscharakter von Entscheidungen in zukünftigen Untersuchungen zu berücksichtigen. Direkte Überprüfungen der Low-Cost-Hypothese in weiteren Studien zu anderen Handlungen (und in weniger selektiven Populationen) könnten hier Klarheit bringen.

Schlussfolgerungen für die Praxis

Zum Abschluss soll noch kurz auf einige praxisrelevante Schlussfolgerungen eingegangen werden, die aus der vorliegenden Untersuchung gezogen werden können. Zunächst einmal kann für den ökologischen Landbau in Deutschland ein beträchtliches Wachstumspotential festgestellt werden. Fast 20 % der befragten konventionellen Landwirte haben angegeben, schon einmal über eine Umstellung nachgedacht, sich dann aber dagegen entschieden zu haben. Zumindest dieser Teil der Landwirte steht der ökologischen Landwirtschaft offen gegenüber und würde unter anderen Bedingungen sicherlich die ökologische Wirtschaftsweise übernehmen.

Insgesamt wird der Umstellung auf ökologische Landwirtschaft allerdings nur ein vergleichsweise geringer Nutzen zugewiesen. Die Betriebsleiter, die sich gegen eine Umstellung entschieden haben, erwarten von einer Umstellung einen Nutzen von 2,7 von der konventionellen Wirtschaftsweise dagegen einen Nutzen von 4,3. Ökobauern wiederum (also diejenigen Betriebsleiter, die sich für eine Umstellung entschieden haben) erwarteten mit einem SEU

7.2 Diskussion

von 2,6 von der Umstellung sogar einen geringfügig niedrigeren Nutzen, bewerten die konventionelle Landwirtschaft allerdings mit einem Nutzen von 1,3 deutlich schlechter. Hieraus lässt sich folgern, dass die meisten Betriebsleiter im Untersuchungszeitraum ihre Höfe weniger deswegen auf Ökolandbau umgestellt haben, weil sie ihn konkurrenzlos gut finden, sondern vielmehr, weil sie mit gewissen Aspekten der konventionellen Landwirtschaft sehr unzufrieden waren und der ökologische Landbau dazu eine akzeptable Alternative bot. Vor dem Hintergrund der BSE-Krise, die zum Zeitpunkt der Untersuchung die deutsche Medienlandschaft beherrschte, sollte dies nicht überraschen. Die Annahme, weitere Skandale in der Lebensmittelindustrie und der konventionellen Landwirtschaft würden „die Sache schon richten" und dem Ökolandbau zu einem weiteren Aufschwung verhelfen, kann jedoch nicht als überzeugende Grundlage für die weitere Expansion der ökologischen Landwirtschaft angesehen werden.

Eine nachhaltige Wachstumsstrategie kann nur darauf abzielen, dass umstellungsbereite konventionelle Landwirte im Ökolandbau eine bessere Option sehen als sie dies bisher tun. Durch die direkte Erhebung der Präferenzen der Betriebsleiter und des Nettonutzens einer Umstellung war es möglich, die relative Bedeutung einzelner Konsequenzen einer Umstellung zu bestimmen. Hierdurch können Ansatzpunkte für eine weitere Förderung der ökologischen Landwirtschaft skizziert werden. An erster Stelle stehen für die Landwirte betriebliche Erwägungen: Kann ich Unkraut und Schädlinge unter Kontrolle halten? Wie entwickelt sich der Ertrag? Und ist es gut oder schlecht, keine chemischen Spritzmittel zu verwenden? An zweiter Stelle folgen ökonomische Fragen: Gibt es für meine Produkte einen sicheren Absatzmarkt? Kann ich durch eine Umstellung meinen Betrieb langfristig sichern? Und wie entwickelt sich die Arbeitsbelastung? Weitere Erwägungen betreffen die Höhe der Prämien und die Einschätzung, ob der Ökolandbau umweltfreundlicher ist als die konventionelle Landwirtschaft. Die weitere Entwicklung des Ökolandbaus in Deutschland wird davon abhängen, wie die Betriebsleiter diese Fragen beantworten. Die Ergebnisse dieser Studie verweisen darauf, dass insbesondere die Beurteilung der betrieblichen Abläufe und die Einschätzung der Marktlage die Entscheidung zur Umstellung auf ökologische Landwirtschaft bedingen. Eine Verringerung der staatlichen Unterstützung für die ökologische Landwirtschaft dagegen, wie von Landwirtschaftsminister Horst Seehofer gefordert (siehe Denkler 2005), würde die Risiken einer Umstellung deutlich erhöhen und wäre sicherlich ein Schritt in die falsche Richtung.

Literaturverzeichnis

Ajzen, Icek, 1988: Attitudes, Personality, and Behavior. Milton Keynes: Open University Press.

Ajzen, Icek, 1991: The Theory of Planned Behavior. Organizational Behavior and Human Desision Processes 50: 179–211.

Ajzen, Icek und *Martin Fishbein*, 1977: Attitude-Behavior Relations: A Theoretical Analysis and Review of Empirical Research. Psychological Bulletin 84: 888–918.

Ajzen, Icek und *Martin Fishbein*, 1980: Understanding Attitudes and Predicting Social Behavior. Englewood Cliffs: Prentice-Hall.

Allison, Paul D., 1977: Testing for Interaction in Multiple-Regression. American Journal of Sociology 83 (1): 144–153.

Arp, Britta, Heike Kuhnert und *Sebastian Klotschke*, 2001: Welche Hemmnisse sehen derzeit sächsische Landwirte bei einer Umstellung auf ökologischen Landbau? Erste Ergebnisse einer Befragung. Infodienst für Schule und Beratung der Sächsischen Agrarverwaltung 7: 24–32.

Bacher, Johann, 1990: Einführung in die Logik der Skalierungsverfahren. Historische Sozialforschung 15 (3): 4–170.

Bamberg, Sebastian, Steffen M. Kühnel und *Peter Schmidt*, 1999: The impact of general attitude on decisions. A framing approach. Rationality and Society 11 (1): 5–25.

Bamberg, Sebastian und *Peter Schmidt*, 2003: Incentives, morality, or habit? Predicting students' car use for university routes with the models of Ajzen, Schwartz, and Triandis. Environment and Behavior 35 (264-285): 264–285.

Baumgärtner, Theo, 1991: Determinanten politischen Protests. Eine Untersuchung bei Landwirten in der Bundesrepublik Deutschland. Hamburg: Verlag Dr. Kovac.

Beckmann, Jürgen, 1984: Kognitive Dissonanz: Eine handlungstheoretische Perspektive. Berlin: Springer.

Ben-Akiva, Moshe und *Stephen R. Lermann*, 1985: Discrete Choice Analysis: Theory and Application to Travel Demand. Cambridge: Cambridge University Press.

Bioland, 2002: Bioland-Richtlinien. Mainz: Bioland e.V. Verband für organischbiologischen Landbau.

BLE, 2002: Flächenbezogene Förderung bei Einführung und Beibehaltung ökologischer Wirtschaftsweisen und Kontrollkostenzuschuss nach Bundesländern (2002). http://www.oekolandbau.de/werkzeuge/foerderplaner/foerderuebersicht.pdf;

Letzter Zugriff: 16.7.2005.

BLE, 2003: Der ökologische Landbau in Deutschland. A3 Entwicklung, Richtungen des ökologischen Landbaus. Bericht, Bundesanstalt für Landwirtschaft und Ernährung, Bonn.

BMUNR, 2002: Umweltbewusstsein in Deutschland 2002: Ergebnisse einer repräsentativen Bevölkerungsumfrage. Bericht, Bundesministerium für Umwelt, Naturschutz und Reaktorsicherheit, Berlin.

BMUNR, 2004: Umweltbewusstsein in Deutschland 2004: Ergebnisse einer repräsentativen Bevölkerungsumfrage. Bericht, Bundesministerium für Umwelt, Naturschutz und Reaktorsicherheit, Berlin.

BMVEL, 2002: Ernährungs- und agrarpolitischer Bericht 2002 der Bundesregierung. Bericht, Bundesministerium für Umwelt, Verbraucherschutz, Ernährung und Landwirtschaft, Berlin.

BMVEL, 2004: Ernährungs- und agrarpolitischer Bericht der Bundesregierung 2005. Bericht, Bundesministerium für Umwelt, Verbraucherschutz, Ernährung und Landwirtschaft, Berlin.

Boucher, Douglas H., 1991: Ecological Rationality and Capitalism: Costa Rica and the USA. Social Text 1991: 46–50.

Bouffard, Jeffrey A., 2002: Methodological and Theoretical Implications of Using Subject-generated Consequences in Tests of Rational Choice Theory. Justice Quarterly 19 (4): 747–771.

Braun, Norman und *Axel Franzen*, 1995: Rationalität und Umweltverhalten. Kölner Zeitschrift für Soziologie und Sozialpsychologie 47: 231–248.

Brüderl, Josef und *Peter Preisendörfer*, 1995: Der Weg zum Arbeitsplatz: Eine empirische Untersuchung zur Verkehrsmittelwahl. S. 69–88 in: *Andreas Diekmann* und *Axel Franzen* (Hg.), Kooperatives Umwelthandeln: Modelle, Erfahrungen, Massnahmen. Chur; Zürich: Rüegger.

Burt, Ronald S., 1998: A Social Capital Questionnaire. http://gsbwww.uchicago.edu/fac/ronald.burt/research/QUEST.pdf, letzter Zugriff 14.3.2006.

Burt, Ronald S., 2001: Attachment, Decay, and Social Network. Journal of Organizational Behavior 22 (6): 619–643.

Burton, Michael, Dan Rigby und *Trevor Young*, 1999: Analysis of the determinants of adoption of organic horticultural techniques in the UK. Journal of Agricultural Economics 50 (1): 48–63.

Camic, Charles, 1992: The Matter of Habit. S. 185–232 in: *Mary Zey* (Hg.), Decision Making. Alternatives to Rational Choice Models. Newbury Park: SAGE.

Coleman, James S, 1995: Grundlagen der Sozialtheorie. Band 1: Handlungen und

Handlungssysteme. München: Oldenbourg.

DBV, 2002: Situationsbericht 2003. Trends und Fakten zur Landwirtschaft. Bonn: Deutscher Bauernverband.

Demeter, 2002: Erzeugungsrichtlinien für die Anerkennung der Demeter-Qualität. Darmstadt: Demeter-Bund e.V.

Denkler, Thorsten, 2005: Seehofer will Bio nicht länger fördern. die tageszeitung 17.12.2005: 8.

Diekmann, Andreas, 1995: Umweltbewusstsein oder Anreizstrukturen? Empirische Befunde zum Energiesparen, der Verkehrsmittelwahl und zum Konsumverhalten. S. 39–68 in: *Andreas Diekmann* und *Axel Franzen* (Hg.), Kooperatives Umwelthandeln: Modelle, Erfahrungen, Massnahmen. Chur; Zürich: Rüegger.

Diekmann, Andreas, 1996: Homo ÖKOnomicus. S. 89–118 in: *Andreas Diekmann* und *Carlo C. Jaeger* (Hg.), Umweltsoziologie. Opladen: Westdeutscher Verlag.

Diekmann, Andreas, 2002: Empirische Sozialforschung. Grundlagen, Methoden, Anwendungen. Reinbek: Rowohlt.

Diekmann, Andreas und *Peter Preisendörfer*, 1992: Persönliches Umweltverhalten: Diskrepanzen zwischen Anspruch und Wirklichkeit. Kölner Zeitschrift für Soziologie und Sozialpsychologie 44: 226–251.

Diekmann, Andreas und *Peter Preisendörfer*, 1998: Umweltbewußtsein und Umweltverhalten in Low- und High-Cost-Situationen: Eine empirische Überprüfung der Low-Cost-Hypothese. Zeitschrift für Soziologie 27: 438–453.

Diekmann, Andreas und *Peter Preisendörfer*, 2000: Umweltsoziologie. Eine Einführung. Reinbek: Rowohlt.

Diekmann, Andreas und *Peter Preisendörfer*, 2003: Green and Greenback. The Behavioral Effects of Environmental Attitudes in Low-Cost and High-Cost Situations. Rationality and Society 15 (4): 441–472.

Dillman, Don A., 2000: Mail and internet surveys: The tailored design method. New York: Wiley.

Dunlap, Riley E und *Robert Emmet Jones*, 2002: Environmental Concern: Conceptual and Measurement Issues. S. 482–524 in: *Riley E Dunlap* und *William Michelson* (Hg.), Handbook of Environmental Sociology. Westport London: Greenwood Press.

Duram, Leslie A., 1997: A pragmatic study of conventional and alternative farmers in Colorado. Professional Geographer 49 (2): 202–213.

EC, 1988: Commission Regulation (EEC) No 4115/88 of 21 December 1988 laying down detailed rules for applying the aid scheme to promote the extensification of production. Official Journal of the European Communities 1988 (L 361): 13–18.

EC, 1991: Council Regulation (EEC) No 2092/91 of 24 June 1991 on organic production of agricultural products and indications referring thereto on agricultural products and foodstuffs. Official Journal of the European Communities 1991 (L 198): 1–15.

EC, 1999a: Council Regulation (EC) No 1257/1999 of 17 May 1999 on support for rural development from the European Agricultural Guidance and Guarantee Fund (EAGGF) and amending and repealing certain Regulations. Official Journal of the European Communities 1999 (L 160): 80–102.

EC, 1999b: The Environmental Impact of Arable Crop Production in the EU. Bericht, European Commission, Bruxelles.

EC, 2000: The Environmental Impact of Dairy Production in the EU. Bericht, European Commission, Bruxelles.

Egri, Carolyn P., 1999: Attitudes, backgrounds and information preferences of Canadian organic and conventional farmers: Implications for organic farming advocacy and extension. Journal of Sustainable Agriculture 13 (3): 45–72.

Eisenführ, Franz und *Martin Weber*, 1994: Rationales Entscheiden. Berlin: Springer.

Ernst, Andreas M., *Renate Eisentraut, Andrea Bender, Wolfram Kägi, Ernst Mohr* und *Stefan Seitz*, 1998: Stabilisierung der Kooperation im Allmende-Dilemma durch institutionelle und kulturelle Rahmenbedingungen. GAIA 7 (4): 271–278.

Esser, Hartmut, 1991: Alltagshandeln und Verstehen. Zum Verhältnis von erklärender und verstehender Soziologie am Beispiel von Alfred Schütz und "Rational Choice". Tübingen: Mohr.

Esser, Hartmut, 1993: Soziologie. Allgemeine Grundlagen. Frankfurt am Main: Campus Verlag.

Esser, Hartmut, 1996: Die Definition der Situation. Kölner Zeitschrift für Soziologie und Sozialpsychologie 48 (1): 1–34.

Esser, Hartmut, 2001: Soziologie. Spezielle Grundlagen, Band 6: Sinn und Kultur. Frankfurt am Main: Campus.

Esser, Hartmut, 2002: In guten wie in schlechten Tagen? Das Framing der Ehe und das Risiko zur Scheidung. Eine Anwendung und ein Test des Modells der Frame-Selektion. Kölner Zeitschrift für Soziologie und Sozialpsychologie 54 (1): 27–63.

Evans, Martin G., 1991: The Problem of Analyzing Multiplicative Composites. Interactions Revisited. American Psychologist 46 (1): 6–15.

Festinger, Leon, 1978: Theorie der Kognitiven Dissonanz. Bern: Huber.

Franzen, Axel, 1995: Trittbrettfahren oder Engagement? Überlegungen zum Zusammenhang zwischen Umweltbewusstsein und Umweltverhalten. S. 133–149 in: *Andreas Diekmann* und *Axel Franzen* (Hg.), Kooperatives Umwelthandeln. Zürich: Rüegger.

Franzen, Axel, 1997: Umweltbewusstsein und Verkehrsverhalten: Empirische Analysen zur Verkehrsmittelwahl und der Akzeptanz umweltpolitischer Maßnahmen. Chur; Zürich: Rüegger.

Freudenburg, William R., 1991: Rural-Urban Differences in Environmental Concern: A Closer Look. Sociological Inquiry 61 (2): 167–198.

Friedrich, Walter, 1972: Methoden der marxistisch-leninistischen Sozialforschung. Berlin: VEB Deutscher Verlag der Wissenschaften.

Friedrichs, Jürgen, 1980: Methoden empirischer Sozialforschung. Opladen: Westdeutscher Verlag.

Friedrichs, Jürgen und *Karl-Dieter Opp*, 2002: Rational Behavior in Everyday Situations. European Sociological Review 28 (4): 401–415.

Friedrichs, Jürgen und *Martin Stolle*, 1995: Wanderung und Wanderungsbereitschaft von Arbeitslosen. Bericht, Forschungsinstitut für Soziologie, Köln.

Friedrichs, Jürgen, Martin Stolle und *Gudrun Engelbrecht*, 1993: Rational-Choice-Theorie: Probleme der Operationalisierung. Zeitschrift für Soziologie 22 (1): 2–15.

Gabler, Siegfried, 1994: Ost-West-Gewichtung der Daten der Allbus-Baseline-Studie 1991 und des Allbus 1992. ZUMA-Nachrichten 35: 77–81.

Guagnano, Gregory A., Paul C. Stern und *Thomas Dietz*, 1995: Influences on Attitude-Behavior Relationships. A Natural Experiment with Curbside Recycling. Enviroment and Behavior 27 (5): 699–718.

Guttman, Louis, 1950: The Basis of Scalogram Analysis. S. 60–90 in: *Samuel A. Stouffer, Louis Guttman, Edward A. Suchmann, Paul F. Lazarsfeld, Shirley A. Star* und *John A. Clausen* (Hg.), Measurement and Prediction, Studies in Social Psychology in World War II, Band 4. Princeton: Princeton University Press.

Hausheer, Othmar, 1991: Die Kehrichtsackgebühr - ein wirkungsvolles umweltpolitisches Instrument? Eine empirische Untersuchung. Zürich: Rüegger.

Hines, Jody M., Harold R. Hungerford und *Audrey Tomera*, 1986: Analysis and Synthesis of Research on Responsible Environmental Behavior: A Meta-Analysis. The Journal of Environmental Education 18: 1–8.

HMULV, 2004: Jahresagrarbericht 2005. Bericht, Hessisches Ministerium für Umwelt, ländlichen Raum und Verbraucherschutz, Wiesbaden.

IFOAM, 2002: IFOAM Basic Standards for Organic Production and Processing. Bonn: International Federation of Organic Agriculture Movements.

IFOAM, 2005: Principles of Organic Agriculture. http://www.ifoam.org/organi _facts/principles/pdfs/Principle _Organi _Agriculture.pdf, letzter Zugriff 13.3.2006.

Jagodzinski, Wolfgang und *Markus Klein*, 1997: Interaktionseffekte im logistischen und linearen Regressionsmodell und in CHAID. Zum Einfluss von Politikverdrossenheit und Rechtsextremismus auf die Wahl der Republikaner. ZA-Information 41: 33–57.

Jansen, Dorothea, 1999: Einführung in die Netzwerkanalyse: Grundlagen, Methoden, Anwendungen. Opladen: Leske+Budrich.

Jones, Robert E., *J. Mark Fly* und *H. Ken Cordell*, 1999: How green is my valley? Tracking rural and urban environmentalism in the Southern Appalachian Ecoregion. Rural Sociology 64 (3): 482–499.

Kahnemann, Daniel und *Amos Tversky*, 1979: Prospect Theory: An Analysis of Decision under Risk. Econometrica 47 (2): 263–291.

Kahnemann, Daniel und *Amos Tversky*, 1984: Choices, Values and Frames. American Psychologist 39 (4): 341–50.

Kecskes, Robert, 1996: Das Individuum und der Wandel städtischer Wohnviertel: Eine handlungstheoretische Erklärung von Aufwertungsprozessen. Pfaffenweiler: Centaurus-Verlagsgesellschaft.

Kelle, Udo und *Christian Lüdemann*, 1995: "Grau, Teurer Freund, ist alle Theorie." Rational Choice und das Problem der Brückenannahmen. Kölner Zeitschrift für Soziologie und Sozialpsychologie 47 (2): 249–267.

Kühnel, Steffen und *Sebastian Bamberg*, 1998: Überzeugungssysteme in einem zweistufigen Modell rationaler Handlungen: Das Beispiel umweltgerechten Verkehrsverhaltens. Zeitschrift für Soziologie 27: 256–270.

Kunz, Volker, 1994: Die empirische Prüfung von Nutzentheorien. S. 112–131 in: *Volker Kunz* und *Ulrich Druwe* (Hg.), Rational Choice in der Politikwissenschaft. Opladen: Leske+Budrich.

Lampkin, Nicolas, 1994: Organic Farming: Sustainable Agriculture in Practice. S. 3–10 in: *Nicolas Lampkin* und *Susanne Padel* (Hg.), The Economics of Organic Farming. An International Perspective. Wallingford: CAB-International.

Lantermann, Ernst-Dieter, 1999: Zur Polytelie umweltschonenden Handelns. S. 7–19 in: *Volker Linneweber* und *Elisabeth Kals* (Hg.), Umweltgerechtes Handeln. Barrieren und Brücken. Berlin: Springer.

Lindenberg, Siegwart, 1985: An Assessment of the New Political Economy: Its Potential for the Social Sciences and for Sociology in Particular. Sociological Theory 3: 99–114.

Lindenberg, Siegwart, 1996a: Die Relevanz Theoriereicher Brückenannahmen. Kölner Zeitschrift für Soziologie und Sozialpsychologie 48 (1): 126–140.

Lindenberg, Siegwart, 1996b: Theoriegesteuerte Konkretisierung der Nutzentheorie. Eine Replik auf Kelle/Lüdemann und Opp/Friedrichs. Kölner Zeitschrift für Soziologie und Sozialpsychologie 48 (3): 560–565.

Lodge, Milton, 1981: Magnitude Scaling. Quantitative Measurement of Opinions. Beverly Hills: SAGE.

Loibl, Elisabeth, 1999: Die Beweggründe, Biobauer zu werden. Der Förderungsdienst 47 (10): 344–346.

Long, J. Scott, 1997: Regression Models for Categorical and Limited Dependent Variables. Thousand Oaks: SAGE.

Lüdemann, Christian, 1992: Das Modell rationalen Handelns und der "deal" im Strafprozess. Ergebnisse einer empirischen Studie. Zeitschrift für Rechtssoziologie 13 (1): 88–109.

Lüdemann, Christian, 1997: Rationalität und Umweltverhalten: Die Beispiele Recycling und Verkehrsmittelwahl. Wiesbaden: Deutscher Universitäts Verlag.

LWK-NRW, 2004: Zahlen zur Landwirtschaft in Nordrhein-Westfalen. Bericht, Landwirtschaftskammer Nordrhein-Westfalen, Münster.

Mäder, Paul, Andreas Fließbach, David Dubois, Lucie Gunst, Padruot Fried und *Urs Niggli*, 2002: Soil fertility and biodiversity in organic farming. Science 296 (5573): 1694–1697.

Maier, Gunther und *Peter Weiss*, 1990: Modelle diskreter Entscheidungen: Theorie und Anwendung in den Sozial- und Wirtschaftswissenschaften. Wien, New York: Springer.

Maloney, Michael P. und *Michael P. Ward*, 1973: Ecology: Let's Hear from the People; An Objective Scale for the Measurement of Ecological Attitudes and Knowledge. American Psychologist 28: 583–586.

Manski, Charles F. und *Stephen R. Lermann*, 1977: The Estimation of Coice Probabilities from Choice Based Samples. Econometrica 45: 1977–1988.

Marx, Karl, 1973: Der achtzehnte Brumaire des Louis Bonaparte. MEW 8: 115–207.

Mayntz, Renate, Kurt Holm und *Peter Hübner*, 1969: Einführung in die Methoden der empirischen Soziologie. Köln und Opladen: Westdeutscher Verlag.

Metzger, Reiner, 2000: Der Rinderwahn-GAU. Die Front der Heuchler und Gesundbeter ist widerlegt: BSE ist auch in Deutschland heimisch. die tageszeitung 25.11.2000: 5.

Midmore, Peter, Susanne Padel, Heather McCalman, Jon Isherwood, Susan Fowler und *Nicolas Lampkin*, 2001: Attitudes towards conversion to organic production systems: A study of farmers in England. Bericht, University of Wales, Aberystwyth.

Naturland, 2002: Naturland Richtlinien. Gräfeling: Naturland - Verband für naturgemäßen Landbau e.V.

NLS, 2005: Niedersachsen 2004 - Das Jahr in Zahlen -. Statistische Monatshefte Niedersachsen 2005 (3): 133–197.

Nosek, Brian A., 2005: Moderators of the Relationship Between Implicit and Explicit Evaluation. Journal of Experimental Psychology: General 134 (4): 565–584.

Ockenfels, Axel, 1999: Fairness, Reziprozität und Eigennutz. Tübingen: Mohr Siebeck.

Olson, Mancur, 1992: Die Logik des kollektiven Handelns. Tübingen: Mohr.

Opp, Karl-Dieter, 1979: Das "ökonomische Programm" in der Soziologie. S. 313–350 in: *Hans Albert* und *Jurt H. Stapf* (Hg.), Theorie und Erfahrung. Beiträge zur Grundlagenproblematik der Sozialwissenschaften. Stuttgart: Klett-Cotta.

Opp, Karl-Dieter, 1990: Testing Rational Choice Theory in Natural Settings. S. 87–102 in: *J. J. Hox* und *J. de Jong-Gierveld* (Hg.), Operationalization and Research Strategy. Amsterdam: Swets & Zeitlinger.

Opp, Karl-Dieter, 1999: Contending conceptions of the theory of rational action. Journal of Theoretical Politics 11 (2): 171–202.

Opp, Karl-Dieter, Käte Burow-Auffahrt, Peter Hartmann, Thomazine von Witzleben, Volker Pöhls und *Thomas Spitzley*, 1984: Soziale Probleme und Protestverhalten. Opladen: Westdeutscher Verlag.

Opp, Karl-Dieter und *Jürgen Friedrichs*, 1996: Brückenannahmen, Produktionsfunktionen und die Messung von Präferenzen. Kölner Zeitschrift für Soziologie und Sozialpsychologie 48 (3): 546–559.

Ostmann, Axel, 1998: Grenzen ökonomischer Anreize für Umweltgemeingüter. GAIA 7 (4): 286–295.

Padel, Susanne, 2001: Conversion to Organic Farming: A Typical Example of the Diffusion of an Innovation? Sociologia Ruralis 41 (1): 40–61.

Padel, Susanne und *Nicolas Lampkin*, 1994: Conversion to organic farming: An overview. S. 295–313 in: *Nicolas Lampkin* und *Susanne Padel* (Hg.), The economics of organic farming: An international perspective. Wallingford: CAB-International.

Pietola, Kyösti S. und *Alfons Oude Lansink*, 2001: Farmer response to policies promoting organic farming technologies in Finland. European Review of Agricultural Economics 28 (1): 1–15.

Pratkanis, A. R., 1989: The cognitive representation of attitudes. S. 71–98 in: *A.R. Pratkanis, S. J. Breckler* und *A. G. Greenwald* (Hg.), Attitude structure and function. Hillsdale, NJ: Erlbaum.

Preisendörfer, Peter, 2004: Anwendungen der Rational-Choice-Theorie in der Umweltforschung. S. 271–288 in: *Andreas Diekmann* und *Thomas Voss* (Hg.), Rational-Choice-Theorie in den Sozialwissenschaften. München: Oldenbourg.

Preisendörfer, Peter und *Axel Franzen*, 1996: Der schöne Schein des Umweltbewusstseins: Zu den Ursachen und Konsequenzen von Umwelteinstellungen in der Bevölkerung. S. 219–244 in: *Andreas Diekmann* und *Carlo C. Jaeger* (Hg.), Umweltsoziologie. Opladen: Westdeutscher Verlag.

Riker, William H. und *Peter C. Ordeshook*, 1973: An Introduction to Positve

Political Theory. Englewood Cliffs: Prentice-Hall.

Rogers, Everett M., 1962: Diffusion of Innovations. New York: The Free Press.

Rogers, Everett M., 1995: Diffusion of Innovations. New York: The Free Press.

Rohrmann, Bernd, 1978: Empirische Studien zur Entwicklung von Antwortskalen für die sozialwissenschaftliche Forschung. Zeitschrift für Sozialpsychologie 9: 222–245.

Rohwer, Götz, 2003: Modelle ohne Akteure. Hartmut Essers Erklärung von Scheidungen. Kölner Zeitschrift für Soziologie und Sozialpsychologie 55 (2): 340–258.

Sarle, Warren S., 1995: Measurement theory: Frequently asked questions. Disseminations of the International Statistical Applications Institute 1 (4): 61–66.

Schahn, Joachim, Marinella Damian, Uta Schurig und Christina Füchsle, 1999: Konstruktion und Erfassung der dritten Version des Skalensystems zur Erfassung des Umweltbewußtseins (SEU-3). Diagnostica 46 (2): 84–92.

Scheuch, Erwin K. und Helmut Zehnpfennig, 1974: Skalierungsverfahren in der Sozialforschung. S. 97–203 in: Rene König (Hg.), Handbuch der empirischen Sozialforschung. Band 3a: Grundlegende Methoden und Techniken, Zweiter Teil. Stuttgart: Ferdinand Enke Verlag.

Schneeberger, Walter, Ika Darnhofer und Michael Eder, 2002: Barriers to the adoption of organic farming by cash-crop producers in Austria. American Journal of Alternative Agriculture 17 (1): 24–31.

Schneeberger, Walter und Leopold Kirner, 2001: Umstellung auf biologischen Landbau in Österreich. Berichte über Landwirtschaft 79 (1): 348–360.

Schnell, Rainer, Paul Hill und Elke Esser, 2005: Methoden der empirischen Sozialforschung. München: Oldenbourg.

Schräpler, Jörg-Peter, 2001: Spontanität oder Reflexion? Die Wahl des Informationsverarbeitungsmodus in Entscheidungssituationen. Analyse und Kritik 23 (1): 21–42.

Simon, Herbert A., 1957: A Behavioral Model of Rational Choice. S. 241–260 in: Herbert A. Simon (Hg.), Models of Man. New York: John Wiley & Sons.

SÖL, 2005: Öko-Landbau in Deutschland. http://www.soel.de/oekolandbau/deutschlan_ueber.html; letzter Zugriff: 11.3.2006.

Steiner, Rudolf, 1985: Geisteswissenschaftliche Grundlagen zum Gedeihen der Landwirtschaft. Landwirtschaftlicher Kurs. Dornach: Rudolf Steiner Verlag.

Thomas, William I. und Dorothy S. Thomas, 1928: The Child in America. Behaviour Problems and Programs. New York: Knopf.

Tremblay, Kenneth R. und Riley E. Dunlap, 1978: Rural-Urban Residence and Concern with Environmental Quality: A Replication and Extension. Rural Sociology 43 (3): 474–491.

Tversky, Amos und *Daniel Kahnemann*, 1988: Rational Choice and the Framing of Decisions. Journal of Business 59 (4): 251–278.

Van Liere, Kent D. und *Riley E. Dunlap*, 1981: Enviromental Concern: Does It Make a Difference How It's Maesured? Environment and Behavior 13: 651–676.

Vogel, Stefan, 1999: Umweltbewußtsein und Landwirtschaft. Theoretische Überlegungen und empirische Befunde. Weikersheim: Markgraf Verlag.

Vogt, Gunter, 2000: Entstehung und Entwicklung des ökologischen Landbaus im deutschsprachigen Raum. Bad Dürkheim: Stiftung Ökologie & Landbau.

Vogtmann, Hartmut, Bernhard Freyer und *Rudolf Rantzau*, 1993: Conversion to Low External Input Farming: A Survey of 63 Mixed Farms in West Germany. Padua.

Wolf, Christof, 2006: Egozentrierte Netzwerke. Erhebungsverfahren und Datenqualität. S. 245–273 in: *Andreas Diekmann* (Hg.), Methoden der Sozialforschung. Wiesbaden: VS Verlag.

ZMP, 2003: Strukturdaten der nach der Verordnung (EWG) Nr.2092/91 des Rates vom 24. Juni 1991 wirtschaftenden Unternehmen in Deutschland nach Unternehmensformen sowie der bewirtschafteten Fläche. http://www.zmp.de/oekomarkt/unternehmen.pdf, letzer Zugriff: 15.9.2004.

Anhang

A Zusätzliche Tabellen 159
B Fragebögen 169

A Zusätzliche Tabellen

A Zusätzliche Tabellen

Tabelle A.1: Skala des allgemeinen Umweltbewusstseins (Reliabilitätsanalyse)

		Ökostichprobe		Vergleichsstichprobe	
		corrected item-total	α if item deleted	corrected item-total	α if item deleted
v14a	Es beunruhigt mich, wenn ich daran denke, unter welchen Umweltverhältnissen unsere Kinder und Enkelkinder wahrscheinlich leben müssen	.58	0,79	.62	0,77
v14b	Wenn wir so weitermachen wie bisher, steuern wir auf eine Umweltkatastrophe zu	.70	0,78	.70	0,76
v14c	Wenn ich Zeitungsberichte über Umweltprobleme lese oder entsprechende Fernsehsendungen sehe, bin ich oft empört und wütend	.47	0,80	.40	0,80
v14d	Es gibt Grenzen des Wachstums, die unsere industrialisierte Welt schon überschritten hat oder sehr bald erreichen wird	.52	0,80	.45	0,79
v14e	Derzeit ist es immer noch so, dass sich der größte Teil der Bevölkerung wenig umweltbewusst verhält	.41	0,81	.46	0,79
v14f[a]	Nach meiner Einschätzung wird das Umweltproblem in seiner Bedeutung von vielen Umweltschützern stark übertrieben	.43	0,81	.41	0,80
v14g	Es ist immer noch so, dass die Politiker viel zu wenig für den Umweltschutz tun	.54	0,80	.58	0,78
v14h	Zugunsten der Umwelt sollten wir alle bereit sein, unseren derzeitigen Lebensstandard einzuschränken	.55	0,80	.50	0,79
v14i	Umweltschutzmaßnahmen sollten auch dann durchgesetzt werden, wenn dadurch Arbeitsplätze verloren gehen	.45	0,81	.38	0,80
Gesamtskala: Cronbachs α		0,82		0,81	

N (Öko)=916; N (Vergl.)=798

[a] Die Antworten auf dieses Item wurden umgepolt.

Tabelle A.2: Items zum landwirtschaftsbezogenen Umweltbewusstsein (Hauptkomponentenanalyse, Varimax-Rotiert)

	Item	Ökostichprobe				Vergleichsstichprobe			
		F 1	F 2	F 3	h^2	F 1	F 2	F 3	h^2
v52a	Die heutige Landwirtschaft führt zur Beschädigung von Biotopen und trägt zum Rückgang wildlebender Tier- und Pflanzenarten bei	0,59	0,35		0,55	0,72			0,57
v52b	Handelsdünger und Pflanzenschutzmittel vermindern die natürliche Fruchtbarkeit des Bodens und verschlechtern die Produktqualität	0,83			0,73	0,84			0,73
v52c	Beim Einsatz von chemischen Stoffen in der Landwirtschaft wird gegen die Natur gearbeitet	0,85			0,73	0,81			0,67
v52d	In den Medien wird die Landwirtschaft als Verursacher von Umweltproblemen übertrieben dargestellt		0,82		0,69			0,95	0,90
v52e	Die Belastung des Grundwassers durch Düngerauswaschung ist schlimmer als viele Leute es wahrhaben wollen	0,63	0,33		0,51	0,68			0,48
v52f	Landwirte sind die besten Naturschützer, auch wenn hier und da einmal ein Fehler gemacht wird		0,77		0,66	0,39	0,41	0,44	0,52
v52g	Handelsdünger und Pflanzenschutzmittel haben keine schädliche Wirkung. Sie fördern die Qualitätsproduktion	0,75			0,61	0,63	0,44		0,59
v52h	Der Einsatz von Chemie in der Landwirtschaft ist sinnvoll, wenn er mehr einbringt als er kostet	0,68			0,58	0,51	0,49		0,51
v52i	Eine vielfältige Betriebsorganisation brauchen wir wegen des Gleichgewichts in der Natur			0,94	0,88		−0,80		0,68
Eigenwert		3,80	1,09	1,05		3,56	1,13	0,95	

N (Öko)=893; N (Vergl.)=769

A Zusätzliche Tabellen

Tabelle A.3: Skala des speziellen Umweltbewusstseins (Reliabilitätsanalyse)

		Ökostichprobe		Vergleichsstichprobe	
		corrected item-total	α if item deleted	corrected item-total	α if item deleted
v52a	Die heutige Landwirtschaft führt zur Beschädigung von Biotopen und trägt zum Rückgang wildlebender Tier- und Pflanzenarten bei	.60	0,82	.55	0,81
v52b	Handelsdünger und Pflanzenschutzmittel vermindern die natürliche Fruchtbarkeit des Bodens und verschlechtern die Produktqualität	.70	0,80	.73	0,79
v52c	Beim Einsatz von chemischen Stoffen in der Landwirtschaft wird gegen die Natur gearbeitet	.66	0,81	.69	0,79
v52e	Die Belastung des Grundwassers durch Düngerauswaschung ist schlimmer als viele Leute es wahrhaben wollen	.61	0,82	.54	0,82
v52f[a]	Landwirte sind die besten Naturschützer, auch wenn hier und da einmal ein Fehler gemacht wird	.43	0,85	.47	0,83
v52g[a]	Handelsdünger und Pflanzenschutzmittel haben keine schädliche Wirkung. Sie fördern die Qualitätsproduktion	.63	0,82	.60	0,81
v52h[a]	Der Einsatz von Chemie in der Landwirtschaft ist sinnvoll, wenn er mehr einbringt als er kostet	.59	0,82	.49	0,82
Gesamtskala: Cronbachs α		0,84		0,83	

N (Öko)=933; N (Vergl.)=795

[a] Die Antworten auf dieses Item wurden umgepolt.

Tabelle A.4: Verteilung der Nutzendifferenzen (Zeilenprozente)

	−2	−1,5	−1	−0,75	−0,5	−0,25	0	0,25	0,5	0,75	1	1,5	2	N (=100 %)
ND_A	2,2	6,1	7,6	5,7	14,0	6,8	39,2	3,3	6,5	3,8	2,4	1,2	1,0	1560
ND_B	0,6	1,2	2,3	2,2	8,8	6,3	46,9	6,7	16,4	2,5	3,5	2,4	0,3	1575
ND_C	1,0	4,4	7,4	4,2	14,5	7,7	43,3	5,0	8,0	2,7	0,8	0,6	0,4	1566
ND_D	0,4	1,1	1,5	1,4	5,7	6,9	68,1	7,5	4,7	0,8	0,8	0,8	0,2	1579
ND_E	0,1	1,0	3,5	1,0	11,4	10,5	53,7	8,4	7,6	1,0	1,1	0,6	0,1	1576
ND_F	0,6	1,1	2,3	0,8	8,6	7,9	59,9	8,4	6,6	0,8	1,9	0,7	0,3	1577
ND_G	0,6	0,6	2,6	1,7	8,2	6,5	48,4	7,6	11,7	3,7	4,0	2,2	2,0	1559
ND_H	0,7	0,8	2,4	2,2	4,7	4,0	40,9	11,6	12,5	4,0	6,3	4,6	5,2	1564
ND_I	0,4	0,3	2,1	1,0	5,8	4,9	48,3	11,9	14,6	1,9	5,7	2,5	0,8	1577
ND_J	0,3	0,5	1,6	0,9	6,8	8,5	69,0	6,2	4,2	0,3	1,3	0,2	0,1	1592
ND_K	0,6	1,3	2,5	1,7	9,3	6,3	57,0	5,8	8,9	1,3	2,7	2,1	0,4	1565
ND_L	1,4	2,1	3,5	4,7	6,4	3,1	43,4	3,6	7,6	6,3	6,1	4,8	7,0	1559
ND_M	0,7	0,6	1,7	2,0	5,5	6,2	71,7	5,8	3,6	1,2	0,7	0,3	0,1	1504
ND_N	0,5	1,3	2,8	0,8	8,2	7,7	60,8	7,0	7,0	1,0	1,5	0,8	0,6	1550

Für Informationen zur inhaltlichen Bedeutung der einzelnen Nutzendifferenzen siehe Tabelle 5.5 auf Seite 64.

A Zusätzliche Tabellen

Tabelle A.5: Korrelationsmatrix der Nutzendifferenzen

	ND_A	ND_B	ND_C	ND_D	ND_E	ND_F	ND_G	ND_H	ND_I	ND_J	ND_K	ND_L	ND_M
ND_A													
ND_B	.15												
ND_C	.45	.14											
ND_D	−.03	−.06	−.08										
ND_E	.23	.20	.19	.01									
ND_F	.01	.06	.07	.11	−.02								
ND_G	.15	.24	.15	−.03	.19	.00							
ND_H	.27	.27	.23	−.02	.15	.01	.50						
ND_I	.16	.36	.15	−.04	.15	−.03	.38	.42					
ND_J	.18	.11	.23	−.08	.23	.03	.09	.16	.15				
ND_K	.24	.25	.22	−.11	.17	.14	.11	.20	.23	.11			
ND_L	.32	.24	.24	−.03	.20	.04	.24	.48	.29	.20	.16		
ND_M	.01	.06	.04	−.07	.04	.03	−.03	.02	.10	.12	−.01	.03	
ND_N	.22	.29	.29	.00	.20	.09	.30	.36	.28	.23	.19	.31	.10

$N_{min} = 590$. Für Informationen zur inhaltlichen Bedeutung der einzelnen Nutzendifferenzen siehe Tabelle 5.5 auf Seite 64.

Tabelle A.6: Nettonutzen der Alternativen nach Randbedingungen

	konventionelle Landwirte				Ökolandwirte			
	NN_o	η	NN_k	η	NN_o	η	NN_k	η
Bundesland		.01		.01		.06		.07
Hessen	2,58		4,21		2,79		1,43	
Niedersachsen	2,94		4,26		2,83		0,99	
NRW	2,54		4,26		2,44		1,34	
Erwerbsart		.20**		.09		.06		.01
Haupterwerb	2,30		4,42		2,89		1,23	
Nebenerwerb	3,42		3,95		2,47		1,29	
Betriebsform		.16		.12		.12		.08
Marktfrucht	2,55		4,48		3,60		0,91	
Futterbau	3,04		4,57		2,53		1,40	
Veredlung	2,02		3,78		2,18		1,06	
Gemischt	3,06		4,21		2,69		1,10	
Sonstige	3,13		3,94		3,34		1,62	
Nutzfläche		.06		.21*		.06		.08
bis 29 ha	2,89		3,53		2,44		1,38	
30 bis 99 ha	2,58		4,64		2,81		1,02	
100 ha und mehr	2,82		4,50		2,98		1,57	
Alter		.26**		.15		.10		.10
bis 39 Jahre	3,68		4,80		2,89		1,49	
40 bis 59 Jahre	2,18		3,96		2,57		1,24	
60 Jahre und älter	3,20		4,10		1,49		0,47	
Schulbildung		.05		.10		.04		.03
max. Hauptschule	2,83		3,88		2,58		1,30	
Realschule	2,79		4,32		2,48		1,14	
(Fach)Abitur	2,52		4,47		2,72		1,39	
N_{min}	150		152		454		456	

†: $p \leq 0.1$; *: $p \leq 0.05$; **: $p \leq 0.01$; ***: $p \leq 0.001$ (zweiseitig)

Tabelle A.7: Regressionsmodelle zur Prüfung des Interaktionseffektes (spezielles Umweltbewusstsein, alle Nutzenniveaus)

	Logit-Regression				OLS-Regression			
	Modell 1a		Modell 1b		Modell 2a		Modell 2b	
	b	$\beta^{S_{xy}}$	b	$\beta^{S_{xy}}$	b	β	b	β
Hessen	0		0		0		0	
Niedersachsen	0,01	0,00	0,01	0,00	0,01	0,01	0,01	0,01
NRW	0,60	0,09	0,59	0,09	0,06	0,07†	0,05	0,06
Haupterwerb	0		0		0		0	
Nebenerwerb	0,40	0,06	0,39	0,06	0,06	0,08†	0,04	0,05
Marktfrucht	0		0		0		0	
Futterbau	1,54	0,24***	1,52	0,24***	0,20	0,24***	0,17	0,20***
Veredlung	1,51	0,19**	1,50	0,19**	0,16	0,15**	0,15	0,14**
Gemischt	0,38	0,04	0,37	0,04	0,07	0,06	0,04	0,03
Sonstige	2,71	0,20*	2,70	0,20*	0,23	0,12**	0,21	0,12**
Nutzfläche	0,00	0,08†	0,00	0,08†	0,00	0,07†	0,00	0,05
Alter	−0,01	−0,04	−0,01	−0,04	−0,00	−0,03	−0,00	−0,03
Hauptschule	0		0		0		0	
Mittlere Reife	−0,01	−0,00	−0,02	−0,00	0,00	0,00	−0,00	−0,00
(Fach)Abitur	−0,06	−0,01	−0,06	−0,01	−0,03	−0,03	−0,02	−0,02
Bewertung Koll.	0,87	0,25***	0,87	0,26***	0,08	0,17***	0,07	0,16***
Bewertung Fam.	0,82	0,24***	0,82	0,24***	0,11	0,25***	0,10	0,22***
Nutzendifferenz	0,34	0,32***	0,40	0,38	0,03	0,19***	0,11	0,81***
Spez. UWB	0,81	0,21***	0,79	0,21**	0,11	0,22***	0,11	0,23***
ND × UWB			−0,02	−0,06			−0,02	−0,63***
Konstante	−7,76		−7,67		−0,42		−0,33	
Nagelkerke R^2	0.64		0.64					
R^2					0.47		0.49	
N	517		517		517		517	

†: p ≤ 0.1; *: p ≤ 0.05; **: p ≤ 0.01; ***: p ≤ 0.001 (zweiseitig)

Tabelle A.8: Regressionsmodelle zur Prüfung des Interaktionseffektes (spezielles Umweltbewusstsein, negative Nutzendifferenz)

	Logit-Regression				OLS-Regression			
	Modell 3a		Modell 3b		Modell 4a		Modell 4b	
	b	$\beta^{S_{xy}}$	b	$\beta^{S_{xy}}$	b	β	b	β
Hessen	0		0		0		0	
Niedersachsen	−0,21	−0,03	−0,22	−0,03	−0,01	−0,01	−0,01	−0,00
NRW	0,32	0,05	0,32	0,05	0,04	0,04	0,04	0,04
Haupterwerb	0		0		0		0	
Nebenerwerb	1,27	0,19*	1,26	0,19*	0,18	0,18**	0,18	0,18**
Marktfrucht	0		0		0		0	
Futterbau	2,44	0,36**	2,44	0,36**	0,29	0,29**	0,29	0,29**
Veredlung	2,16	0,28**	2,16	0,28*	0,26	0,22**	0,26	0,22**
Gemischt	1,50	0,18†	1,50	0,18†	0,14	0,11	0,14	0,11
Sonstige	4,83	0,33***	4,84	0,34***	0,52	0,24***	0,52	0,24***
Nutzfläche	0,00	0,09	0,00	0,09	0,00	0,08	0,00	0,08
Alter	−0,06	−0,14†	−0,06	−0,14†	−0,01	−0,10†	−0,01	−0,10†
Hauptschule	0		0		0		0	
Mittlere Reife	−0,57	−0,08	−0,57	−0,08	−0,06	−0,05	−0,06	−0,05
(Fach)Abitur	−0,22	−0,03	−0,22	−0,03	−0,04	−0,04	−0,04	−0,04
Bewertung Koll.	0,97	0,29***	0,97	0,29***	0,11	0,23***	0,11	0,23***
Bewertung Fam.	0,46	0,14†	0,46	0,14†	0,09	0,18*	0,09	0,18*
Nutzendifferenz	−0,09	−0,04	−0,03	−0,02	−0,01	−0,02	−0,01	−0,04
Spez. UWB	1,16	0,31***	1,11	0,30*	0,15	0,26***	0,15	0,27**
ND × UWB			−0,02	−0,03			0,00	0,02
Konstante	−7,65		−7,52		−0,59		−0,61	
Nagelkerke R^2		0.66		0.66				
R^2						0.52		0.52
N		212		212		212		212

†: $p \leq 0.1$; *: $p \leq 0.05$; **: $p \leq 0.01$; ***: $p \leq 0.001$ (zweiseitig)

B Fragebögen

Fragebogen für konventionelle Landwirte 171
Fragebogen für Ökolandwirte 191

B Fragebögen

Wege aus der Krise?

Strategien deutscher Landwirte im Jahre 2004

Diese Umfrage wird durchgeführt von:

Prof. Dr. Jürgen Friedrichs
Henning Best, MA

Universität zu Köln

Forschungsinstitut für Soziologie
Greinstr. 2
50939 Köln

Tel. (0221) 470 4398

Hinweise

Wir freuen uns, dass Sie sich Zeit für diesen Fragebogen nehmen, und bitten Sie, beim Ausfüllen noch die folgenden Punkte zu beachten:

- Die meisten Fragen haben vorgegebene Antwortmöglichkeiten, aus denen Sie Ihre Antwort auswählen können. Zur Beantwortung der Frage kreuzen Sie bitte jeweils das Kästchen der Antwortmöglichkeit an, das auf Sie zutrifft.

    Beispielfrage: Wie viele Fernsehgeräte besitzen Sie?

    ^{1}☐ drei oder mehr Fernsehgeräte
    ^{2}☐ zwei Fernsehgeräte
    ^{3}☒ ein Fernsehgerät
    ^{4}☐ kein Fernsehgerät

    Der Befragte der Beispielfrage besitzt ein Fernsehgerät.

- Bei manchen Fragen werden mehrere Aussagen präsentiert, die Sie bewerten sollen. Bitte geben Sie bei diesen Fragen für *jede* Aussage eine Bewertung ab.

    Beispielfrage: Zu Inhalten von Fernsehsendungen kann man unterschiedlicher Meinung sein. Bitte kreuzen Sie für jede der folgenden Aussagen an, ob Sie zustimmen oder nicht.

	Ja	Nein
„Verbotene Liebe" ist viel besser als „Marienhof".	^{1}☒	^{2}☐
Quiz-Shows finde ich ausgesprochen langweilig.	^{1}☐	^{2}☒

- Vielleicht sind auch Antwortmöglichkeiten dabei, mit denen Sie nicht vollkommen übereinstimmen. Dann kreuzen Sie bitte das Kästchen der Antwort an, das Ihre Meinung am Besten wiedergibt.

- Bei einigen Fragen können Sie mehrere Antworten ankreuzen. Diese Fragen enthalten einen entsprechenden Hinweis, z.B. „Mehrfachnennungen sind möglich". Wird in der Frage nicht auf Mehrfachnennungen hingewiesen, kreuzen Sie bitte nur ein einziges Kästchen an.

- Der Fragebogen enthält auch Fragen, bei denen die Antwortmöglichkeiten nicht angegeben sind. Bei diesen Fragen können Sie Ihre Antwort in Stichworten auf der vorgesehenen Linie eintragen.

- Bitte beantworten Sie die Fragen in der vorgegebenen Reihenfolge. Wenn die Antwortmöglichkeit, die Sie angekreuzt haben, mit folgendem Hinweis gekennzeichnet ist:

    → *weiter zu Frage 28*

    können Sie alle Fragen bis zur genannten überspringen.

- Für die Rücksendung des ausgefüllten Fragebogens haben wir einen Freiumschlag beigelegt, den Sie uns unfrankiert und ohne Absender zusenden können.

Für Ihre Mühe und Mithilfe bedanken wir uns im Voraus!

B Fragebögen 173

01.	In letzter Zeit wird viel über die Entwicklung der Landwirtschaft, über Strukturwandel und über Probleme der Landwirtschaft gesprochen. Zu Beginn des Interviews würden wir gerne von Ihnen wissen, was Ihrer nach Meinung derzeit die größten Probleme der deutschen Landwirtschaft sind (*Mehrfachnennungen möglich*). a☐ zu niedrige Erzeugerpreise b☐ der Einfluss des Weltmarktes c☐ zu hohe Abhängigkeit von Subventionen d☐ zu hohe Pacht / Landpreise e☐ Tierseuchen (wie BSE, MKS oder Geflügelpest) f☐ Umweltprobleme g☐ verunreinigte Futtermittel h☐ die Agrarpolitik der Bundesregierung i☐ sonstige Probleme, und zwar _____
02.	Von den Problemen in der deutschen Landwirtschaft kann jeder Betrieb unterschiedlich betroffen sein. Bitte kreuzen Sie für jede der folgenden Aussagen an, ob Sie für sich und Ihren Betrieb zustimmen oder nicht. Ja Nein Ich fühle mich durch die Entwicklung in der Landwirtschaft persönlich bedroht. 1☐ 2☐ Ich habe regelrecht Angst vor der Zukunft für meinen Hof. 1☐ 2☐ Ich denke zwar manchmal über die Probleme in der Landwirtschaft nach, aber sie spielen keine wichtige Rolle in meinem Leben. 1☐ 2☐ Die Entwicklung in der Landwirtschaft beunruhigt mich. 1☐ 2☐
03.	Handelt es sich bei Ihrem Betrieb um einen Haupt- oder um einen Nebenerwerbsbetrieb? Haupterwerb würde bedeuten, dass Sie überwiegend im Betrieb tätig sind und Ihre Einkünfte überwiegend aus dem Betrieb stammen. 1☐ Haupterwerbsbetrieb 2☐ Nebenerwerbsbetrieb
04.	Wie viele Arbeitskräfte (ohne Saisonarbeitskräfte) sind auf Ihrem Betrieb beschäftigt, Sie eingeschlossen? ____Familienarbeitskräfte ____Lohnarbeitskräfte 000☐ keine Lohnarbeitskräfte
05.	Und in welchem Umfang beschäftigen Sie Saisonarbeitskräfte, über das ganze Jahr gerechnet? ca. ____ Stunden im Jahr 000☐ keine Saisonarbeitskräfte 998☐ weiß nicht
06.	Wie groß ist Ihre landwirtschaftliche Nutzfläche insgesamt (in ha)? ____ ha 998☐ weiß nicht
07.	Und wie viel davon ist gepachtet? ____ ha 998☐ weiß nicht
08.	Welcher Anteil Ihres Landes ist... Ackerfläche? ____ ha 000☐ kein Ackerland 998☐ weiß nicht Dauergrünland? ____ ha 000☐ kein Dauergrünland 998☐ weiß nicht Brachland? ____ ha 000☐ kein Brachland 998☐ weiß nicht

09.	Wie würden Sie Ihren Betrieb klassifizieren? Bitte lesen Sie zunächst alle Kategorien durch und entscheiden Sie sich dann für eine der Möglichkeiten. Ist Ihr Betrieb ein...

⁰¹☐ Marktfruchtbetrieb   ⁰⁶☐ Obstbaubetrieb
⁰²☐ Futterbaubetrieb   ⁰⁷☐ Weinbaubetrieb
⁰³☐ Rinderzuchtbetrieb   ⁰⁸☐ anderer Dauerkulturbetrieb
⁰⁴☐ Veredlungsbetrieb   ⁰⁹☐ Gemischtbetrieb
⁰⁵☐ Gartenbaubetrieb

¹⁰☐ sonstiger Betrieb, und zwar _____

⁹⁸☐ weiß nicht

10.	Wie groß ist der Viehbestand Ihres Betriebes?

_____ Mastrinder (Jahresprod. in Stück)   ⁰⁰⁰⁰☐ keine Mastrinder
_____ Mutterkühe   ⁰⁰⁰⁰☐ keine Mutterkühe
_____ Milchkühe   ⁰⁰⁰⁰☐ keine Milchkühe
_____ Mastschweine (Jahresprod. in Stück)   ⁰⁰⁰⁰☐ keine Mastschweine
_____ Zuchtsauen   ⁰⁰⁰⁰☐ keine Zuchtsauen
_____ Mastgeflügel (Jahresprod. in Stück)   ⁰⁰⁰⁰☐ kein Mastgeflügel
_____ Legehennen   ⁰⁰⁰⁰☐ keine Legehennen

sonstiger Viehbestand: _____

11.	Haben Sie auf Ihrem Hof außerlandwirtschaftliche Betriebszweige? Bitte nennen Sie alle zutreffenden Möglichkeiten.

ᵃ☐ Direktvermarktung
ᵇ☐ Lohn- oder Fuhrunternehmen
ᶜ☐ Tourismus
ᵈ☐ Reiterhof
ᵉ☐ sonstiges, und zwar _____

⁰☐ keine außerlandwirtschaftlichen Betriebszweige

12.	Befindet sich Ihr Betrieb in einem sogenannten „benachteiligten Gebiet"?

¹☐ Ja
²☐ Nein

⁹☐ weiß nicht.

13.	Wie ist die Güte Ihres Ackerlandes? Zur Beurteilung der Güte bitten wir Sie, die *Ackerzahl* zu verwenden. Bitte geben Sie an, wie viel Hektar Ackerfläche Sie in den jeweiligen Bodengüte-Kategorien haben.

_____ ha mit einer Ackerzahl kleiner 40
_____ ha mit einer Ackerzahl zwischen 40 und 70
_____ ha mit einer Ackerzahl über 70

⁹⁹⁷☐ kein Ackerland
⁹⁹⁸☐ weiß nicht

B Fragebögen

14. Kommen wir jetzt zu einem anderen Thema. Im Folgenden sehen Sie eine Reihe von Aussagen. Bitte kreuzen Sie zu jeder Aussage an, in welchem Maße Sie zustimmen oder nicht zustimmen.

	stimme voll und ganz zu	stimme weitgehend zu	teils / teils	stimme eher nicht zu	stimme überhaupt nicht zu
Es beunruhigt mich, wenn ich daran denke, unter welchen Umweltverhältnissen unsere Kinder und Enkelkinder wahrscheinlich leben müssen.	¹☐	²☐	³☐	⁴☐	⁵☐
Wenn wir so weitermachen wie bisher, steuern wir auf eine Umweltkatastrophe zu.	¹☐	²☐	³☐	⁴☐	⁵☐
Wenn ich Zeitungsberichte über Umweltprobleme lese oder entsprechende Fernsehsendungen sehe, bin ich oft empört und wütend.	¹☐	²☐	³☐	⁴☐	⁵☐
Es gibt Grenzen des Wachstums, die unsere industrialisierte Welt schon überschritten hat oder sehr bald erreichen wird.	¹☐	²☐	³☐	⁴☐	⁵☐
Derzeit ist es immer noch so, dass sich der größte Teil der Bevölkerung wenig umweltbewusst verhält.	¹☐	²☐	³☐	⁴☐	⁵☐
Nach meiner Einschätzung wird das Umweltproblem in seiner Bedeutung von vielen Umweltschützern stark übertrieben.	¹☐	²☐	³☐	⁴☐	⁵☐
Es ist immer noch so, dass die Politiker viel zu wenig für den Umweltschutz tun.	¹☐	²☐	³☐	⁴☐	⁵☐
Zugunsten der Umwelt sollten wir alle bereit sein, unseren derzeitigen Lebensstandard einzuschränken.	¹☐	²☐	³☐	⁴☐	⁵☐
Umweltschutzmaßnahmen sollten auch dann durchgesetzt werden, wenn dadurch Arbeitsplätze verloren gehen.	¹☐	²☐	³☐	⁴☐	⁵☐

15. Kommen wir noch einmal zurück zu Ihrem Betrieb. Hat sich die *landwirtschaftliche Nutzfläche* Ihres Betriebes in den letzten Jahren verkleinert, vergrößert oder ist sie in etwa gleich geblieben?

    ¹☐ hat sich eher verkleinert
    ²☐ ist ungefähr gleich geblieben
    ³☐ hat sich eher vergrößert

16. Und wie war die Entwicklung Ihres *Viehbestandes* in den letzten Jahren?

    ¹☐ hat sich eher verkleinert
    ²☐ ist ungefähr gleich geblieben
    ³☐ hat sich eher vergrößert
    ⁷☐ kein Vieh

17. Haben Sie in den letzten Jahren größere Investitionen in Ihrem Betrieb getätigt (wie z.B. Stallneu- oder umbau, Flächenankauf, Modernisierung, etc)?

    ¹☐ Ja
    ²☐ Nein   → *weiter zu Frage 19*

18. Könnten Sie die letzten beiden größeren Investitionen etwas genauer beschreiben?

    1. _____

    2. _____

19.	Wie stellen Sie sich die Entwicklung Ihrer *landwirtschaftlichen Nutzfläche* in den nächsten Jahren vor? ¹☐ möchte sie eher verkleinern ²☐ soll ungefähr gleich bleiben ³☐ möchte sie eher vergrößern ⁶☐ habe noch nicht darüber entschieden	—
20.	Und wie stellen Sie sich die Entwicklung Ihres *Viehbestandes* in den nächsten Jahren vor? ¹☐ möchte ihn eher verkleinern ²☐ soll ungefähr gleich bleiben ³☐ möchte ihn eher vergrößern ⁶☐ habe noch nicht darüber entschieden ⁷☐ kein Vieh	—
21.	Wenn Sie sich einmal vorstellen, dass Sie, z.B. aus Altersgründen, Ihren Hof aufgeben müssten, haben Sie für diesen Fall einen Hofnachfolger? ¹☐ Ja, mein Sohn / meine Tochter übernimmt den Betrieb ²☐ Ja, jemand anderes wird dann den Betrieb übernehmen ³☐ Nein, die Hofnachfolge ist noch offen ⁴☐ Nein, ich habe keinen Hofnachfolger; es ist ein auslaufender Betrieb	—
22.	In welchen Bundesland befindet sich Ihr Betrieb? ¹☐ Hessen ²☐ Niedersachsen ³☐ Nordrhein-Westfalen	—
23.	Bewirtschaften Sie Ihren Hof nach den (EU)-Richtlinien der ökologischen Landwirtschaft? ¹☐ Ja, der Betrieb ist aber noch in Umstellung ⎫ ²☐ Ja, der Betrieb ist komplett auf Öko umgestellt ⎬ *weiter zu Frage 34* ³☐ Ja, der Betrieb ist teilumgestellt ⎭ ⁴☐ Nein	—
24.	Nehmen Sie an einen staatl. geförderten Extensivierungsprogramm / Agrarumweltprogramm teil? ¹☐ Ja, und zwar _____ ²☐ Nein	—
Kommen wir zu einem anderen Thema. In der heutigen Situation der Landwirtschaft kann es immer häufiger notwendig werden, dass ein Betriebsleiter über grundsätzliche Änderungen auf seinem Hof nachdenken muss. Jeder Betriebsleiter hat dabei andere Vorlieben, andere Dinge, die ihm bei Entscheidungen über die Zukunft seines Hofes wichtig sind. Uns würde interessieren, wie das bei Ihnen persönlich ist. Die folgenden Fragen beschäftigen sich mit Strategien, die Sie als Betriebsleiter eventuell anwenden, um mit Problemen der deutschen Landwirtschaft besser umgehen zu können.		
25.	Haben Sie sich schon einmal Gedanken darüber gemacht, ob Sie in Ihrem Betrieb grundsätzliche Änderungen vornehmen müssen, um den Hof in eine zukunftsfähige Struktur zu überführen? ¹☐ Ja ²☐ Nein	—

B Fragebögen

26. Jede Entscheidung über die Produktionsweise eines Betriebes bringt gewisse Vor- und Nachteile mit sich. Sie sehen hier eine Liste mit einigen dieser Vor- und Nachteile, die Folge einer solchen Entscheidung sein können.

    Wie ist das bei Ihnen: Finden Sie die in der Liste genannten Punkte sehr gut, eher gut, teils/teils, eher schlecht oder sehr schlecht? Bitte kreuzen Sie für ihre Bewertung für jeden der Punkte an.

    Den grauen Bereich auf der rechten Seite bitten wir Sie, zunächst nicht auszufüllen.

	sehr gut	eher gut	teils/teils	eher schlecht	sehr schlecht	Besonders wichtiger Aspekt
Einfache und effektive Bekämpfung von Unkraut und Schädlingen	₁☐	₂☐	₃☐	₄☐	₅☐	ₐ☐
Gute Preise für die Produkte	₁☐	₂☐	₃☐	₄☐	₅☐	ᵦ☐
Hoher Ertrag an landwirtschaftlichen Produkten	₁☐	₂☐	₃☐	₄☐	₅☐	ᴄ☐
„Papierkram" erledigen müssen	₁☐	₂☐	₃☐	₄☐	₅☐	ᴅ☐
Gesicherter Absatz der Produkte	₁☐	₂☐	₃☐	₄☐	₅☐	ᴇ☐
Abhängigkeit von Subventionen	₁☐	₂☐	₃☐	₄☐	₅☐	ғ☐
Sicherheit vor Lebensmittelskandalen	₁☐	₂☐	₃☐	₄☐	₅☐	ɢ☐
Umweltfreundliche Produktionsweise	₁☐	₂☐	₃☐	₄☐	₅☐	ʜ☐
Gutes Image als Landwirt in der Bevölkerung	₁☐	₂☐	₃☐	₄☐	₅☐	ɪ☐
Ausreichend Freizeit	₁☐	₂☐	₃☐	₄☐	₅☐	ᴊ☐
Hohe Prämien / Zuschüsse	₁☐	₂☐	₃☐	₄☐	₅☐	ᴋ☐
Keine chemischen Spritzmittel verwenden	₁☐	₂☐	₃☐	₄☐	₅☐	ʟ☐
Umbauten an den Stallungen vornehmen müssen	₁☐	₂☐	₃☐	₄☐	₅☐	ᴍ☐
Langfristige Sicherung des Fortbestehens des Betriebes	₁☐	₂☐	₃☐	₄☐	₅☐	ɴ☐

27. Wenn Sie sich jetzt die Punkte aus der oberen Tabelle noch einmal anschauen: Welche finden Sie bei einer Entscheidung besonders wichtig, d.h. welche Folgen würden Sie besonders gerne erreichen bzw. vermeiden?

    Bitte kreuzen Sie diese, für Sie besonders wichtigen Punkte in der rechten, grau hinterlegten Spalte an.

28. Meist hat man ja auch eine Vorstellung darüber, ob eine Folge eher eintreffen oder auch eher nicht eintreffen wird.
    Stellen Sie sich vor, dass Sie Ihren Betrieb im Großen und Ganzen so weiterführen, wie Sie das jetzt tun. Für wie wahrscheinlich halten Sie es, dass die folgenden Dinge eintreffen?
    Bitte lesen Sie sich die Liste durch und kreuzen Sie für jeden Punkt an, ob Sie finden, dass er sicher, recht wahrscheinlich, vielleicht, wenig wahrscheinlich oder keinesfalls eintreffen wird, wenn Sie Ihren Betrieb im Wesentlichen so weiterführen wie bisher.

	sicher	recht wahrscheinlich	vielleicht	wenig wahrscheinlich	keinesfalls
Einfache und effektive Bekämpfung von Unkraut und Schädlingen	¹☐	²☐	³☐	⁴☐	⁵☐
Gute Preise für die Produkte	¹☐	²☐	³☐	⁴☐	⁵☐
Hoher Ertrag an landwirtschaftlichen Produkten	¹☐	²☐	³☐	⁴☐	⁵☐
„Papierkram" erledigen müssen	¹☐	²☐	³☐	⁴☐	⁵☐
Gesicherter Absatz der Produkte	¹☐	²☐	³☐	⁴☐	⁵☐
Abhängigkeit von Subventionen	¹☐	²☐	³☐	⁴☐	⁵☐
Sicherheit vor Lebensmittelskandalen	¹☐	²☐	³☐	⁴☐	⁵☐
Umweltfreundliche Produktionsweise	¹☐	²☐	³☐	⁴☐	⁵☐
Gutes Image als Landwirt in der Bevölkerung	¹☐	²☐	³☐	⁴☐	⁵☐
Ausreichend Freizeit	¹☐	²☐	³☐	⁴☐	⁵☐
Hohe Prämien / Zuschüsse	¹☐	²☐	³☐	⁴☐	⁵☐
Keine chemischen Spritzmittel verwenden	¹☐	²☐	³☐	⁴☐	⁵☐
Umbauten an den Stallungen vornehmen müssen	¹☐	²☐	³☐	⁴☐	⁵☐
Langfristige Sicherung des Fortbestehens des Betriebes	¹☐	²☐	³☐	⁴☐	⁵☐

29. Von Seiten der Politik wird immer wieder die Umstellung auf ökologische Landwirtschaft als Möglichkeit genannt, um die Landwirtschaft zukunftsfähig zu machen.
    Haben Sie vielleicht auch schon mal darüber nachgedacht, ob Sie Ihren Hof auf ökologische Landwirtschaft umstellen sollen?
    ¹☐ Ja
    ²☐ Nein   ➔ *weiter zu Frage 33*

B Fragebögen

30. Wann haben Sie das letzte Mal näher darüber nachgedacht?
    19/20 _____   ⁹⁹⁹⁸☐ weiß nicht

31. Und was war der Anlass für Ihre Überlegung? Warum haben Sie überhaupt überlegt, ob Sie umstellen sollen oder nicht?
    _____
    _____
    _____

32. Gab es auch schon vorher Anlässe, die Sie dazu gebracht haben, über eine Umstellung auf ökologische Landwirtschaft nachzudenken? Wann war das und warum?
    ¹☐ Ja, und zwar _____
    _____
    _____
    ²☐ Nein

33. Wenn Sie sich jetzt einmal vorstellen, dass Sie Ihren Hof auf ökologische Landwirtschaft umstellen würden: Für wie wahrscheinlich halten Sie es, dass die folgenden Dinge eintreffen?

    Bitte kreuzen Sie auch hier für jeden Punkt an, ob Sie finden, dass er sicher, recht wahrscheinlich, vielleicht, wenig wahrscheinlich oder keinesfalls eintreffen wird, wenn Sie Ihren Betrieb auf ökologische Landwirtschaft umstellen.

	sicher	recht wahrscheinlich	vielleicht	wenig wahrscheinlich	keinesfalls
Einfache und effektive Bekämpfung von Unkraut und Schädlingen	¹☐	²☐	³☐	⁴☐	⁵☐
Gute Preise für die Produkte	¹☐	²☐	³☐	⁴☐	⁵☐
Hoher Ertrag an landwirtschaftlichen Produkten	¹☐	²☐	³☐	⁴☐	⁵☐
„Papierkram" erledigen müssen	¹☐	²☐	³☐	⁴☐	⁵☐
Gesicherter Absatz der Produkte	¹☐	²☐	³☐	⁴☐	⁵☐
Abhängigkeit von Subventionen	¹☐	²☐	³☐	⁴☐	⁵☐
Sicherheit vor Lebensmittelskandalen	¹☐	²☐	³☐	⁴☐	⁵☐
Umweltfreundliche Produktionsweise	¹☐	²☐	³☐	⁴☐	⁵☐
Gutes Image als Landwirt in der Bevölkerung	¹☐	²☐	³☐	⁴☐	⁵☐
Ausreichend Freizeit	¹☐	²☐	³☐	⁴☐	⁵☐
Hohe Prämien / Zuschüsse	¹☐	²☐	³☐	⁴☐	⁵☐
Keine chemischen Spritzmittel verwenden	¹☐	²☐	³☐	⁴☐	⁵☐
Umbauten an den Stallungen vornehmen müssen	¹☐	²☐	³☐	⁴☐	⁵☐
Langfristige Sicherung des Fortbestehens des Betriebes	¹☐	²☐	³☐	⁴☐	⁵☐

34.	Abgesehen davon, Ihren Betrieb so weiterzuführen wie bisher oder ihn auf ökologische Landwirtschaft umzustellen, sind noch weitere Entwicklungsmöglichkeiten denkbar. Haben Sie in letzter Zeit einmal über eine weitere Alternative nachgedacht? Falls ja, nennen Sie bitte die Alternative, die Sie alles in allem am attraktivsten fanden. ¹☐ Ja, und zwar _____ ²☐ Nein, keine weitere Alternative ➔ *weiter zu Frage 36*	—
35. A	Wenn Sie jetzt überlegen, wie Sie diese Alternative im Vergleich zu Ihrer bisherigen Betriebsform und dem ökologischen Landbau bewerten: Finden Sie die oben genannte Möglichkeit alles in allem attraktiver, in etwa gleich oder weniger attraktiv als Ihren Betrieb so weiterzuführen wie bisher? ¹☐ attraktiver ²☐ etwa gleich ³☐ weniger attraktiv	—
B	Und wie bewerten Sie die oben genannte Möglichkeit im Vergleich zum ökologischen Landbau? ¹☐ attraktiver ²☐ etwa gleich ³☐ weniger attraktiv	—
Jetzt würden wir gerne noch einige Fragen zu Ihrem persönlichen Umfeld stellen.		
36.	Es gibt viele Leute, die sehr enge Beziehungen zu ihren Nachbarn haben. Andere dagegen haben das Gefühl, dass die Leute aus ihrer Nachbarschaft kaum eine Bedeutung in ihrem Leben haben. Wie ist das bei Ihnen? Zu den meisten Leuten aus meiner Nachbarschaft habe ich eher: ¹☐ sehr starke Beziehungen ²☐ starke Beziehungen ³☐ schwache Beziehungen ⁴☐ sehr schwache Beziehungen ⁵☐ mit manchen habe ich starke, mit anderen schwache Beziehungen	
37.	Könnten Sie uns ungefähr sagen, wie viel Prozent der Leute aus Ihrer Nachbarschaft eine ähnliche Meinung zur Situation der Landwirtschaft wie Sie vertreten? _____ Prozent ⁹⁹⁸☐ weiß nicht	_ _ _
38.	Nun möchten wir gerne wissen, wie viel Sie mit den Leuten aus Ihrer Nachbarschaft gemeinsam haben. Mit den meisten Leuten aus meiner Nachbarschaft habe ich eher: ¹☐ sehr viel gemeinsam ²☐ viel gemeinsam ³☐ wenig gemeinsam ⁴☐ sehr wenig gemeinsam ⁵☐ mit manchen habe ich viel, mit anderen wenig gemeinsam	—
39.	Wie häufig diskutieren Sie in Ihrem Bekannten- und Kollegenkreis über die Situation der Landwirtschaft? ¹☐ oft ²☐ gelegentlich ³☐ selten ⁴☐ nie ➔ *weiter zu Frage 41*	—

40. Und wie wird in diesen Gesprächen die Situation der Landwirtschaft im allgemeinen bewertet? Sind Ihre Kollegen: ¹☐ sehr zuversichtlich ²☐ überwiegend zuversichtlich ³☐ überwiegend beunruhigt ⁴☐ sehr beunruhigt ⁵☐ teils / teils ⁸☐ weiß nicht	—
41. Wie häufig wird in Ihrem Bekanntenkreis über den ökologischen Landbau gesprochen? ¹☐ oft ²☐ gelegentlich ³☐ selten ⁴☐ nie ➔ *weiter zu Frage 44*	—
42. Wie ist bei den Landwirten in Ihrer Gegend die Einstellung zum ökologischen Landbau? ¹☐ sehr positiv ²☐ überwiegend positiv ³☐ überwiegend negativ ⁴☐ sehr negativ ⁵☐ teils / teils ⁸☐ weiß nicht ➔ *weiter zu Frage 44*	—
43. Wie denken die Kollegen in Ihrer Gegend, also andere Landwirte, über ökologischen Landbau und über Biobauern? Welche Ansichten werden am häufigsten geäußert? Sie können bis zu vier Aussagen nennen. Nennen Sie bitte die am häufigsten genannte an erster Stelle. 1. _____ 2. _____ 3. _____ 4. _____	— — — —
44. Gibt es in Ihrer Gegend Landwirte, die ökologisch wirtschaften? ¹☐ ja, viele ²☐ ja, ein paar ³☐ nein, keine ⎫ ⁸☐ weiß nicht ⎭ *weiter zu Frage 46*	—
45. Sind diese Ökolandwirte Mitglieder in Anbauverbänden wie Bioland, Demeter, Naturland etc.? ¹☐ die meisten sind Mitglied in einem Anbauverband ²☐ einige sind Mitglieder, andere nicht ³☐ die wenigsten sind Mitglieder in einem Anbauverband ⁸☐ weiß nicht	—

46.	Gibt es in Ihrer Gegend Landwirte, die an einer Extensivierungsmaßnahme teilnehmen? (z.B. Grünlandextensivierung, etc) ¹☐ ja, viele ²☐ ja, ein paar ³☐ nein, keine ⁸☐ weiß nicht
47.	Wie häufig diskutieren Sie in Ihrer *Familie* über die Situation der Landwirtschaft? ¹☐ oft ²☐ gelegentlich ³☐ selten ⁴☐ nie ➔ *weiter zu Frage 49*
48.	Und wie wird in diesen Gesprächen die Situation der Landwirtschaft im allgemeinen bewertet? Sind Ihre *Familienmitglieder*: ¹☐ sehr zuversichtlich ²☐ überwiegend zuversichtlich ³☐ überwiegend beunruhigt ⁴☐ sehr beunruhigt ⁵☐ teils / teils ⁸☐ weiß nicht
49.	Wie häufig haben Sie in Ihrer *Familie* schon über den ökologischen Landbau gesprochen? ¹☐ oft ²☐ gelegentlich ³☐ selten ⁴☐ nie ➔ *weiter zu Frage 52*
50.	Wie ist die Einstellung Ihrer *Familienmitglieder* zum ökologischen Landbau? ¹☐ sehr positiv ²☐ überwiegend positiv ³☐ überwiegend negativ ⁴☐ sehr negativ ⁵☐ teils / teils ⁸☐ weiß nicht ➔ *weiter zu Frage 52*
51.	Welche Meinungen zum ökologischen Landbau und über Biobauern wurden von *Ihren Familienmitgliedern* am häufigsten geäußert? Sie können bis zu vier Aussagen angeben. Nennen Sie bitte die am häufigsten genannte an erster Stelle. 1. _____ 2. _____ 3. _____ 4. _____

B Fragebögen

52.	Kommen wir jetzt wieder zu einem anderen Thema. Im Folgenden sehen Sie eine Reihe von Aussagen. Bitte kreuzen Sie zu jeder Aussage an, in welchem Maße Sie bei jeder Aussage zustimmen oder nicht zustimmen.

	stimme voll und ganz zu	stimme weitgehend zu	teils / teils	stimme eher nicht zu	stimme überhaupt nicht zu
Die heutige Landwirtschaft führt zur Beschädigung von Biotopen und trägt zum Rückgang wildlebender Tier- und Pflanzenarten bei.	¹☐	²☐	³☐	⁴☐	⁵☐
Handelsdünger und Pflanzenschutzmittel vermindern die natürliche Fruchtbarkeit des Bodens und verschlechtern die Produktqualität.	¹☐	²☐	³☐	⁴☐	⁵☐
Beim Einsatz von chemischen Stoffen in der Landwirtschaft wird gegen die Natur gearbeitet.	¹☐	²☐	³☐	⁴☐	⁵☐
In den Medien wird die Landwirtschaft als Verursacher von Umweltproblemen übertrieben dargestellt.	¹☐	²☐	³☐	⁴☐	⁵☐
Die Belastung des Grundwassers durch Düngerauswaschungen ist schlimmer als es viele Leute wahrhaben wollen.	¹☐	²☐	³☐	⁴☐	⁵☐
Landwirte sind die besten Naturschützer, auch wenn hier und da einmal ein Fehler gemacht wird.	¹☐	²☐	³☐	⁴☐	⁵☐
Handelsdünger und Pflanzenschutzmittel haben keine schädliche Wirkung. Sie fördern die Qualitätsproduktion.	¹☐	²☐	³☐	⁴☐	⁵☐
Der Einsatz von Chemie in der Landwirtschaft ist sinnvoll, wenn er mehr einbringt als er kostet.	¹☐	²☐	³☐	⁴☐	⁵☐
Eine vielfältige Betriebsorganisation brauchen wir wegen des Gleichgewichts in der Natur.	¹☐	²☐	³☐	⁴☐	⁵☐

53.	Haben Sie sich schon einmal Informationen über ökologische Landwirtschaft beschafft?

¹☐ Ja
²☐ Nein   → *weiter zu Frage 56*

54.	Über welche Quelle(n) haben Sie die Informationen erhalten? (*Mehrfachnennungen möglich*)

ᵃ☐ Presse, Funk und Fernsehen
ᵇ☐ Fachzeitschriften zum ökologischen Landbau
ᶜ☐ sonstige landwirtschaftliche Fachzeitschriften (z.B. Top-Agrar, etc.)
ᵈ☐ Fachbücher zum ökologischen Landbau
ᵉ☐ allgemeine Beratung der Landwirtschaftskammer (Offizialberatung)
ᶠ☐ Umstellungsberatung der Landwirtschaftskammer (Offizialberatung)
ᵍ☐ persönliche Gespräche mit Ökolandwirten
ʰ☐ Besichtigung eines ökologischen Betriebes
ⁱ☐ Informationen des Bauernverbandes
ʲ☐ Veranstaltung eines Öko-Anbauverbandes
ᵏ☐ Umstellungsberatung eines Öko-Anbauverbandes
ˡ☐ sonstige Informationsquellen, und zwar _____

55. Fanden Sie die Informationsbeschaffung eher schwierig oder eher einfach? ¹☐ sehr einfach ²☐ überwiegend einfach ³☐ überwiegend schwierig ⁴☐ sehr schwierig ⁵☐ teils / teils	—
56. Könnten Sie sich vorstellen, Ihren Hof innerhalb der nächsten 3 Jahre auf ökologischen Landbau umzustellen? ¹☐ Ich bewirtschafte meinen Betrieb bereits ökologisch. ²☐ Ja. Es ist sicher, dass wir schon bald umstellen. } *weiter zu Frage 60* ³☐ Ja, es sind aber noch ein paar Fragen zu klären. ⁴☐ Vielleicht, aber wir müssen uns noch genauer damit beschäftigen. ⁵☐ Nein ⁸☐ weiß nicht	—
57. Käme eine Umstellung für Sie längerfristig in Frage? ¹☐ Ja ²☐ Vielleicht ³☐ Nein	—
58. Was müsste sich denn ändern, damit eine Umstellung auf ökologischen Landbau für Sie interessant wäre? _____ _____	—
59. Würden Sie Ihren Betrieb auf ökologische Landwirtschaft umstellen, wenn Sie keine finanziellen Einbußen befürchten müssten? ¹☐ Ja ²☐ Vielleicht ³☐ Nein	—
60. Wie Sie sicherlich wissen, wird der ökologische Landbau staatlich gefördert. Die Förderung ist – je nach Bundesland - aufgeteilt in eine Einführungs-Prämie (in den ersten Jahren) und eine Beibehalter-Prämie (in den folgenden Jahren). Wie hoch sind nach Ihrer Einschätzung diese Prämien in Ihrem Bundesland ungefähr? *Einführungs-Prämie*: ungefähr _____ € / Hektar ⁹⁹⁸☐ weiß nicht *Beibehalter-Prämie*: ungefähr _____ € / Hektar ⁹⁹⁸☐ weiß nicht	— — — — — — — —
61. Zu diesen Prämien kann man unterschiedlicher Meinung sein. Manche finden, die Prämien sind zu hoch, manche finden, die Prämien sind zu niedrig. Wieder andere halten die Prämie für richtig. Wie ist Ihre persönliche Meinung dazu? A Ist die *Einführungs-Prämie*: ¹☐ zu hoch? ²☐ in etwa richtig? ³☐ zu niedrig? ⁸☐ weiß nicht B Und finden Sie die *Beibehalter-Prämie*: ¹☐ zu hoch? ²☐ in etwa richtig? ³☐ zu niedrig? ⁸☐ weiß nicht	— —

B Fragebögen

62. Ein wesentliches Merkmal des ökologischen Landbaus ist, dass der zertifizierte Landwirt sich an feste Richtlinien halten muss. Einige Betriebsleiter halten die Richtlinien für zu streng, andere für zu lasch und wieder andere für angemessen. Wie ist Ihre Meinung?

    Ich finde die Richtlinien nach EU-Bio-Verordnung...
    - 1☐ zu streng
    - 2☐ angemessen
    - 3☐ nicht streng genug
    - 8☐ weiß nicht

63. Im Folgenden nennen wir Ihnen einige Aussagen über den ökologischen Landbau, die Sie sicherlich schon einmal gehört haben. Einige Leute stimmen diesen Aussagen zu, andere lehnen sie ab. Wie stehen Sie dazu?

	stimme voll und ganz zu	stimme weitgehend zu	teils / teils	stimme eher nicht zu	stimme überhaupt nicht zu
Ökologischer Landbau ist besonders umweltfreundlich.	1☐	2☐	3☐	4☐	5☐
Unkraut, Schädlinge und Krankheiten kann man ohne Chemikalien nicht unter Kontrolle bringen.	1☐	2☐	3☐	4☐	5☐
Ökologische Betriebe sind profitabler als konventionelle Betriebe.	1☐	2☐	3☐	4☐	5☐
Die Mehrpreise für ökologische Produkte sind ein starker Anreiz, umzustellen.	1☐	2☐	3☐	4☐	5☐
Ich interessiere mich für ökologischen Landbau, da er unter Landwirten in meiner Gegend sehr verbreitet ist.	1☐	2☐	3☐	4☐	5☐
Die Richtlinien zum ökologischen Landbau sind zu restriktiv, um praktikabel zu sein.	1☐	2☐	3☐	4☐	5☐
Auf ökologischen Landbau umzustellen, ist eine interessante Herausforderung.	1☐	2☐	3☐	4☐	5☐
Ich bin nicht der richtige Typ Mensch für ökologische Landwirtschaft.	1☐	2☐	3☐	4☐	5☐
Ökologischer Landbau gibt den Bauern eine gute Gelegenheit, um zu zeigen, was sie können.	1☐	2☐	3☐	4☐	5☐

Zum Abschluss bitten wir Sie noch um einige Angaben für statistische Zwecke.

64. Sind Sie
    - 1☐ männlich?
    - 2☐ weiblich?

65. Sagen Sie uns bitte, in welchem Jahr Sie geboren sind.

    19 _____

66. Welchen höchsten allgemeinbildenden Schulabschluss haben Sie?
    - 01☐ Ich bin ohne Abschluss von der Schule abgegangen.
    - 02☐ Ich habe den Hauptschulabschluss (Volksschulabschluss).
    - 03☐ Ich habe den Realschulabschluss (Mittlere Reife).
    - 04☐ Ich habe den Abschluss der Polytechnischen Oberschule.
    - 05☐ Ich habe die Fachhochschulreife.
    - 06☐ Ich habe die Hochschulreife / Abitur (Gymnasium bzw. EOS).
    - 07☐ Ich habe einen anderen Schulabschluss, und zwar: _____
    - 98☐ weiß nicht

67.	Welchen <u>beruflichen</u> Ausbildungsabschluss haben Sie? Was auf dieser Liste trifft zu? Falls Sie mehrere Ausbildungen abgeschlossen haben, nennen Sie bitte alle. ᵃ☐ Ich bin noch in einer beruflichen Ausbildung. ᵇ☐ Ich habe keinen beruflichen Abschluss und bin nicht in beruflicher Ausbildung. } *weiter zu Frage 69* ᶜ☐ Ich habe eine beruflich-betriebliche Ausbildung (Lehre) abgeschlossen. ᵈ☐ Ich habe eine beruflich-schulische Ausbildung (Berufsfachschule, Handelsschule) abgeschlossen. ᵉ☐ Ich habe eine Ausbildung an einer Fachschule, Meister,- Technikerschule, Berufs oder Fachakademie abgeschlossen. ᶠ☐ Ich habe einen Fachhochschulabschluss. ᵍ☐ Ich habe einen Hochschulabschluss. ʰ☐ Ich habe einen anderen beruflichen Abschluss, und zwar _____ ⁿ☐ weiß nicht
68.	In welchem Bereich haben Sie diese Berufsausbildung absolviert? ¹☐ in der Landwirtschaft ²☐ in einem anderen Bereich, und zwar _____
69.	Und seit wann sind Sie in der Landwirtschaft tätig? 19/20_____
70.	Es würde uns interessieren, ob Sie außerhalb Ihres landwirtschaftlichen Betriebes erwerbstätig sind. Was auf dieser Liste trifft auf Sie zu? Bitte lesen Sie die Liste komplett durch, bevor Sie sich für eine Möglichkeit entscheiden. Ich bin.... ¹☐ Vollzeit auf unserem Hof beschäftigt ➔ *weiter zu Frage 72* ²☐ neben der Arbeit auf dem Hof stundenweise beschäftigt ³☐ neben der Arbeit auf dem Hof teilzeit-erwerbstätig (19 bis 34 Stunden) ⁴☐ außerhalb des Hofes vollzeit-erwerbstätig (35 Stunden und mehr)
71.	Welche berufliche Tätigkeit (außerhalb des Hofes) üben Sie derzeit aus? _____ Bitte beschreiben Sie die Tätigkeit genau. _____ Hat dieser Beruf, diese Tätigkeit noch einen besonderen Namen? ¹☐ ja, und zwar _____ ²☐ nein ⁿ☐ weiß nicht
72.	Waren Ihre Eltern / Ihre Schwiegereltern in der Landwirtschaft tätig? ¹☐ Ja, meine Eltern ²☐ Ja, meine Schwiegereltern ³☐ Ja, beide: Eltern und Schwiegereltern ⁴☐ Nein
73.	Haben Sie Ihren Betrieb von Ihren Eltern / Schwiegereltern übernommen? ¹☐ Ja, von meinen Eltern ²☐ Ja, von meinen Schwiegereltern ³☐ Nein.

74.	Haben Sie Kinder? ¹☐ Ja, und zwar _____ Kinder ²☐ Nein ➔ *weiter zu Frage 76*	— — —
75.	Wie viele dieser Kinder sind... bis zu 7 Jahre alt? _____ Kinder ⁰⁰☐ keine über 7 bis 14 Jahre alt? _____ Kinder ⁰⁰☐ keine über 14 bis 21 Jahre alt? _____ Kinder ⁰⁰☐ keine 22 Jahre und älter? _____ Kinder ⁰⁰☐ keine	— — — — — — — —
76.	Und wie viele Kinder *leben in Ihrem Haushalt?* bis zu 7 Jahre: _____ Kinder ⁰⁰☐ keine über 7 bis 14 Jahre: _____ Kinder ⁰⁰☐ keine über 14 bis 21 Jahre: _____ Kinder ⁰⁰☐ keine 22 Jahre und älter: _____ Kinder ⁰⁰☐ keine	— — — — — — — —
77.	Welchen Familienstand haben Sie? Sind Sie... ¹☐ verheiratet und leben mit Ihrem Ehepartner zusammen? ➔ *weiter zu Frage 79* ²☐ verheiratet und leben getrennt? ³☐ verwitwet? ⁴☐ geschieden? ⁵☐ ledig?	—
78.	Leben Sie mit einem festen Partner zusammen? ¹☐ Ja ²☐ Nein ➔ *weiter zu Frage 84*	—
79.	Welchen höchsten allgemeinbildenden Schulabschluss hat Ihr (Ehe-)Partner / Ihre (Ehe-)Partnerin? ⁰¹☐ Er/Sie ist ohne Abschluss von der Schule abgegangen. ⁰²☐ Er/Sie hat den Hauptschulabschluss (Volksschulabschluss). ⁰³☐ Er/Sie hat den Realschulabschluss (Mittlere Reife). ⁰⁴☐ Er/Sie hat den Abschluss der Polytechnischen Oberschule. ⁰⁵☐ Er/Sie hat die Fachhochschulreife. ⁰⁶☐ Er/Sie hat die Hochschulreife / Abitur (Gymnasium bzw. EOS). ⁰⁷☐ Er/Sie hat einen anderen Schulabschluss, und zwar: _____ ⁹⁸☐ weiß nicht.	— —

80.	Welchen <u>beruflichen</u> Ausbildungsabschluss hat Ihr (Ehe-)Partner / Ihre (Ehe-)Partnerin? Falls er/sie mehrere Ausbildungen abgeschlossen hat, nennen Sie bitte alle.
	ᵃ☐ Er/Sie ist noch in einer beruflichen Ausbildung.
	ᵇ☐ Er/Sie hat keinen beruflichen Abschluss und ist nicht } *weiter zu Frage 82*
	  in beruflicher Ausbildung.
	ᶜ☐ Er/Sie hat eine beruflich-betriebliche Berufsausbildung (Lehre) abgeschlossen.
	ᵈ☐ Er/Sie hat eine beruflich-schulische Ausbildung (Berufsfachschule,
	  Handelsschule) abgeschlossen.
	ᵉ☐ Er/Sie hat eine Ausbildung an einer Fachschule, Meister-, Technikerschule,
	  Berufs- oder Fachakademie abgeschlossen.
	ᶠ☐ Er/Sie hat einen Fachhochschulabschluss.
	ᵍ☐ Er/Sie hat einen Hochschulabschluss.
	ʰ☐ Er/Sie hat einen anderen beruflichen Abschluss, und zwar: _____
	ⁱ☐ weiß nicht. ➔ *weiter zu Frage 82*
		—
		—
		—
		—
		—
		—
		—

81.	In welchem Bereich hat Ihr Partner / Ihre Partnerin diese Berufsausbildung absolviert? ¹☐ in der Landwirtschaft ²☐ in einem anderen Bereich, und zwar _____	—

82. Es würde uns interessieren, ob Ihr (Ehe-)Partner / Ihre (Ehe-)Partnerin außerhalb Ihres landwirtschaftlichen Betriebes erwerbstätig ist. Was auf dieser Liste trifft zu? Bitte lesen Sie die Liste komplett durch, bevor Sie sich für eine Möglichkeit entscheiden.

Er / Sie ist...

¹□ Vollzeit auf unserem Hof beschäftigt ➔ *weiter zu Frage 84*
²□ neben der Arbeit auf dem Hof stundenweise beschäftigt
³□ neben der Arbeit auf dem Hof teilzeit-erwerbstätig (19 bis 34 Stunden)
⁴□ außerhalb des Hofes vollzeit-erwerbstätig (35 Stunden und mehr)

⁸□ weiß nicht ➔ *weiter zu Frage 84*

83. Welche berufliche Tätigkeit (außerhalb des Hofes) übt Ihr (Ehe-)Partner / Ihre (Ehe-)Partnerin derzeit aus?

_____

Bitte beschreiben Sie die Tätigkeit genau.

_____

Hat dieser Beruf, diese Tätigkeit noch einen besonderen Namen?
¹□ ja, und zwar _____
²□ nein
⁸□ weiß nicht

84. Jetzt wieder zu Ihnen. Sind Sie Mitglied in einer der folgenden landwirtschaftlichen Organisationen? (mehrere Nennungen möglich)

ᵃ□ Bauernverband / Landwirtschaftsverband / Landvolk?
ᵇ□ Arbeitsgemeinschaft Bäuerliche Landwirtschaft
ᶜ□ In einem Öko-Anbauverband, und zwar _____
ᵈ□ In einer anderen landwirtschaftlichen Organisation, und zwar _____

85. Lässt Ihnen die Arbeit auf dem Hof genügend Zeit für andere Dinge (z.B. Sportverein, Gesangsverein, Parteiarbeit usw.)?

¹□ ja
²□ selten
³□ nein

Abschließend haben wir noch zwei Fragen:

86. Wie hoch ist das monatliche Nettoeinkommen Ihres Haushaltes insgesamt? Damit ist die Summe gemeint, die sich aus Lohn, Gehalt, Einkommen aus selbständiger Tätigkeit, Rente oder Pension, jeweils nach Abzug der Steuern und Sozialversicherungsbeiträge ergibt. Rechnen Sie bitte auch die Einkünfte aus öffentlichen Beihilfen, Einkommen aus Vermietung, Verpachtung, Wohngeld, Kindergeld und sonstige Einkünfte hinzu.

Wir möchten es gar nicht genau wissen. *Auf der letzten Seite finden Sie eine Liste verschiedener Einkommensgruppen. Jeder dieser Gruppen ist ein Buchstabe zugeordnet.* Bitte geben Sie hier nur den Buchstaben an, der dem gesamten Netto-Einkommen Ihres Haushaltes am nächsten kommt.

Buchstabe _____

87. Und welchen Anteil Ihres Haushaltseinkommens erwirtschaften Sie auf Ihrem landwirtschaftlichen Betrieb?

¹□ weniger als 25%
²□ 25 bis unter 50%
³□ 50 bis unter 75%
⁴□ 75 bis unter 100%
⁵□ das gesamte Einkommen

Herzlichen Dank, dass Sie sich für die Beantwortung des Fragebogens Zeit genommen haben. Bitte schicken Sie den Fragebogen unfrankiert und ohne Absender in beiliegendem Rückumschlag an das Forschungsinstitut für Soziologie, Greinstr. 2, 50939 Köln.

Tabelle der Netto-Einkommensgruppen

Die Ergebnisse dieser Umfrage sollen u.a. nach den Haushalts-Einkommen ausgewertet werden. Dabei genügen Einkommensgruppen. Es würde uns helfen, wenn Sie den Buchstaben, der Einkommensgruppe, zu der Ihr Haushalt gehört, bei Frage 86 eintragen könnten.

R	1 €	bis unter	450
H	450 €	bis unter	750 €
D	750 €	bis unter	1250 €
L	1.250 €	bis unter	1.750 €
W	1.750 €	bis unter	2.250 €
A	2.250 €	bis unter	2.750 €
S	2.750 €	bis unter	3.250 €
O	3.250 €	bis unter	3.750 €
J	3.750 €	bis unter	4.250 €
U	4.250 €	bis unter	4.750 €
B	4.750 €	bis unter	5.250 €
T	5.250 €	bis unter	5.750 €
X	5.750 €	bis unter	6.250 €
M	6.250 €	bis unter	6.750 €
F	6.750 €	bis unter	7.250 €
Z	7.250 €	bis unter	7.750 €
C	7.750 €	bis unter	8.250 €
N	8.250 €	oder mehr	

B Fragebögen 191

Landwirtschaft im Umbruch?

Strategien deutscher Öko-Landwirte

Diese Umfrage wird durchgeführt von:

Prof. Dr. Jürgen Friedrichs
Henning Best, MA

Universität zu Köln

Forschungsinstitut für Soziologie
Greinstr. 2
50939 Köln

Tel. (0221) 470 4398

Hinweise

Wir freuen uns, dass Sie sich Zeit für diesen Fragebogen nehmen, und bitten Sie, beim Ausfüllen noch die folgenden Punkte zu beachten:

- Die meisten Fragen haben vorgegebene Antwortmöglichkeiten, aus denen Sie Ihre Antwort auswählen können. Zur Beantwortung der Frage kreuzen Sie bitte jeweils das Kästchen der Antwortmöglichkeit an, das auf Sie zutrifft.

    Beispielfrage: Wie viele Fernsehgeräte besitzen Sie?

    [1] ☐ drei oder mehr Fernsehgeräte
    [2] ☐ zwei Fernsehgeräte
    [3] ☒ ein Fernsehgerät
    [4] ☐ kein Fernsehgerät

    Der Befragte der Beispielfrage besitzt ein Fernsehgerät.

- Bei manchen Fragen werden mehrere Aussagen präsentiert, die Sie bewerten sollen. Bitte geben Sie bei diesen Fragen für *jede* Aussage eine Bewertung ab.

    Beispielfrage: Zu Inhalten von Fernsehsendungen kann man unterschiedlicher Meinung sein. Bitte kreuzen Sie für jede der folgenden Aussagen an, ob Sie zustimmen oder nicht.

	Ja	Nein
„Verbotene Liebe" ist viel besser als „Marienhof".	[1] ☒	[2] ☐
Quiz-Shows finde ich ausgesprochen langweilig.	[1] ☐	[2] ☒

- Vielleicht sind auch Antwortmöglichkeiten dabei, mit denen Sie nicht vollkommen übereinstimmen. Dann kreuzen Sie bitte das Kästchen der Antwort an, das Ihre Meinung am Besten wiedergibt.

- Bei einigen Fragen können Sie mehrere Antworten ankreuzen. Diese Fragen enthalten einen entsprechenden Hinweis, z.B. „Mehrfachnennungen möglich". Wird in der Frage nicht auf Mehrfachnennungen hingewiesen, kreuzen Sie bitte nur ein einziges Kästchen an.

- Der Fragebogen enthält auch Fragen, bei denen die Antwortmöglichkeiten nicht angegeben sind. Bei diesen Fragen können Sie Ihre Antwort in Stichworten auf der vorgesehenen Linie eintragen.

- Bitte beantworten Sie die Fragen in der vorgegebenen Reihenfolge. Wenn die Antwortmöglichkeit, die Sie angekreuzt haben, mit folgendem Hinweis gekennzeichnet ist:

    → *weiter zu Frage 28*

    können Sie alle Fragen bis zur genannten überspringen.

- Für die Rücksendung des ausgefüllten Fragebogens haben wir einen Freiumschlag beigelegt, den Sie uns *unfrankiert und ohne Absender* zusenden können.

Für Ihre Mühe und Mithilfe bedanken wir uns im Voraus!

Sollten Sie Ihren Betrieb *noch nie ökologisch bewirtschaftet* haben, möchten wir Sie bitten, *nur die erste Frage* zu beantworten und den Fragebogen ansonsten unausgefüllt an uns zurück zu senden.

B Fragebögen

01.	Bewirtschaften Sie Ihren Hof nach den (EU)-Richtlinien der ökologischen Landwirtschaft? ¹☐ Ja, der Betrieb ist aber noch in Umstellung ²☐ Ja, der Betrieb ist komplett auf Öko umgestellt ³☐ Ja, der Betrieb ist teilumgestellt ⁴☐ Nein, ich wirtschafte *inzwischen* nicht mehr ökologisch ⁵☐ Nein, mein Betrieb *war nie* ein Ökobetrieb ➔ *Interview beenden*
02.	In letzter Zeit wird viel über die Entwicklung der Landwirtschaft, über Strukturwandel und über Probleme der Landwirtschaft gesprochen. Zu Beginn des Interviews würden wir gerne von Ihnen wissen, was Ihrer Meinung nach derzeit die größten Probleme der deutschen Landwirtschaft sind (*Mehrfachnennungen möglich*). ᵃ☐ zu niedrige Erzeugerpreise ᵇ☐ der Einfluss des Weltmarktes ᶜ☐ zu hohe Abhängigkeit von Subventionen ᵈ☐ zu hohe Pacht / Landpreise ᵉ☐ Tierseuchen (wie BSE, MKS oder Geflügelpest) ᶠ☐ Umweltprobleme ᵍ☐ verunreinigte Futtermittel ʰ☐ die Agrarpolitik der Bundesregierung ⁱ☐ sonstige Probleme, und zwar _____
03.	Von den Problemen in der deutschen Landwirtschaft kann jeder Betrieb unterschiedlich betroffen sein. Bitte kreuzen Sie für jede der folgenden Aussagen an, ob Sie für sich und Ihren Betrieb zustimmen oder nicht. Ja Nein Ich fühle mich durch die Entwicklung in der Landwirtschaft persönlich bedroht. ¹☐ ²☐ Ich habe regelrecht Angst vor der Zukunft für meinen Hof. ¹☐ ²☐ Ich denke zwar manchmal über die Probleme in der Landwirtschaft nach, aber sie spielen keine wichtige Rolle in meinem Leben. ¹☐ ²☐ Die Entwicklung in der Landwirtschaft beunruhigt mich. ¹☐ ²☐
04.	Handelt es sich bei Ihrem Betrieb um einen Haupt- oder um einen Nebenerwerbsbetrieb? Haupterwerb würde bedeuten, dass Sie überwiegend im Betrieb tätig sind und Ihre Einkünfte überwiegend aus dem Betrieb stammen. ¹☐ Haupterwerbsbetrieb ²☐ Nebenerwerbsbetrieb
05.	Wie viele Arbeitskräfte (ohne Saisonarbeitskräfte) sind auf Ihrem Betrieb beschäftigt, Sie eingeschlossen? ____ Familienarbeitskräfte ____ Lohnarbeitskräfte ⁰⁰⁰☐ keine Lohnarbeitskräfte
06.	Und in welchem Umfang beschäftigen Sie Saisonarbeitskräfte, über das ganze Jahr gerechnet? ca. ____ Stunden im Jahr ⁰⁰⁰☐ keine Saisonarbeitskräfte ⁹⁹⁸☐ weiß nicht
07.	Wie groß ist Ihre landwirtschaftliche Nutzfläche insgesamt (in ha)? ____ ha ⁹⁹⁸☐ weiß nicht
08.	Und wie viel davon ist gepachtet? ____ ha ⁹⁹⁸☐ weiß nicht

09.	Welcher Anteil Ihres Landes ist...	
	Ackerfläche? _____ ha ⁰⁰⁰☐ kein Ackerland ⁹⁹⁸☐ weiß nicht	___ ___ ___
	Dauergrünland? _____ ha ⁰⁰⁰☐ kein Dauergrünland ⁹⁹⁸☐ weiß nicht	___ ___ ___
	Brachland? _____ ha ⁰⁰⁰☐ kein Brachland ⁹⁹⁸☐ weiß nicht	___ ___ ___
10.	Wie würden Sie Ihren Betrieb klassifizieren? Bitte lesen Sie zunächst alle Kategorien durch und entscheiden Sie sich dann für eine der Möglichkeiten. Ist Ihr Betrieb ein...	
	⁰¹☐ Marktfruchtbetrieb ⁰⁶☐ Obstbaubetrieb
⁰²☐ Futterbaubetrieb   ⁰⁷☐ Weinbaubetrieb
⁰³☐ Rinderzuchtbetrieb   ⁰⁸☐ anderer Dauerkulturbetrieb
⁰⁴☐ Veredlungsbetrieb   ⁰⁹☐ Gemischtbetrieb
⁰⁵☐ Gartenbaubetrieb	___ ___
	¹⁰☐ sonstiger Betrieb, und zwar _____
⁰⁸☐ weiß nicht	___ ___
11.	Wie groß ist der Viehbestand Ihres Betriebes?	
	_____ Mastrinder (Jahresprod. in Stück) ⁰⁰⁰☐ keine Mastrinder
_____ Mutterkühe   ⁰⁰⁰☐ keine Mutterkühe
_____ Milchkühe   ⁰⁰⁰☐ keine Milchkühe
_____ Mastschweine (Jahresprod. in Stück)   ⁰⁰⁰☐ keine Mastschweine
_____ Zuchtsauen   ⁰⁰⁰☐ keine Zuchtsauen
_____ Mastgeflügel (Jahresprod. in Stück)   ⁰⁰⁰☐ kein Mastgeflügel
_____ Legehennen ⁰⁰⁰☐ keine Legehennen	___ ___
___ ___
___ ___
___ ___
___ ___
___ ___
___ ___
	sonstiger Viehbestand: _____
_____
_____	___ ___
___ ___
___ ___
12.	Haben Sie auf Ihrem Hof außerlandwirtschaftliche Betriebszweige? Bitte nennen Sie alle zutreffenden Möglichkeiten.	___ ___
___
	ᵃ☐ Direktvermarktung
ᵇ☐ Lohn- oder Fuhrunternehmen
ᶜ☐ Tourismus
ᵈ☐ Reiterhof
ᵉ☐ sonstiges, und zwar _____
⁰☐ keine außerlandwirtschaftlichen Betriebszweige	___
___
___
___
___
___
13.	Befindet sich Ihr Betrieb in einem sogenannten „benachteiligten Gebiet"?	
	¹☐ Ja
²☐ Nein
⁸☐ weiß nicht.	___
14.	Wie ist die Güte Ihres Ackerlandes? Zur Beurteilung der Güte bitten wir Sie, die *Ackerzahl* zu verwenden. Bitte geben Sie an, wie viel Hektar Ackerfläche Sie in den jeweiligen Bodengüte-Kategorien haben.	
	_____ ha mit einer Ackerzahl kleiner 40
_____ ha mit einer Ackerzahl zwischen 40 und 70
_____ ha mit einer Ackerzahl über 70	___ ___ ___
___ ___ ___
___ ___ ___
	⁹⁹⁷☐ kein Ackerland
⁹⁹⁸☐ weiß nicht	

B Fragebögen

15. Kommen wir jetzt zu einem anderen Thema. Im Folgenden sehen Sie eine Reihe von Aussagen. Bitte kreuzen Sie zu jeder Aussage an, in welchem Maße Sie zustimmen oder nicht zustimmen.

	stimme voll und ganz zu	stimme weitgehend zu	teils / teils	stimme eher nicht zu	stimme überhaupt nicht zu
Es beunruhigt mich, wenn ich daran denke, unter welchen Umweltverhältnissen unsere Kinder und Enkelkinder wahrscheinlich leben müssen.	¹☐	²☐	³☐	⁴☐	⁵☐
Wenn wir so weitermachen wie bisher, steuern wir auf eine Umweltkatastrophe zu.	¹☐	²☐	³☐	⁴☐	⁵☐
Wenn ich Zeitungsberichte über Umweltprobleme lese oder entsprechende Fernsehsendungen sehe, bin ich oft empört und wütend.	¹☐	²☐	³☐	⁴☐	⁵☐
Es gibt Grenzen des Wachstums, die unsere industrialisierte Welt schon überschritten hat oder sehr bald erreichen wird.	¹☐	²☐	³☐	⁴☐	⁵☐
Derzeit ist es immer noch so, dass sich der größte Teil der Bevölkerung wenig umweltbewusst verhält.	¹☐	²☐	³☐	⁴☐	⁵☐
Nach meiner Einschätzung wird das Umweltproblem in seiner Bedeutung von vielen Umweltschützern stark übertrieben.	¹☐	²☐	³☐	⁴☐	⁵☐
Es ist immer noch so, dass die Politiker viel zu wenig für den Umweltschutz tun.	¹☐	²☐	³☐	⁴☐	⁵☐
Zugunsten der Umwelt sollten wir alle bereit sein, unseren derzeitigen Lebensstandard einzuschränken.	¹☐	²☐	³☐	⁴☐	⁵☐
Umweltschutzmaßnahmen sollten auch dann durchgesetzt werden, wenn dadurch Arbeitsplätze verloren gehen.	¹☐	²☐	³☐	⁴☐	⁵☐

16. Kommen wir noch einmal zurück zu Ihrem Betrieb. Hatte sich die *landwirtschaftliche Nutzfläche* Ihres Betriebes in den letzten Jahren *vor der Umstellung* verkleinert, vergrößert oder ist sie in etwa gleich geblieben?

   ¹☐ hat sich eher verkleinert
   ²☐ ist ungefähr gleich geblieben
   ³☐ hat sich eher vergrößert

17. Und wie war die Entwicklung Ihres *Viehbestandes* in den letzten Jahren *vor der Umstellung*?

   ¹☐ hat sich eher verkleinert
   ²☐ ist ungefähr gleich geblieben
   ³☐ hat sich eher vergrößert
   ⁷☐ kein Vieh

18. Haben Sie in den letzten Jahren *vor der Umstellung* größere Investitionen in Ihrem Betrieb getätigt (wie z.B. Stallneu- oder umbau, Flächenankauf, Modernisierung, etc)?

   ¹☐ Ja
   ²☐ Nein   ➔ *weiter zu Frage 20*

19. Könnten Sie die letzten beiden größeren Investitionen etwas genauer beschreiben?

   1. _____

   2. _____

20. Wie war die Entwicklung Ihrer *landwirtschaftlichen Nutzfläche* seit der Umstellung auf ökologische Landwirtschaft? ¹☐ hat sich eher verkleinert ²☐ ist ungefähr gleich geblieben ³☐ hat sich eher vergrößert	—
21. Und wie war die Entwicklung Ihres *Viehbestandes* seit der Umstellung auf ökologische Landwirtschaft? ¹☐ hat sich eher verkleinert ²☐ ist ungefähr gleich geblieben ³☐ hat sich eher vergrößert ⁷☐ kein Vieh	—
22. Wenn Sie sich einmal vorstellen, dass Sie, z.B. aus Altersgründen, Ihren Hof aufgeben müssen, haben Sie für diesen Fall einen Hofnachfolger? ¹☐ Ja, mein Sohn / meine Tochter übernimmt den Betrieb ²☐ Ja, jemand anderes wird dann den Betrieb übernehmen ³☐ Nein, die Hofnachfolge ist noch offen ⁴☐ Nein, ich habe keinen Hofnachfolger; es ist ein auslaufender Betrieb	—
23. Hatten Sie vor der Umstellung schon an einem anderen staatl. geförderten Extensivierungsprogramm / Agrarumweltprogramm teilgenommen? ¹☐ Ja, und zwar _____ ²☐ Nein	—
24. In welchem Bundesland befindet sich Ihr Betrieb? ¹☐ Hessen ²☐ Niedersachsen ³☐ Nordrhein-Westfalen	—
Kommen wir zu einem anderen Thema. In der heutigen Situation der Landwirtschaft kann es immer häufiger notwendig werden, dass ein Betriebsleiter über grundsätzliche Änderungen auf seinem Hof nachdenken muss. Jeder Betriebsleiter hat dabei andere Vorlieben, andere Dinge, die ihm bei Entscheidungen über die Zukunft seines Hofes wichtig sind. Uns würde interessieren, wie das bei Ihnen persönlich war, als Sie auf ökologischen Landbau umgestellt haben. *Die folgenden Fragen beschäftigen sich mit der Situation, in der Ihr Betrieb war, bevor Sie auf die ökologische Wirtschaftsweise umgestellt haben. Bitte versuchen Sie einmal, sich an die Zeit zurück zu erinnern, als Sie gerade überlegt haben, umzustellen.*	

B Fragebögen

25. Jede Entscheidung über die Produktionsweise eines Betriebes bringt gewisse Vor- und Nachteile mit sich. Sie sehen hier eine Liste mit einigen dieser Vor- und Nachteile, die Folge einer solchen Entscheidung sein können.

Wie war das damals: Haben Sie die in der Liste genannten Punkte sehr gut, eher gut, teils/teils, eher schlecht oder sehr schlecht gefunden? Bitte kreuzen Sie für ihre Bewertung für jeden der Punkte an.

Den grauen Bereich auf der rechten Seite bitten wir Sie, zunächst nicht auszufüllen.

	sehr gut	eher gut	teils/teils	eher schlecht	sehr schlecht	Besonders wichtiger Aspekt
Einfache und effektive Bekämpfung von Unkraut und Schädlingen	☐	☐	☐	☐	☐	☐
Gute Preise für die Produkte	☐	☐	☐	☐	☐	☐
Hoher Ertrag an landwirtschaftlichen Produkten	☐	☐	☐	☐	☐	☐
„Papierkram" erledigen müssen	☐	☐	☐	☐	☐	☐
Gesicherter Absatz der Produkte	☐	☐	☐	☐	☐	☐
Abhängigkeit von Subventionen	☐	☐	☐	☐	☐	☐
Sicherheit vor Lebensmittelskandalen	☐	☐	☐	☐	☐	☐
Umweltfreundliche Produktionsweise	☐	☐	☐	☐	☐	☐
Gutes Image als Landwirt in der Bevölkerung	☐	☐	☐	☐	☐	☐
Ausreichend Freizeit	☐	☐	☐	☐	☐	☐
Hohe Prämien / Zuschüsse	☐	☐	☐	☐	☐	☐
Keine chemischen Spritzmittel verwenden	☐	☐	☐	☐	☐	☐
Umbauten an den Stallungen vornehmen müssen	☐	☐	☐	☐	☐	☐
Langfristige Sicherung des Fortbestehens des Betriebes	☐	☐	☐	☐	☐	☐

26. Wenn Sie sich jetzt die Punkte aus der oberen Tabelle noch einmal anschauen: Welche fanden Sie bei der Entscheidung besonders wichtig, d.h. welche Folgen hätten Sie besonders gerne erreicht bzw. vermieden?

Bitte kreuzen Sie diese, für Sie besonders wichtigen Punkte in der rechten, grau hinterlegten Spalte an.

27. Meist hat man ja auch eine Vorstellung darüber, ob eine Folge eher eintreffen oder auch eher nicht eintreffen wird.

Stellen Sie sich vor, Sie hätten nicht auf ökologische Landwirtschaft umgestellt, sondern den Betrieb im Großen und Ganzen so weitergeführt, wie vorher. Für wie wahrscheinlich halten Sie es, dass die folgenden Dinge eingetroffen wären?

Bitte lesen Sie sich die Liste durch und kreuzen Sie für jeden Punkt an, ob Sie finden, dass er sicher, recht wahrscheinlich, vielleicht, wenig wahrscheinlich oder keinesfalls eingetroffen wäre, wenn Sie Ihren Betrieb im Wesentlichen so weitergeführt hätten wie vorher.

	sicher	recht wahrscheinlich	vielleicht	wenig wahrscheinlich	keinesfalls
Einfache und effektive Bekämpfung von Unkraut und Schädlingen	¹☐	²☐	³☐	⁴☐	⁵☐
Gute Preise für die Produkte	¹☐	²☐	³☐	⁴☐	⁵☐
Hoher Ertrag an landwirtschaftlichen Produkten	¹☐	²☐	³☐	⁴☐	⁵☐
„Papierkram" erledigen müssen	¹☐	²☐	³☐	⁴☐	⁵☐
Gesicherter Absatz der Produkte	¹☐	²☐	³☐	⁴☐	⁵☐
Abhängigkeit von Subventionen	¹☐	²☐	³☐	⁴☐	⁵☐
Sicherheit vor Lebensmittelskandalen	¹☐	²☐	³☐	⁴☐	⁵☐
Umweltfreundliche Produktionsweise	¹☐	²☐	³☐	⁴☐	⁵☐
Gutes Image als Landwirt in der Bevölkerung	¹☐	²☐	³☐	⁴☐	⁵☐
Ausreichend Freizeit	¹☐	²☐	³☐	⁴☐	⁵☐
Hohe Prämien / Zuschüsse	¹☐	²☐	³☐	⁴☐	⁵☐
Keine chemischen Spritzmittel verwenden	¹☐	²☐	³☐	⁴☐	⁵☐
Umbauten an den Stallungen vornehmen müssen	¹☐	²☐	³☐	⁴☐	⁵☐
Langfristige Sicherung des Fortbestehens des Betriebes	¹☐	²☐	³☐	⁴☐	⁵☐

28. Wann haben Sie begonnen, Ihren Betrieb umzustellen?

    19/20 _____   ⁹⁹⁹⁸☐ weiß nicht

29. Wann haben angefangen, zu überlegen, ob Sie den Betrieb umstellen sollen?

    19/20 _____   ⁹⁹⁹⁸☐ weiß nicht

B Fragebögen

30. Und was war der Anlass für Ihre Überlegung? Warum haben Sie überhaupt überlegt, ob Sie umstellen sollen oder nicht?
    _____
    _____
    _____

31. Gab es auch schon vorher Anlässe, die Sie dazu gebracht haben, über eine Umstellung auf ökologische Landwirtschaft nachzudenken? Wann war das und warum?
    ¹☐ Ja, und zwar _____
    _____
    _____
    ²☐ Nein

32. Als Sie die Entscheidung getroffen haben, Ihren Betrieb auf ökologische Landwirtschaft umzustellen, für wie wahrscheinlich haben Sie es *damals* gehalten, dass die folgenden Dinge (nach der Umstellung) eintreffen würden?

    Bitte kreuzen Sie auch hier für jeden Punkt an, ob Sie damals fanden, dass er sicher, recht wahrscheinlich, vielleicht, wenig wahrscheinlich oder keinesfalls eintreffen wird, wenn Sie Ihren Betrieb auf ökologische Landwirtschaft umstellen.

	sicher	recht wahrscheinlich	vielleicht	wenig wahrscheinlich	keinesfalls
Einfache und effektive Bekämpfung von Unkraut und Schädlingen	¹☐	²☐	³☐	⁴☐	⁵☐
Gute Preise für die Produkte	¹☐	²☐	³☐	⁴☐	⁵☐
Hoher Ertrag an landwirtschaftlichen Produkten	¹☐	²☐	³☐	⁴☐	⁵☐
„Papierkram" erledigen müssen	¹☐	²☐	³☐	⁴☐	⁵☐
Gesicherter Absatz der Produkte	¹☐	²☐	³☐	⁴☐	⁵☐
Abhängigkeit von Subventionen	¹☐	²☐	³☐	⁴☐	⁵☐
Sicherheit vor Lebensmittelskandalen	¹☐	²☐	³☐	⁴☐	⁵☐
Umweltfreundliche Produktionsweise	¹☐	²☐	³☐	⁴☐	⁵☐
Gutes Image als Landwirt in der Bevölkerung	¹☐	²☐	³☐	⁴☐	⁵☐
Ausreichend Freizeit	¹☐	²☐	³☐	⁴☐	⁵☐
Hohe Prämien / Zuschüsse	¹☐	²☐	³☐	⁴☐	⁵☐
Keine chemischen Spritzmittel verwenden	¹☐	²☐	³☐	⁴☐	⁵☐
Umbauten an den Stallungen vornehmen müssen	¹☐	²☐	³☐	⁴☐	⁵☐
Langfristige Sicherung des Fortbestehens des Betriebes	¹☐	²☐	³☐	⁴☐	⁵☐

Jetzt würden wir gerne noch einige Fragen zu Ihrem persönlichen Umfeld stellen.	
33. Es gibt viele Leute, die sehr enge Beziehungen zu ihren Nachbarn haben. Andere dagegen haben das Gefühl, dass die Leute aus ihrer Nachbarschaft kaum eine Bedeutung in ihrem Leben haben. Wie ist das bei Ihnen? Zu den meisten Leuten aus meiner Nachbarschaft habe ich eher: ¹☐ sehr starke Beziehungen ²☐ starke Beziehungen ³☐ schwache Beziehungen ⁴☐ sehr schwache Beziehungen ⁵☐ mit manchen habe ich starke, mit anderen schwache Beziehungen	—
34. Könnten Sie uns ungefähr sagen, wie viel Prozent der Leute aus Ihrer Nachbarschaft eine ähnliche Meinung zur Situation der Landwirtschaft wie Sie vertreten? _____ Prozent ⁹⁹⁸☐ weiß nicht	_ _ _ _
35. Nun möchten wir gerne wissen, wie viel Sie mit den Leuten aus Ihrer Nachbarschaft gemeinsam haben. Mit den meisten Leuten aus meiner Nachbarschaft habe ich eher: ¹☐ sehr viel gemeinsam ²☐ viel gemeinsam ³☐ wenig gemeinsam ⁴☐ sehr wenig gemeinsam ⁵☐ mit manchen habe ich viel, mit anderen wenig gemeinsam	—
36. Wie häufig diskutieren Sie in Ihrem Bekannten- und Kollegenkreis über die Situation der Landwirtschaft? ¹☐ oft ²☐ gelegentlich ³☐ selten ⁴☐ nie → *weiter zu Frage 38*	—
37. Und wie wird in diesen Gesprächen die Situation der Landwirtschaft im allgemeinen bewertet? Sind Ihre Kollegen: ¹☐ sehr zuversichtlich ²☐ überwiegend zuversichtlich ³☐ überwiegend beunruhigt ⁴☐ sehr beunruhigt ⁵☐ teils / teils ⁶☐ weiß nicht	—
38. Wie häufig wird in Ihrem Bekannten- und Kollegenkreis über den ökologischen Landbau gesprochen? ¹☐ oft ²☐ gelegentlich ³☐ selten ⁴☐ nie → *weiter zu Frage 41*	—
39. Wie ist in Ihrem Bekannten- und Kollegenkreis die Einstellung zum ökologischen Landbau? ¹☐ sehr positiv ²☐ überwiegend positiv ³☐ überwiegend negativ ⁴☐ sehr negativ ⁵☐ teils / teils ⁶☐ weiß nicht → *weiter zu Frage 41*	—

40.	Wie denken die Kollegen in Ihrer Gegend, also andere Landwirte, über ökologischen Landbau und über Biobauern? Welche Ansichten werden am häufigsten geäußert? Sie können bis zu vier Aussagen nennen. Nennen Sie bitte die am häufigsten genannte an erster Stelle. 1. _____ 2. _____ 3. _____ 4. _____
41.	Gibt es in Ihrer Gegend noch andere Landwirte, die ökologisch wirtschaften? ¹☐ ja, viele ²☐ ja, ein paar ³☐ nein, keine ⎫ *weiter zu Frage 43* ⁴☐ weiß nicht ⎭
42.	Sind diese Ökolandwirte Mitglieder in Anbauverbänden wie Bioland, Demeter, Naturland etc.? ¹☐ die meisten sind Mitglied in einem Anbauverband ²☐ einige sind Mitglieder, andere nicht ³☐ die wenigsten sind Mitglieder in einem Anbauverband ⁴☐ weiß nicht
43.	Gibt es in Ihrer Gegend Landwirte, die an einer Extensivierungsmaßnahme teilnehmen? (z.B. Grünlandextensivierung, etc) ¹☐ ja, viele ²☐ ja, ein paar ³☐ nein, keine ⁴☐ weiß nicht
44.	Wie häufig diskutieren Sie in Ihrer *Familie* über die Situation der Landwirtschaft? ¹☐ oft ²☐ gelegentlich ³☐ selten ⁴☐ nie → *weiter zu Frage 46*
45.	Und wie wird in diesen Gesprächen die Situation der Landwirtschaft im allgemeinen bewertet? Sind Ihre *Familienmitglieder*: ¹☐ sehr zuversichtlich ²☐ überwiegend zuversichtlich ³☐ überwiegend beunruhigt ⁴☐ sehr beunruhigt ⁵☐ teils / teils ⁶☐ weiß nicht
46.	Wie häufig sprechen Sie in Ihrer *Familie* über den ökologischen Landbau im allgemeinen? ¹☐ oft ²☐ gelegentlich ³☐ selten ⁴☐ nie → *weiter zu Frage 49*

47. Wie ist die Einstellung Ihrer *Familienmitglieder* zum ökologischen Landbau?
    - ¹☐ sehr positiv
    - ²☐ überwiegend positiv
    - ³☐ überwiegend negativ
    - ⁴☐ sehr negativ
    - ⁵☐ teils / teils
    - ⁹☐ weiß nicht ➔ *weiter zu Frage 49*

48. Welche Meinungen zum ökologischen Landbau und über Biobauern wurden von *Ihren Familienmitgliedern* am häufigsten geäußert? Sie können bis zu vier Aussagen angeben. Nennen Sie bitte die am häufigsten genannte an erster Stelle.
    1. _____
    2. _____
    3. _____
    4. _____

49. Kommen wir jetzt wieder zu einem anderen Thema. Im Folgenden sehen Sie eine Reihe von Aussagen. Bitte kreuzen Sie zu jeder Aussage an, in welchem Maße Sie bei jeder Aussage zustimmen oder nicht zustimmen.

Aussage	stimme voll und ganz zu	stimme weitgehend zu	teils / teils	stimme eher nicht zu	stimme überhaupt nicht zu
Die heutige Landwirtschaft führt zur Beschädigung von Biotopen und trägt zum Rückgang wildlebender Tier- und Pflanzenarten bei.	¹☐	²☐	³☐	⁴☐	⁵☐
Handelsdünger und Pflanzenschutzmittel vermindern die natürliche Fruchtbarkeit des Bodens und verschlechtern die Produktqualität.	¹☐	²☐	³☐	⁴☐	⁵☐
Beim Einsatz von chemischen Stoffen in der Landwirtschaft wird gegen die Natur gearbeitet.	¹☐	²☐	³☐	⁴☐	⁵☐
In den Medien wird die Landwirtschaft als Verursacher von Umweltproblemen übertrieben dargestellt.	¹☐	²☐	³☐	⁴☐	⁵☐
Die Belastung des Grundwassers durch Düngerauswaschungen ist schlimmer als es viele Leute wahrhaben wollen.	¹☐	²☐	³☐	⁴☐	⁵☐
Landwirte sind die besten Naturschützer, auch wenn hier und da einmal ein Fehler gemacht wird.	¹☐	²☐	³☐	⁴☐	⁵☐
Handelsdünger und Pflanzenschutzmittel haben keine schädliche Wirkung. Sie fördern die Qualitätsproduktion.	¹☐	²☐	³☐	⁴☐	⁵☐
Der Einsatz von Chemie in der Landwirtschaft ist sinnvoll, wenn er mehr einbringt als er kostet.	¹☐	²☐	³☐	⁴☐	⁵☐
Eine vielfältige Betriebsorganisation brauchen wir wegen des Gleichgewichts in der Natur.	¹☐	²☐	³☐	⁴☐	⁵☐

50. Hatten Sie sich *vor der Umstellung* schon einmal Informationen über ökologische Landwirtschaft beschafft?
    - ¹☐ Ja
    - ²☐ Nein ➔ *weiter zu Frage 53*

B Fragebögen

51.	Über welche Quelle(n) hatten Sie die Informationen erhalten? *(Mehrfachnennungen möglich)* a☐ Presse, Funk und Fernsehen b☐ Fachzeitschriften zum ökologischen Landbau c☐ sonstige landwirtschaftliche Fachzeitschriften (z.b. Top-Agrar, etc.) d☐ Fachbücher zum ökologischen Landbau e☐ allgemeine Beratung der Landwirtschaftskammer (Offizialberatung) f☐ Umstellungsberatung der Landwirtschaftskammer (Offizialberatung) g☐ persönliche Gespräche mit Ökolandwirten h☐ Besichtigung eines ökologischen Betriebes i☐ Informationen des Bauernverbandes j☐ Veranstaltung eines Öko-Anbauverbandes k☐ Umstellungsberatung eines Öko-Anbauverbandes l☐ sonstige Informationsquellen, und zwar _____
52.	Fanden Sie die Informationsbeschaffung eher schwierig oder eher einfach? 1☐ sehr einfach 2☐ überwiegend einfach 3☐ überwiegend schwierig 4☐ sehr schwierig 5☐ teils / teils
53.	Könnten Sie sich vorstellen, innerhalb der nächsten Jahre wieder *zurück zur konventionellen Wirtschaftsweise* zu wechseln? 1☐ Ich bewirtschafte meinen Betrieb wieder konventionell. 2☐ Ja. Es ist sicher, dass wir schon bald wieder wechseln. 3☐ Ja, es sind aber noch ein paar Fragen zu klären. 4☐ Vielleicht, aber wir müssen uns noch genauer damit beschäftigen. 5☐ Nein 6☐ weiß nicht } *weiter zu Frage 56*
54.	Was müsste sich denn ändern, damit der ökologische Landbau weiterhin für Sie interessant wäre? _____ _____
55.	Würden Sie Ihren Betrieb weiter ökologisch bewirtschaften, wenn Sie keine finanziellen Einbußen befürchten müssten? 1☐ Ja 2☐ Vielleicht 3☐ Nein
56.	Wie Sie sicherlich wissen, wird der ökologische Landbau staatlich gefördert. Die Förderung ist – je nach Bundesland - aufgeteilt in eine Einführungs-Prämie (in den ersten Jahren) und eine Beibehalter-Prämie (in den folgenden Jahren). Wie hoch sind nach Ihrer Einschätzung diese Prämien und Ihrem Bundesland ungefähr? *Einführungs-Prämie*: ungefähr _____ € / Hektar 998☐ weiß nicht *Beibehalter-Prämie*: ungefähr _____ € / Hektar 998☐ weiß nicht

57.	Zu diesen Prämien kann man unterschiedlicher Meinung sein. Manche finden, die Prämien sind zu hoch, manche finden, die Prämien sind zu niedrig. Wieder andere halten die Prämie für richtig. Wie ist Ihre persönliche Meinung dazu?
A	Ist die *Einführungs-Prämie*: ¹☐ zu hoch? ²☐ in etwa richtig? ³☐ zu niedrig? ⁰☐ weiß nicht
B	Und finden Sie die *Beibehalter-Prämie*: ¹☐ zu hoch? ²☐ in etwa richtig? ³☐ zu niedrig? ⁰☐ weiß nicht
58.	Ein wesentliches Merkmal des ökologischen Landbaus ist, dass der zertifizierte Landwirt sich an feste Richtlinien halten muss. Einige Betriebsleiter halten die Richtlinien für zu streng, andere für zu lasch und wieder andere für angemessen. Wie ist Ihre Meinung? Ich finde die Richtlinien nach EU-Bio-Verordnung... ¹☐ zu streng ²☐ angemessen ³☐ nicht streng genug ⁰☐ weiß nicht
59.	Im Folgenden nennen wir Ihnen einige Aussagen über den ökologischen Landbau, die Sie sicherlich schon einmal gehört haben. Einige Leute stimmen diesen Aussagen zu, andere lehnen sie ab. Wie stehen Sie dazu?

	stimme voll und ganz zu	stimme weitgehend zu	teils / teils	stimme eher nicht zu	stimme überhaupt nicht zu
Ökologischer Landbau ist besonders umweltfreundlich.	¹☐	²☐	³☐	⁴☐	⁵☐
Unkraut, Schädlinge und Krankheiten kann man ohne Chemikalien nicht unter Kontrolle bringen.	¹☐	²☐	³☐	⁴☐	⁵☐
Ökologische Betriebe sind profitabler als konventionelle Betriebe.	¹☐	²☐	³☐	⁴☐	⁵☐
Die Mehrpreise für ökologische Produkte sind ein starker Anreiz, umzustellen.	¹☐	²☐	³☐	⁴☐	⁵☐
Ich interessiere mich für ökologischen Landbau, da er unter Landwirten in meiner Gegend sehr verbreitet ist.	¹☐	²☐	³☐	⁴☐	⁵☐
Die Richtlinien zum ökologischen Landbau sind zu restriktiv, um praktikabel zu sein.	¹☐	²☐	³☐	⁴☐	⁵☐
Auf ökologischen Landbau umzustellen, ist eine interessante Herausforderung.	¹☐	²☐	³☐	⁴☐	⁵☐
Ich bin nicht der richtige Typ Mensch für ökologische Landwirtschaft.	¹☐	²☐	³☐	⁴☐	⁵☐
Ökologischer Landbau gibt den Bauern eine gute Gelegenheit, um zu zeigen, was sie können.	¹☐	²☐	³☐	⁴☐	⁵☐

B Fragebögen

Zum Abschluss bitten wir Sie noch um einige Angaben für statistische Zwecke.	
60. Sind Sie 　¹☐ männlich? 　²☐ weiblich?	—
61. Sagen Sie uns bitte, in welchem Jahr Sie geboren sind. 　19 ____	_ _ _ _
62. Welchen höchsten allgemeinbildenden Schulabschluss haben Sie? 　⁰¹☐ Ich bin ohne Abschluss von der Schule abgegangen. 　⁰²☐ Ich habe den Hauptschulabschluss (Volksschulabschluss). 　⁰³☐ Ich habe den Realschulabschluss (Mittlere Reife). 　⁰⁴☐ Ich habe den Abschluss der Polytechnischen Oberschule. 　⁰⁵☐ Ich habe die Fachhochschulreife. 　⁰⁶☐ Ich habe die Hochschulreife / Abitur (Gymnasium bzw. EOS). 　⁰⁷☐ Ich habe einen anderen Schulabschluss, und zwar: 　_____ 　⁹⁸☐ weiß nicht	_ _
63. Welchen <u>beruflichen</u> Ausbildungsabschluss haben Sie? Was auf dieser Liste trifft zu? Falls Sie mehrere Ausbildungen abgeschlossen haben, nennen Sie bitte alle. 　ᵃ☐ Ich bin noch in einer beruflichen Ausbildung.　　　　　⎫ 　ᵇ☐ Ich habe keinen beruflichen Abschluss und bin　　　　　⎬ *weiter zu Frage 65* 　　　nicht in beruflicher Ausbildung.　　　　　　　　　　　⎭ 　ᶜ☐ Ich habe eine beruflich-betriebliche Ausbildung (Lehre) abgeschlossen. 　ᵈ☐ Ich habe eine beruflich-schulische Ausbildung (Berufsfachschule, Handelsschule) abgeschlossen. 　ᵉ☐ Ich habe eine Ausbildung an einer Fachschule, Meister-, Technikerschule, Berufs- oder Fachakademie abgeschlossen. 　ᶠ☐ Ich habe einen Fachhochschulabschluss. 　ᵍ☐ Ich habe einen Hochschulabschluss. 　ʰ☐ Ich habe einen anderen beruflichen Abschluss, und zwar 　_____ 　ⁱ☐ weiß nicht	— — — — — — — —
64. In welchem Bereich haben Sie diese Berufsausbildung absolviert? 　¹☐ in der Landwirtschaft 　²☐ in einem anderen Bereich, und zwar _____	—
65. Und seit wann sind Sie in der Landwirtschaft tätig? 　19/20____	_ _ _ _
66. Es würde uns interessieren, ob Sie außerhalb Ihres landwirtschaftlichen Betriebes erwerbstätig sind. Was auf dieser Liste trifft auf Sie zu? Bitte lesen Sie die Liste komplett durch, bevor Sie sich für eine Möglichkeit entscheiden. Ich bin.... 　¹☐ Vollzeit auf unserem Hof beschäftigt ➔ *weiter zu Frage 68* 　²☐ neben der Arbeit auf dem Hof stundenweise beschäftigt 　³☐ neben der Arbeit auf dem Hof teilzeit-erwerbstätig (19 bis 34 Stunden) 　⁴☐ außerhalb des Hofes vollzeit-erwerbstätig (35 Stunden und mehr)	—

67.	Welche berufliche Tätigkeit (außerhalb des Hofes) üben Sie derzeit aus? _____ Bitte beschreiben Sie die Tätigkeit genau. _____ Hat dieser Beruf, diese Tätigkeit noch einen besonderen Namen? ¹☐ ja, und zwar _____ ²☐ nein ⁰☐ weiß nicht	— — —
68.	Waren Ihre Eltern / Ihre Schwiegereltern in der Landwirtschaft tätig? ¹☐ Ja, meine Eltern ²☐ Ja, meine Schwiegereltern ³☐ Ja, beide: Eltern und Schwiegereltern ⁴☐ Nein	—
69.	Haben Sie Ihren Betrieb von Ihren Eltern / Schwiegereltern übernommen? ¹☐ Ja, von meinen Eltern ²☐ Ja, von meinen Schwiegereltern ³☐ Nein.	—
70.	Haben Sie Kinder? ¹☐ Ja, und zwar _____ Kinder ²☐ Nein ➔ *weiter zu Frage 72*	— —
71.	Wie viele dieser Kinder sind... bis zu 7 Jahre alt? _____ Kinder ⁰⁰☐ keine über 7 bis 14 Jahre alt? _____ Kinder ⁰⁰☐ keine über 14 bis 21 Jahre alt? _____ Kinder ⁰⁰☐ keine 22 Jahre und älter? _____ Kinder ⁰⁰☐ keine	__ __ __ __ __ __ __ __
72.	Und wie viele Kinder *leben in Ihrem Haushalt*? bis zu 7 Jahre: _____ Kinder ⁰⁰☐ keine über 7 bis 14 Jahre: _____ Kinder ⁰⁰☐ keine über 14 bis 21 Jahre: _____ Kinder ⁰⁰☐ keine 22 Jahre und älter: _____ Kinder ⁰⁰☐ keine	__ __ __ __ __ __ __ __
73.	Welchen Familienstand haben Sie? Sind Sie... ¹☐ verheiratet und leben mit Ihrem Ehepartner zusammen? ➔ *weiter zu Frage 75* ²☐ verheiratet und leben getrennt? ³☐ verwitwet? ⁴☐ geschieden? ⁵☐ ledig?	—
74.	Leben Sie mit einem festen Partner zusammen? ¹☐ Ja ²☐ Nein ➔ *weiter zu Frage 80*	—

B Fragebögen

75.	Welchen höchsten allgemeinbildenden Schulabschluss hat Ihr (Ehe-)Partner / Ihre (Ehe-)Partnerin?
	⁰¹☐ Er/Sie ist ohne Abschluss von der Schule abgegangen.
	⁰²☐ Er/Sie hat den Hauptschulabschluss (Volksschulabschluss).
	⁰³☐ Er/Sie hat den Realschulabschluss (Mittlere Reife).
	⁰⁴☐ Er/Sie hat den Abschluss der Polytechnischen Oberschule.
	⁰⁵☐ Er/Sie hat die Fachhochschulreife.
	⁰⁶☐ Er/Sie hat die Hochschulreife / Abitur (Gymnasium bzw. EOS).
	⁰⁷☐ Er/Sie hat einen anderen Schulabschluss, und zwar: _____
	⁹⁸☐ weiß nicht.
76.	Welchen beruflichen Ausbildungsabschluss hat Ihr (Ehe-)Partner / Ihre (Ehe-)Partnerin? Falls er/sie mehrere Ausbildungen abgeschlossen hat, nennen Sie bitte alle.
	ᵃ☐ Er/Sie ist noch in einer beruflichen Ausbildung.
	ᵇ☐ Er/Sie hat keinen beruflichen Abschluss und ist nicht } *weiter zu Frage 78* in beruflicher Ausbildung.
	ᶜ☐ Er/Sie hat eine beruflich-betriebliche Berufsausbildung (Lehre) abgeschlossen.
	ᵈ☐ Er/Sie hat eine beruflich-schulische Ausbildung (Berufsfachschule, Handelsschule) abgeschlossen.
	ᵉ☐ Er/Sie hat eine Ausbildung an einer Fachschule, Meister-, Technikerschule, Berufs- oder Fachakademie abgeschlossen.
	ᶠ☐ Er/Sie hat einen Fachhochschulabschluss.
	ᵍ☐ Er/Sie hat einen Hochschulabschluss.
	ʰ☐ Er/Sie hat einen anderen beruflichen Abschluss, und zwar: _____
	⁹☐ weiß nicht. ➜ *weiter zu Frage 78*
77.	In welchem Bereich hat Ihr Partner / Ihre Partnerin diese Berufsausbildung absolviert?
	¹☐ in der Landwirtschaft
	²☐ in einem anderen Bereich, und zwar _____
78.	Es würde uns interessieren, ob Ihr (Ehe-)Partner / Ihre (Ehe-)Partnerin außerhalb Ihres landwirtschaftlichen Betriebes erwerbstätig ist. Was auf dieser Liste trifft zu? Bitte lesen Sie die Liste komplett durch, bevor Sie sich für eine Möglichkeit entscheiden.
	Er / Sie ist...
	¹☐ Vollzeit auf unserem Hof beschäftigt ➜ *weiter zu Frage 80*
	²☐ neben der Arbeit auf dem Hof stundenweise beschäftigt
	³☐ neben der Arbeit auf dem Hof teilzeit-erwerbstätig (19 bis 34 Stunden)
	⁴☐ außerhalb des Hofes vollzeit-erwerbstätig (35 Stunden und mehr)
	⁹☐ weiß nicht ➜ *weiter zu Frage 80*

79.	Welche berufliche Tätigkeit (außerhalb des Hofes) übt Ihr (Ehe-)Partner / Ihre (Ehe-)Partnerin derzeit aus? _____ _____ Bitte beschreiben Sie die Tätigkeit genau. _____ _____ Hat dieser Beruf, diese Tätigkeit noch einen besonderen Namen? ¹☐ ja, und zwar _____ ²☐ nein ⁸☐ weiß nicht
80.	Jetzt wieder zu Ihnen. Sind Sie Mitglied in einem Öko-Anbauverband? Ja, bei ¹☐ Bioland ²☐ Naturland ³☐ Demeter ⁴☐ sonstiger Anbauverband, und zwar _____ ⁰☐ Nein, ich bin in keinem Anbauverband
81.	Sind Sie Mitglied in einer der folgenden landwirtschaftlichen Organisationen? (mehrere Nennungen möglich) ᵃ☐ Bauernverband / Landwirtschaftsverband / Landvolk? ᵇ☐ Arbeitsgemeinschaft Bäuerliche Landwirtschaft ᶜ☐ In einer anderen landwirtschaftlichen Organisation, und zwar _____
82.	Lässt Ihnen die Arbeit auf dem Hof genügend Zeit für andere Dinge (z.B. Sportverein, Gesangsverein, Parteiarbeit usw.)? ¹☐ ja ²☐ selten ³☐ nein
	Abschließend haben wir noch zwei Fragen:
83.	Wie hoch ist das monatliche Nettoeinkommen Ihres Haushaltes insgesamt? Damit ist die Summe gemeint, die sich aus Lohn, Gehalt, Einkommen aus selbständiger Tätigkeit, Rente oder Pension, jeweils nach Abzug der Steuern und Sozialversicherungsbeiträge ergibt. Rechnen Sie bitte auch die Einkünfte aus öffentlichen Beihilfen, Einkommen aus Vermietung, Verpachtung, Wohngeld, Kindergeld und sonstige Einkünfte hinzu. Wir möchten es gar nicht genau wissen. *Auf der letzten Seite finden Sie eine Liste verschiedener Einkommensgruppen.* Jeder dieser Gruppen ist ein Buchstabe zugeordnet. Bitte geben Sie hier nur den Buchstaben an, der dem gesamten Netto-Einkommen Ihres Haushaltes am nächsten kommt. Buchstabe _____
84.	Und welchen Anteil Ihres Haushaltseinkommens erwirtschaften Sie auf Ihrem landwirtschaftlichen Betrieb? ¹☐ weniger als 25% ²☐ 25 bis unter 50% ³☐ 50 bis unter 75% ⁴☐ 75 bis unter 100% ⁵☐ das gesamte Einkommen

Herzlichen Dank, dass Sie sich für die Beantwortung des Fragebogens Zeit genommen haben. Bitte schicken Sie den Fragebogen unfrankiert und ohne Absender in beiliegendem Rückumschlag an das Forschungsinstitut für Soziologie, Greinstr. 2, 50939 Köln.

B Fragebögen

Tabelle der Netto-Einkommensgruppen

Die Ergebnisse dieser Umfrage sollen u.a. nach den Haushalts-Einkommen ausgewertet werden. Dabei genügen Einkommensgruppen. Es würde uns helfen, wenn Sie den Buchstaben der Einkommensgruppe, zu der Ihr Haushalt gehört, bei Frage 83 eintragen könnten.

R	1 €	bis unter	450
H	450 €	bis unter	750 €
D	750 €	bis unter	1250 €
L	1.250 €	bis unter	1.750 €
W	1.750 €	bis unter	2.250 €
A	2.250 €	bis unter	2.750 €
S	2.750 €	bis unter	3.250 €
O	3.250 €	bis unter	3.750 €
J	3.750 €	bis unter	4.250 €
U	4.250 €	bis unter	4.750 €
B	4.750 €	bis unter	5.250 €
T	5.250 €	bis unter	5.750 €
X	5.750 €	bis unter	6.250 €
M	6.250 €	bis unter	6.750 €
F	6.750 €	bis unter	7.250 €
Z	7.250 €	bis unter	7.750 €
C	7.750 €	bis unter	8.250 €
N	8.250 €	oder mehr	

Sozialstruktur

Eva Barlösius
Die Macht der Repräsentation
Common Sense über soziale
Ungleichheiten
2005. 192 S. Br. EUR 26,90
ISBN 3-531-14640-8

Rainer Geißler
Die Sozialstruktur Deutschlands
Zur gesellschaftlichen Entwicklung
mit einer Bilanz zur Vereinigung.
Mit einem Beitrag von Thomas Meyer
4., überarb. und akt. Aufl. 2006. 428 S.
Br. EUR 26,90
ISBN 3-531-42923-X

Wilhelm Heitmeyer /
Peter Imbusch (Hrsg.)
**Integrationspotenziale
einer modernen Gesellschaft**
2005. 467 S. Br. EUR 36,90
ISBN 3-531-14107-4

Stefan Hradil
**Die Sozialstruktur Deutschlands
im internationalen Vergleich**
2. Aufl. 2006. 304 S. Br. EUR 24,90
ISBN 3-531-14939-3

Rudolf Richter
Die Lebensstilgesellschaft
2005. 163 S. Br. EUR 21,90
ISBN 3-8100-3953-5

Jörg Rössel
Plurale Sozialstrukturanalyse
Eine handlungstheoretische
Rekonstruktion der Grundbegriffe
der Sozialstrukturanalyse
2005. 402 S. Br. EUR 39,90
ISBN 3-531-14782-X

Jürgen Schiener
**Bildungserträge in der
Erwerbsgesellschaft**
Analysen zur Karrieremobilität
2006. 303 S. Br. EUR 32,90
ISBN 3-531-14650-5

Marc Szydlik (Hrsg.)
Generation und Ungleichheit
2004. 276 S. Br. EUR 24,90
ISBN 3-8100-4219-6

Erhältlich im Buchhandel oder beim Verlag.
Änderungen vorbehalten. Stand: Juli 2006.

www.vs-verlag.de

VS VERLAG FÜR SOZIALWISSENSCHAFTEN

Abraham-Lincoln-Straße 46
65189 Wiesbaden
Tel. 0611.7878 - 722
Fax 0611.7878 - 400

Methoden

Hans Benninghaus
Deskriptive Statistik
Eine Einführung
für Sozialwissenschaftler
10., durchges. Aufl. 2005. 285 S.
Br. EUR 19,90
ISBN 3-531-14607-6

Alexander Bogner / Beate Littig / Wolfgang Menz (Hrsg.)
Das Experteninterview
Theorie, Methode, Anwendung
2., durchges. Aufl. 2005. 278 S.
Br. EUR 24,90
ISBN 3-531-14447-2

Cornelia Helfferich
Die Qualität qualitativer Daten
Manual für die Durchführung qualitativer Interviews
2. Aufl. 2005. 193 S. Br. EUR 14,90
ISBN 3-531-14493-6

Betina Hollstein / Florian Straus (Hrsg.)
Qualitative Netzwerkanalyse
Konzepte, Methoden, Anwendungen
2006. 514 S. Br. EUR 39,90
ISBN 3-531-14394-8

Udo Kuckartz
Einführung in die computergestützte Analyse qualitativer Daten
2005. 255 S. Br. EUR 19,90
ISBN 3-531-14247-X

Heinz Sahner
Schließende Statistik
Eine Einführung
für Sozialwissenschaftler
6. Aufl. 2005. 155 S. Br. EUR 16,90
ISBN 3-531-14687-4

Nadine M. Schöneck / Werner Voß
Das Forschungsprojekt
Planung, Durchführung und Auswertung einer quantitativen Studie
2005. 229 S. mit CD-ROM. Br. EUR 23,90
ISBN 3-531-14553-3

Mark Trappmann / Hans J. Hummell / Wolfgang Sodeur
Strukturanalyse sozialer Netzwerke
Konzepte, Modelle, Methoden.
2005. 278 S. Br. EUR 24,90
ISBN 3-531-14382-4

Erhältlich im Buchhandel oder beim Verlag.
Änderungen vorbehalten. Stand: Juli 2006.

www.vs-verlag.de

VS VERLAG FÜR SOZIALWISSENSCHAFTEN

Abraham-Lincoln-Straße 46
65189 Wiesbaden
Tel. 0611.7878-722
Fax 0611.7878-400